シゴトがはかどる

Power Automate Desktopの教科書 第2版

クジラ飛行机［著］　東 弘子［協力］

■**本書のサンプルファイルについて**

本書のなかで使用されているサンプルファイルは以下のURLからダウンロードできます。

https://book.mynavi.jp/supportsite/detail/9784839988463.html

- サンプルファイルのダウンロードにはインターネット環境が必要です。
- サンプルファイルの使い方についてはp.030をご覧ください。
- サンプルファイルはすべてお客様自身の責任においてご利用ください。サンプルファイルを使用した結果で発生したいかなる損害や損失、その他いかなる事態についても、弊社および著作権者は一切その責任を負いません。
- サンプルファイルに含まれるデータやプログラム、ファイルはすべて著作物であり、著作権はそれぞれの著作者にあります。本書籍購入者が学習用として個人で閲覧する以外の使用は認められませんので、ご注意ください。営利目的・個人使用にかかわらず、データの複製や再配布を禁じます。

改訂版での変更点

- 2024年11月時点の最新バージョン(2.50)で画面を撮影、解説しています。
- バージョン2.50で動作しないサンプルを削除し、動作するサンプルに入れ替えました。
- LINE Notifyの終了（2025年3月予定）に伴い、Discordの通知機能に差し替えました。
- そのほか、各種サイトの画面やURLを最新に変更しました。

注 意

- 本書で解説している「デスクトップ向けPower Automate」は、Windows 10またはWindows 11でのみご利用いただけます。それ以外のOSは「デスクトップ向けPower Automate」の対象外ですのでご注意ください。
- 本書での説明は、Windows 11を使用して行っています。使用している環境やソフトのバージョンが異なると、画面が異なる場合があります。あらかじめご了承ください。
- 本書の解説で利用しているOutlookやExcel、Wordなどの一部アプリは、有料のデスクトップ版をインストールしていないと使えません。
- 本書に登場するハードウェアやソフトウェア、ウェブサイトの情報は本書初版第1刷時点でのものです。執筆以降に変更されている可能性があります。
- 本書の制作にあたっては正確な記述につとめましたが、著者や出版社のいずれも、本書の内容に関して何らかの保証をするものではなく、内容に関するいかなる運用結果についても一切の責任を負いません。あらかじめご了承ください。
- 本書中の会社名や商品名は、該当する各社の商標または登録商標です。本書中ではTMおよび®マークは省略させていただいております。

はじめに

本書は、デスクトップ向けPower Automateの基本的な使い方から応用までを詳しく解説した書籍です。Power Automateを使うと、ExcelをはじめPC上で行うさまざまな作業をプログラムを記述することなく自動化できます。

なお、デスクトップ向けのPower Automateは、Windows 11に標準搭載されており、Windows 10にも無料でインストールできます。そのため、とても身近な自動化のツールです。

Power Automateの基本的な使い方は簡単です。画面上に処理のブロック（アクションと言います）を並べて実行ボタンを押すだけです。これにより、さまざまな作業を自動化することができます。感覚的には積み木を並べて家を作る感じに似ているかもしれません。そのため、プログラミング未経験の人や、プログラミングに苦手意識のある人でも気軽に始めることができます。

具体的にどんな作業が自動化できるでしょうか。Excelで作った名簿を元にしてメールを送信したり、Webから取得したデータを元にしてメッセージを送信したり、使い勝手の悪いアプリの操作を自動化したりできます。普段PCを使っていて「面倒だ」と思うことを自動処理できるのが良いところです。

それにしても、Power Automateの登場は画期的です。筆者はさまざまな作業の自動化のために、複雑なプログラムをいろいろ作ってきました。しかし、Power Automateの登場により、そうした処理の多くがマウス操作だけで気軽に自動化できるようになったのです。

本書では、すべての機能を事細かに網羅するのではなく、ポイントを押さえて短時間にPower Automateをマスターできるようには配慮しました。もともと、誰にでも気軽に使ってもらうことを想定しているツールです。よく使うアクションを中心に基本的な操作を確認することで、実際に仕事に役立てることができるでしょう。

それでは、Power Automateを覚えて、楽しく業務の自動化に挑戦しましょう！

【謝辞】
以下の皆さんのおかげで本書の完成度が大幅にあがりました。ご協力ありがとうございました！
EZNAVI.net@望月まさと様、まさやん様、totomods様、伊佐様

クジラ飛行机

Contents

Chapter 1　基本的な操作方法を学ぼう　001

Chapter 1-1　**Power Automateについて** ……………………………… 002
Power Automateとは ……………………………………………………… 002
Power Automateでできること …………………………………………… 003
なぜ注目されているのか …………………………………………………… 003
誰が使うとよいのか ………………………………………………………… 004
仕事を自動化することのメリット ………………………………………… 004
本当にプログラミング経験がなくても大丈夫？ ………………………… 004
Power Automateの種類について ………………………………………… 004
デスクトップアプリの操作を記録できる ………………………………… 005
　TIPS　Power Automateにまつわる用語を確認しよう ……………… 006

Chapter 1-2　**デスクトップ向けPower Automateのインストール** …… 007
Power Automateをインストールしよう ………………………………… 007
どこからダウンロードできる？ …………………………………………… 008
Windows 11の場合 ………………………………………………………… 010
Power Automateを使うにはMicrosoftアカウントが必要 …………… 011
Power Automateにサインインしよう …………………………………… 011
　TIPS　手軽にPower Automateを起動できるようにするには？ …… 012

Chapter 1-3　**基本的な画面と機能を確認しよう** …………………… 013
Power Automateを起動しよう …………………………………………… 013
最初の画面 ── フローの作成や既存フローの選択 …………………… 014
　TIPS　「フロー」とは何か？ …………………………………………… 014
新規フローを作成しよう …………………………………………………… 015
フローの編集画面 …………………………………………………………… 015
フローの編集手順を確認しよう …………………………………………… 016
簡単なフローを作成して実行してみよう ………………………………… 017

Chapter 1-4　**フローの実行／停止／保存について** ………………… 020
格言を2回表示するフローを作ろう ……………………………………… 020
フローの実行を途中で停止したい場合 …………………………………… 023
フローを保存しよう ………………………………………………………… 023
　TIPS　作成したフローはどこに保存されるの？ …………………… 023
　TIPS　アクションの実行順序を変更できる ………………………… 024
エラー画面について ………………………………………………………… 024
フローの編集を再開する …………………………………………………… 025

Chapter 1-5　作成したフローを共有する方法 …026
- Power Automateでフローを共有する2つの方法 …026
- Power Automateのフローをファイルに保存する方法 …026
- 保存したフロー（アクションの一覧）を復元する方法 …028
- **TIPS** サブフローを定義したフローでは複数回の貼り付けが必要 …029
- **COLUMN** アクションをコピーするときの「謎コード」は一体何なのか!? …029
- **COLUMN** 本書で紹介しているサンプルを利用する方法 …030

Chapter 2　便利なアクションを活用しよう　031

Chapter 2-1　5秒後にスクリーンショットを撮るフローを作ろう …032
- スクリーンショットの撮影について …032
- フローを組み立てよう …032
- ファイルに保存するよう改良しよう …036
- **COLUMN** プログラマーにも便利なPower Automate …037

Chapter 2-2　デスクトップ上のファイル全部をZIP圧縮しよう …038
- デスクトップ上のファイルを全部圧縮してバックアップしよう …038
- フローを組み立てよう …038
- **TIPS** 生成された変数を確認しよう …039
- 変数とは何だろう？ …041
- **TIPS** 変数名を変えるときのメモ …042
- ［改良のヒント1］ZIPファイルの保存先を変更しよう …043
- ［改良のヒント2］自動的にOneDriveにアップロードするようにしよう …043
- **TIPS** ZIPファイルに日付をつけて保存する方法 …044

Chapter 2-3　乱数を使ってランダムに画像を表示しよう …045
- 「乱数の生成」でサイコロを作ってみよう …045
- フローを組み立てよう …045
- **HINT** 数字を入力するときは半角英数モードで！ …046
- **HINT** 変数は一覧から選んで挿入できる …047
- 変数の仕組みを再確認しよう …048
- デスクトップ上に用意した画像をランダムに開くフローを作ろう …048
- 「アプリケーションの実行」アクションと関連付けについて …052
- 変数がどのように展開されるのか確認しよう …052

Chapter 2-4　「今から帰る」のメールをOutlookで自動送信しよう …053
- メールの自動送信にはOutlookが便利 …053
- OutlookをPower Automateから使う手順 …054
- フローを組み立てよう …054
- **TIPS** まとめてアクションを貼り付ける場合の備忘録 …055
- **TIPS** Outlookのアカウント名の指定が間違っているとき …057

	COLUMN Outlookを利用せずメール送信する方法	058
Chapter 2-5	**PCがネットに接続しているかテストしよう**	062
	ネット接続を確認する方法	062
	フローを組み立てよう	062
	HINT Power Automateのパス記号について	065
Chapter 2-6	**現在日時をクリップボードにコピーしよう**	066
	現在時刻を任意の書式で取得しよう	066
	フローを組み立てよう	066
	特定のフォーマットで出力してみよう	069
	HINT 変数の内容を確認するには	069
	[カスタム形式] について	071
	[改良のヒント] ZIP圧縮したファイル名を今日の日付にしよう	071
Chapter 2-7	**画像からテキストを取り出してファイルに保存しよう**	073
	OCRで画像からテキストを抽出しよう	073
	フローを組み立てよう	075
	TIPS うまくOCRでテキスト抽出できないことも	078
	ファイルの選択ダイアログについて	079
	COLUMN 何もしない「コメント」アクションについて	080

Chapter 3　フローを条件によって変えてみよう　　081

Chapter 3-1	**「変数」をもっと活用しよう —— 変数をメッセージに埋め込む**	082
	アクションとアクションをつなぐ「変数」について	082
	TIPS 入出力変数とは？	083
	ユーザーの名前を尋ねてメッセージに埋め込んでみよう	083
Chapter 3-2	**変数を使った計算 —— 税込金額を計算しよう**	086
	自分で好きな変数を作成しよう	086
	メッセージを敢えて変数に設定する意義は？	088
	変数名に使える文字	088
	税込金額を計算するフローを作ろう	089
	変数を使った計算について	092
	TIPS 変数名を一気に変更	094
Chapter 3-3	**If —— 条件によって処理を変更し、ランチの見積もりを作ろう**	096
	条件判定の「If」アクションについて	096
	ユーザーの選択に応じて異なるメッセージを表示しよう	097
	変数を使ったランチの見積もりツールを作ろう	101
	TIPS オペランドって何？	103
	ネットの接続チェックを行うフローを作ろう	105
	COLUMN Ifの条件式について	106

Chapter 3-4	**Loop —— 繰り返しで連番ファイルを生成しよう**	108
	繰り返し作業を自動化することのメリットについて	108
	20個のファイルを自動的に作成するフローを作ってみよう	110
	1から10まで順に足していくといくつになる？	113
	COLUMN　Power Automate で学ぶプログラミングのススメ	114
Chapter 3-5	**For each —— 繰り返しで複数ファイルを1つにまとめよう**	115
	アイテムの数だけ繰り返す「For each」について	115
	選択した複数ファイルを1つにまとめるフローを作ろう	116
	ビンゴマシンを作ってみよう	120
	HINT　「リスト」と「For each」について	121
Chapter 3-6	**ループ条件 —— 繰り返し年齢計算しよう**	122
	「ループ条件」について	122
	連続で年齢計算するフローを作ろう	122
	COLUMN　Power Automate でフローの流れを攻略するヒント	127
Chapter 3-7	**ラベルと移動先を使おう —— 毎分スクリーンショットを保存しよう**	128
	「ラベル」アクションの使い方	128
	TIPS　終わらないフローについて	129
	1分ごとにスクリーンショット画像を保存するフローを作ろう	129
	「ラベル」と「移動先」の使いすぎに注意	133
Chapter 3-8	**サブフローを利用しよう**	135
	サブフローについて	135
	サブフローの使い方	135
	サブフローは呼び出さない限り実行されない	138
	TIPS　なぜサブフローを使うとよいのか？	138

Chapter 4　Excelを徹底活用してみよう　139

Chapter 4-1	**Excel自動化の基本を確認しよう**	140
	Excelの構造を確認しよう	140
	Excelの自動処理の基本	141
	HINT　Windows版のExcelが必要	142
	Excelを起動してワークシートに値を書き込むフローを作ろう	142
	HINT　「Excelを閉じる」を忘れるとどうなる？	145
Chapter 4-2	**Excelシートの読み書きをマスターしよう**	146
	Excel自動操作でワークシートの読み書き	146
	Excelで九九の表の読み書きをしよう	147
	COLUMN　Excel処理のカギ「データテーブル」とは	151
Chapter 4-3	**Excelで今年の年齢早見表を作ろう**	152
	年齢早見表を作ろう	152

VII

		HINT Excelシートの行番号は1から始まるので注意	156
Chapter 4-4	**Excel名簿をもとにメールを一括送信しよう**		158
	Excel名簿を活用した自動処理について		158
	Excel名簿を利用したメールの一括送信ツール		158
		TIPS Outlookのアカウント名とは？	160
		HINT セキュリティのダイアログが表示されたら？	165
		TIPS 名簿が何行あるかを調べる方法	166
		TIPS Excelで1つ上の行を指定する場合	166
Chapter 4-5	**シート間のデータコピーを自動化しよう**		167
	Excelシートの内容を別のシートにコピーしよう		167
Chapter 4-6	**ブック間のデータコピーを自動化しよう**		177
	複数のブックを開いて作業する例		177
	商品カタログにある値段を購入品に追記しよう		178
Chapter 4-7	**Excel名簿の名前の列を姓と名に分離しよう**		187
	Excel名簿を姓と名前に分割しよう		187
	テキストを分割する方法を確認しよう		192
	[改造のヒント] 全角スペースで区切ってある場合は？		193
		COLUMN Power AutomateがExcelマクロを駆逐する？	194
Chapter 4-8	**シャッフルを利用して自動でExcel当番表を作ろう**		195
	勤務シフトの作成業務を自動化しよう		195
		COLUMN Excel関連のアクションでエラーが出る場合	202

Chapter 5　アプリを自動操作してみよう　　203

Chapter 5-1	**レコーダーを使ってアプリを自動操作しよう**		204
	レコーダーを活用しよう		204
	操作を記録し編集して使うのが理想		205
	基本を押さえよう ── 電卓を自動化してみよう		205
	UI要素について		207
		HINT ボタンやエディタを認識するとUI要素に登録される	207
	UI要素を一歩進んで理解するポイント		208
		HINT ブラウザの自動化は次章で詳しく解説	209
Chapter 5-2	**UI要素を利用したアプリの自動化**		210
	アプリケーションの実行と終了		210
	電卓を実行して10秒後に閉じるフローの作成		210
		TIPS 電卓以外のアプリを起動するには？	211
		HINT どうやってパラメーターを指定すればよいのか？	212
	レコーダーを使わずUI要素で電卓を自動処理しよう		213
	UIオートメーションのアクションを活用しよう		216

Chapter 5-3	**ToDoアプリにタスクを自動入力**	217
	Microsoft To Doに項目を連続入力しよう	217
Chapter 5-4	**アプリ自動操縦 ── Excelデータを会計ソフトに自動入力**	222
	会計ソフトの操作を自動化しよう	222
	MEMO「ダミー会計ソフト」について	223
	Excelデータを読み込んで会計ソフトに入力しよう	223
Chapter 5-5	**見積もりソフトの結果をExcelに自動入力**	231
	インポート・エクスポート機能の欠如を自動処理で補完しよう	231
	融通の利かない見積もりソフトの例	231
	見積もりツールの出力結果の一覧表を作ろう	232
	アプリのテキストボックスから値を取得する際のポイント	238
	COLUMN 自動処理をすぐに中止するショートカットキーとホットキー	239
	COLUMN Power Automateで使えるデータ型まとめ	240

Chapter 6　ブラウザを自動操作してみよう　243

Chapter 6-1	**ブラウザを自動操縦しよう**	244
	ブラウザ操作の自動化について	244
	ブラウザに拡張機能をインストールしよう	244
	Power Automate拡張機能の追加と削除	247
	レコーダーでブラウザ操作を記録しよう	247
	HINT エラーが出てブラウザに接続できない場合	251
Chapter 6-2	**指定サイトにアクセスしてスクリーンショットを保存しよう**	252
	ブラウザ自動操作のアクションについて	252
	スクリーンショットを保存しよう	253
	HINT エラーが出て動かない場合	255
Chapter 6-3	**スクレイピング作業を自動化しよう**	256
	スクレイピングとは？	256
	天気予報を取得しよう	256
	COLUMN WebサイトはHTMLで記述されている	261
Chapter 6-4	**複数ページのスクレイピングに挑戦しよう**	262
	掲示板のログデータを一括で取得しよう	262
Chapter 6-5	**ログインページからデータをダウンロードしよう**	267
	ログインが必要なサイトについて	267
	Edgeでダウンロードしたファイルを取得するには？	273
Chapter 6-6	**Discordにメッセージを送信しよう**	275
	Power AutomateからDiscordへ通知を送ろう	275
	Power AutomateとDiscordウェブフックの活用のアイデア	276
	Discordに通知を送信しよう	276

Chapter 7 スクリプトを活用してみよう　　285

Chapter 7-1　「DOSコマンドの実行」アクションを活用しよう　286
- DOSコマンドについて　286
- IPアドレスを取得するアクションを作ってみよう　287
- 便利で簡単に使えるDOSコマンド　289

Chapter 7-2　「PowerShellスクリプトの実行」アクションを活用しよう　290
- PowerShellスクリプトとは？　290
- デスクトップにショートカットを作成しよう　291
- スクリプトにPower Automateの変数を埋め込む際のポイント　292
- PowerShellスクリプトの計算結果を利用しよう　293
- PowerShellの実行結果を受け取れる　295

Chapter 7-3　Windowsトースト通知を表示しよう　296
- Windowsトースト通知とは　296
- Power Automateでトースト通知を利用しよう　296

Chapter 7-4　ファイルを削除するときごみ箱に入れよう　299
- PowerShellスクリプトでごみ箱に捨てよう　299

Chapter 7-5　選択したExcelファイルをPDFで出力　302
- VBScriptについて　302
- ExcelファイルをPDFで出力しよう　302
- フォルダー内のExcelファイル100個をPDFで出力しよう　304
- ［改良のヒント］出力するPDFのファイル名から「.xlsx」を削除したい　307

Chapter 7-6　Excelリストを元にしてWord請求書を自動生成しよう　309
- VBScriptの実行アクションでWordを自動操縦しよう　309
- Wordのひな形ファイルを置換して保存しよう　309
- Excelファイルを読み込んでWordファイル生成するフローを作ろう　312
- **COLUMN** 定期的にフローを実行したい場合　317

Index　索引　321

うまくDiscordにメッセージが届かない場合　280
スクリーンショットを撮影してDiscordに送信してみよう　282

Chapter 1 基本的な操作方法を学ぼう

最初にPower Automateの基本を確認しましょう。インストールから簡単なフローを作成する方法まで簡単に紹介します。難しいことは1つもありません。気軽に始めましょう。

Chapter 1-1	Power Automateについて	002
Chapter 1-2	デスクトップ向けPower Automateのインストール	007
Chapter 1-3	基本的な画面と機能を確認しよう	013
Chapter 1-4	フローの実行/停止/保存について	020
Chapter 1-5	作成したフローを共有する方法	026

Chapter 1-1

Power Automateについて

難易度：★☆☆☆☆

最初にPower Automateについて紹介します。なぜ注目されているのか、どのようなことが可能になるのか、本当にプログラミング経験がなくても大丈夫か、などなど疑問に感じることを確認してみましょう。

ここで学ぶこと

● Power Automateの概要

● 何ができるのか、なぜ注目されているのか

Power Automateとは

Power AutomateはWindowsの開発をしているMicrosoftが、無料で提供しているツールです。
Power Automateを使うとさまざまな仕事を自動化できます。たとえば、Webブラウザを自動操縦してWebからデータを取得したり、Excelやその他のWindowsアプリを自動で操作して、書類を作成させたり、ファイルの整理をしたりと、パソコン上で行う作業を自動化するためのツールです。そのほかに、メッセージの通知や、データの収集、ファイルの同期など、さまざまな仕事が自動化できます。

● **Power AutomateのWebサイト**
　［URL］ https://www.microsoft.com/ja-jp/power-platform/products/power-automate/

図1-1-1
Power Automate
のWebサイト

Chapter 1　基本的な操作方法を学ぼう

Power Automateでできること

具体的にPower Automateを使って何ができるのでしょうか。Excelで作成した書類を自動的にPDFで出力するとか、Webからダウンロードした資料から重要な部分だけを取り出してメールやチャットアプリのDiscordに通知するとか、一定時間後に画面のスクリーンショットを撮ってサーバーにアップロードするなどなど、アイデア次第でさまざまな自動処理が可能です。本書の各節の見出しを眺めるだけで、どんな自動化が可能なのかが分かることでしょう。

なぜ注目されているのか

Power Automateでは「アクション」と呼ばれる小さなブロックを並べて組み合わせることで作業を自動化します。アクションには、Excelを起動するとか、メッセージボックスを表示するとか、マウスを動かす、キーボードを押すなど、自動化のための小さな部品があります。この部品をマウス操作でキャンバス上に並べることで、自動処理を実現するのです。

実を言うと、このように小さな部品を組み合わせて、何かしらの処理を自動化する仕組みを作ることは「プログラミング」と同じ作業なのです。Power Automateが画期的なのは、プログラミングに慣れていない方でも、気軽に処理の自動化が可能になることです。難しいプログラミングのいろはを覚えなくても、気軽にアクションを選んで並べることで自動処理を作れるのです。

また、「デスクトップ向けPower Automate」では、Excelやメール、PDFやブラウザ操作など、身近なツールを気軽に自動化できます。加えて、Windows 11には最初からインストールされており、Windows 10でも無料でインストールして使うことができます。

つまり、気軽に自動処理を作れること、身近なツールや処理を自動化できること、OSに最初からインストールされていることが注目されている理由なのです。

図1-1-2　デスクトップ向けPower Automateで自動処理を作っているところ

誰が使うとよいのか

OSに標準搭載されたことからも分かるように、Power AutomateはWindowsを使うすべての人のためのツールと言えます。
それでも、特に筆者がオススメするのは、事務、経理、データ入力など普段からパソコンを使って仕事をしている方です。こうした仕事では、繰り返し作業が多いものです。似たような繰り返し作業には自動化の余地がたくさんあります。ちょっとしたアイデアで、業務が何倍にも効率化できるのです。

仕事を自動化することのメリット

仕事を自動化できれば「仕事を短時間で終わらせる」ことができます。しかし、それ以上の大きなメリットがあります。それは、「仕事の手順を明確化できる」ことです。よい職場では、仕事がマニュアル化されており、もし担当者がいなくても、他の人がマニュアルに沿って仕事を進めることができます。つまり、担当者が急な用事で休んだり、何かしらの理由で居なくなっても、仕事が滞ることがありません。
そこで、Power Automateなどを使って、作業を自動化しておくなら、マニュアルに「Power Automateのこのフローを実行する」と一言書いておけばよくなるのです。

本当にプログラミング経験がなくても大丈夫？

2021年度から中学校でプログラミングが必修化されました。そんな中、自動処理のツールを使うには、プログラミング経験が必要なのではないかと思うかもしれません。しかし、本書を読むのに、プログラミング経験は不要です。
しかも、本書を通してさまざまな処理を自動化していくなら、自然とプログラミングの考え方が身についていくことでしょう！

Power Automateの種類について

Power Automateには、大きく分けて次の4つの種類があります。

(1) デスクトップ向け Power Automate
(2) モバイル向け Power Automate
(3) Web向け Power Automate
(4) Microsoft Teams に対応した Power Automate

本書では、最も一般的で身近な「デスクトップ向け Power Automate」(上記の(1))について解説します。これは、パソコンで行う作業を自動化するデスクトップフローを作成できるツールです。

(2)のモバイル向けPower Automateは、スマートフォンデバイスから利用するもので、専用のアプリが用意されています。「社長からメールが送信されたときに通知する」などのフローを作成できます。
(3)のWeb向けPower Automateはクラウド上のさまざまなサービスを自動化するクラウドフローを作成するツールです。これはさまざまなクラウドサービスを中心にして作業を自動化する有償のツールです。
そして、(4)のTeams対応のPower Automateはその名の通り、Microsoft Teamsの通知や予定、メッセージを自動化するための機能を提供します。
本書でPC向けPower Automateの基本操作に慣れてしまえば、それ以外の種類のPower Automateを使う場合にも応用できるでしょう。

デスクトップアプリの操作を記録できる

Power Automateを使うとアプリ操作の自動化が可能です。キーボードのキー操作を自動化したり、何かしらのアプリのボタンを選んでクリックしたりと、かなり自由な自動化が可能です。
たとえば、1つの例ですが、任意のアプリを起動して、そのボタンの情報を調べることができます（図1-1-3）。そして、調べたボタンを好きなタイミングでクリックできます（図1-1-4）。このようにしてアプリを自動操作可能です。

図1-1-3　アプリのボタンなどのUI情報を調べているところ

図1-1-4　調べたUI情報をクリックすることが可能

他にも、ExcelやWebブラウザなど、業務でよく使うアプリに関しては、自動化に役立つ高度なアクションが最初から用意されています。それらを利用することで、さまざまな仕事を自動化できます。

Excelマクロの記録とは違うの?

もちろん、Excelマクロを使えば、Excelの操作を記録できます。しかし、普段利用しているすべてのアプリにExcelマクロのような便利な機能が付いているわけではありません。Power Automateを使うことで、より汎用的にアプリを自動操作できるようになります。

TIPS

Power Automateにまつわる用語を確認しよう

ローコードやノーコードとは?

なお、Power Automateは『ローコード(Low Code)』と呼ばれるツールの1つです。ローコードとは、可能なかぎりプログラムのソースコードを書かずに、アプリケーションを迅速に開発する手法やその支援ツールのことです。確かに、Power Automateを使うとき、ほとんどコードを記述する必要がありません。気軽に自動処理を組み立てることができます。

これと同様に、『ノーコード(No Code)』という言葉があります。これは、プログラムのソースコードを全く記述する必要がないことを指します。

RPAとは?

『RPA(ロボティック・プロセス・オートメーション)』という言葉を聞くことがあるでしょうか。これは、これまで人間が行っていた作業をAIなどが人間に変わって行うようにする取り組みのことです。

Power AutomateもRPAを促進するツールとして、さまざまな仕事の分野で活用されています。

まとめ

以上、本節ではPower Automateについて紹介しました。Power Automateの便利さがなんとなく伝わったことでしょう。次節より、実際にPower Automateに触れていきましょう。

Chapter 1-2

デスクトップ向け Power Automate のインストール

難易度：★☆☆☆☆

Power Automateは無料です。Microsoftアカウントさえあれば誰でも使えます。ここでは、インストールの方法について紹介します。肩の力を抜いて気軽に始めましょう。

ここで学ぶこと

- Power Automateのインストールと始め方

- Microsoftアカウントでサインインしよう

Power Automateをインストールしよう

デスクトップ向けPower Automateは無料です。しかも、Windows 11であれば最初からインストールされています。Windows 10やWindows Server 2016/2019を利用している場合には、以下の手順に従ってインストールしましょう。

システム要件は？

なお、デスクトップ向けPower Automateを動かすには、次の環境が必要となります。マシンの要求スペックは高くないので職場や自宅でWindows 10以上を使っているほとんどの方が動かすことができるでしょう。

[最小限のハードウェア] ストレージ：1GB、RAM：2GB
[推奨ハードウェア] ストレージ：2GB、RAM：4GB
[.NET Frameworkのバージョン] .NET Framework バージョン 4.7.2 またはそれ以降

Power Automateを始めるまでの手順

Power Automateを始めるのは簡単です。アプリをインストールして、Microsoftアカウントでサインするだけです。
（1）Power Automateをダウンロードしてインストール（Windows 11の方は不要）
（2）Microsoftアカウントでサインイン

どこからダウンロードできる？

デスクトップ向けPower Automateをインストールするには2種類の方法があります。

まず、Windows標準のアプリストアである「Microsoft Store」からインストールできます。そのほかに、マイクロソフトのWebサイトからインストーラーをダウンロードしてインストールする方法があります。

なお、Windows 11をご利用の方は、最初からインストールされていますので、Windowsのスタートメニューから「Power Automate > Power Automate」をクリックして起動してください。すると、最初にアップデートが始まります。アップデートしたらサインインの項目へと進んでください。

［入手先1］Microsoft Storeからダウンロード

Microsoft Storeを利用する場合、Windowsメニューを開き「Microsoft Store」のアイコンをクリックします。そして、画面上部の検索ボックスに「Power Automate」と入力してアプリを検索します。

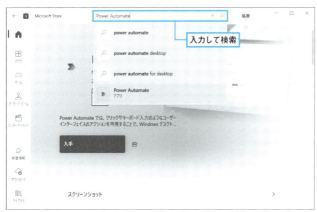

図1-2-1 Microsoft StoreでPower Automateを検索しよう

続いて、Power Automateが見つかったら、「入手」のボタンをクリックしてダウンロードとインストールを開始しましょう。

図1-2-2 「入手」ボタンをクリックしてインストールしよう

無事にインストールが完了すると、スタートメニューに「Power Automate」が追加されます。

図 1-2-3　スタートメニューに「Power Automate」が追加された

［入手先2］インストーラーをマイクロソフトよりダウンロード

インストーラーを使う場合は、Microsoftの公式サイトからダウンロードします。まずは以下のWebサイトを開きます。

● **Power Automateのインストール**
　［URL］https://learn.microsoft.com/ja-jp/power-automate/desktop-flows/install

下のページが開いたら、少し下にスクロールし、「MSIインストーラーを使用してPower Automateをインストールする」にある「Power Automateインストーラーをダウンロードします」のリンクをクリックします。すると、インストーラーをダウンロードできます。

図 1-2-4　ダウンロードのリンクをクリック

インストールの方法は？

インストーラー「Setup.Microsoft.PowerAutomate.exe」がダウンロードできたら、ダブルクリックしてインストールを開始しましょう（**図1-2-5**）。

インストーラーが起動したら、その指示に沿って進めて行きましょう。なお、その際、『［インストール］を選択すると、Microsoftの使用条件に同意したことになります。』にチェックを入れないと進められないのでチェックを入れて進めましょう。

図1-2-5　インストーラーをダブルクリックで起動しよう

図1-2-6　手順に沿っていけばインストールできる

また、インストールの最後に「拡張機能のインストール」についても聞かれますが、必要に応じて後からも追加でインストールできますので、ここでは特にインストールしなくても大丈夫です。インストールが完了したら、「アプリを起動する」をクリックするか、スタートメニューから Power Automate を起動しましょう。

Windows 11の場合

Windows 11の場合、Windowsのスタートメニューを開いた後、メニュー上部の検索ボックスに「Power Automate」と入力してください。すると「アプリ」の部分に「Power Automate」と表示されますので、これをクリックしてください。

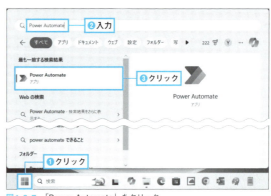

図1-2-7　「Power Automate」をクリック

アプリを起動すると、Power Automateを最新版にアップデートする処理が始まります（**図1-2-10**）。
Power Automateには定期的に新機能が追加されていますので、この作業により最新版を利用できます。

図1-2-8　最新版へのアップデートが始まる

Power Automateを使うにはMicrosoftアカウントが必要

Power Automateの利用を開始するには、Microsoftアカウントが必要になります。なお、多くの方は、Windows PCを購入したときに、Microsoftアカウントを作成していることでしょう。そのときに作成したアカウントでサインインできます。もし、忘れてしまった場合には、パスワードを再発行するか、または、改めてMicrosoftアカウントを作成しましょう。

これからMicrosoftアカウントを作成する方は、ブラウザで以下のURLにアクセスして、ページの下の方にある「アカウントを作成する」のリンクをクリックしましょう（**図1-2-9**）。

- **Microsoftアカウントを作成する場合**
  ［URL］https://account.microsoft.com

図1-2-9　Power Automateを使う場合にはMicrosoftアカウントが必要

Power Automateにサインインしよう

Power Automateを起動して、入力画面が出たらMicrosoftアカウントを入力してサインインしましょう。

図1-2-10　Microsoftアカウントでサインインしよう

Microsoftアカウントのメールアドレスとパスワードを入力してサインインしましょう（**図1-2-11**）。
正しくサインインできると、**図1-2-12**の画面が表示されます。

図1-2-11　メールアドレスとパスワードを入力しよう

図1-2-12　正しくサインインしてアプリ画面が表示されたところ

TIPS

手軽にPower Automateを起動できるようにするには?

なお、読者の皆さんは、何度もPower Automateを起動することになるでしょう。そこで、手軽に起動できるように、タスクバーにピン留めしておくと便利です。タスクバーにピン留めするには、Power Automateを起動したら、タスクバーのアイコンを右クリックし「**タスクバーにピン留めする**」をクリックします。

図1-2-13　ピン留めするとタスクバーからすぐに起動できる

まとめ

ここまでの部分で、Power Automateのインストールの方法について紹介しました。すでにいろいろなWindowsアプリをインストールしたことがある人であれば、いつも通りの手順と感じられたことでしょう。次節より、さっそく使い始めましょう！

Chapter 1-3

基本的な画面と機能を確認しよう

難易度：★☆☆☆☆

Power Automateの基本的な操作方法を紹介します。本書の説明がよく分かるように、画面構成や各部の名称を確認しましょう。基本操作をマスターしましょう。

ここで学ぶこと

- Power Automateの画面構成について
- 基本的な操作方法について
- 「メッセージを表示」アクション

ここで作るもの

- 挨拶を表示するフロー（サンプルファイル：ch1/テスト.txt）

Power Automateを起動しよう

それでは、Power Automateを起動しましょう。
Windows 11では、スタートメニューを開いて、上部にある検索ボックスに「Power Automate」と入力して、Power Automateが表示されたら、「開く」をクリックして起動しましょう（図1-3-1）。
なお、Windows 10であれば、スタートメニューから「Power Automate > Power Automate」をクリックしましょう（図1-3-2）。

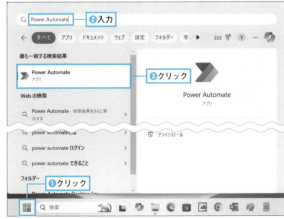

図1-3-1　Windows 11でPowe Automateを起動する方法

図1-3-2　Windows 10では画面左下のスタートメニューから起動しよう

> **MEMO**
> なお、初回起動の際には、サインインの画面が表示されますので、Chapter 1-2を参考にMicrosoftアカウントを入力してサインインしてください。

最初の画面 ── フローの作成や既存フローの選択

はじめてPower Automateが起動すると、表示される「ホーム」(**図1-12-2**の状態)では、使い方に関するヒントなどを見ることができます。Power Automateでは自動化したい仕事ごとに「フロー」を作成することになっています。なお「フロー」とはExcelで言うところの「ブック(ファイル)」に相当するものです。画面左上の「自分のフロー」をクリックすると、「フロー」の管理画面を表示できます。

図1-3-3 「自分のフロー」画面を初めて表示した状態

はじめて起動した場合には、何も作成したフローがない空っぽの状態のため、**図1-3-3**のようにイラストと共に「フローなし」と表示されます。しかし「フロー」を作成して保存すると、**図1-3-4**のように、「自分のフロー」の画面に過去に作成したフローが一覧で表示されます。ここからフローを選んで繰り返し実行することができます。

図1-3-4 すでにいくつかのフローを作成した場合の画面。この画面でフローを作成したり選択したりする

> **TIPS**
>
> ## 「フロー」とは何か?
>
> もともと「フロー(英語: flow)」とは、日本語で「流れ」を意味する言葉です。たとえば「業務フロー」と言えば、その業務の手順を追った行程などを指します。それで、Power Automateにおける「フロー」も、基本的にはこのような作業の流れや手順を意味しており、もっとも根本的な「作業単位」をフローと呼んでいます。

新規フローを作成しよう

それでは、さっそく新規フローを作成してみましょう。画面左上にある[＋ 新しいフロー]のボタンをクリックしましょう（図1-3-5）。すると、「フローを作成する」のダイアログが表示されます。名前は任意でつけて構いませんが、ここではフローの名前を「テスト」と名前を付けて「作成」のボタンをクリックしましょう（図1-3-6）。

図1-3-5 画面左上の「新しいフロー」をクリックしよう

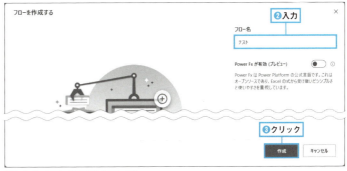

図1-3-6 フローの名前を入力しよう

少し待っていると、フローの作成画面が出ます。もしも作成画面が出ないときは、最初の画面で改めて新規作成するか、一覧から「テスト」を右クリックで選択し「編集」をクリックしてください。

> **MEMO**
> 新規フロー作成画面にある「Power FXが有効」をオンにすると、ローコード言語「Power FX」を利用できます。これは、Excelの数式に似た構文を持った強力で簡潔な言語で、Microsoft Power Platform全体で使用できます。ただし、原稿執筆時点ではプレビュー版であったため、本誌面では「Power FXが有効」をオフのまま利用しています。

フローの編集画面

ここでフローの編集画面が表示されます。この編集画面を利用して、いろいろな仕事を自動化するアクションを組み立てて行きます。

図1-3-7 フローの作成画面

フロー編集画面における各部の名称と働き

フロー編集画面を詳しく見てみましょう。次の図のように、フローの編集画面は大きく分けて3つに分かれています。

図1-3-8　フロー作成画面の役割

各ペインの働きを確認してみます。

画面左側(1)には「**アクションペイン**」があります。ここにはフローに挿入できるアクションの一覧が並びます。アクションはグループごとに分けて配置されており、「>」アイコンをクリックするとグループ内のアクションが見られるようになっています。

画面中央(2)には「**キャンバスペイン**」があります。ここに実行したいアクションを貼り付けていきます。この部分がPower Automateにおけるフローを管理する重要な心臓部とも言えます。

画面右側(3)には「**変数ペイン**」があります。ここでフローの中で利用する各種変数の一覧を確認できます。また、このペインは「UI要素」「画像」など必要に応じてペインを切り替えて使うようになっています。変数については、p.041で説明します。

Power Automateでは、主にこの3つのペインを操作してフローを組み立てていきます。

フローの編集手順を確認しよう

フローの編集は主に次のような手順で行います。

(1) 画面の左側アクションペインにある「アクション」を選ぶ
(2) アクションを画面中央のキャンバスに貼り付ける
(3) アクションの設定ダイアログが出るので、動作の詳細を指定する
(4) 必要な数だけ(2)と(3)を繰り返してアクションをキャンバスに貼り付ける

一言で言えば、アクションを選んでキャンバスに並べていくだけです。Power Automateには、Excelやブラウザなどのアプリを操作する機能や、マウスやキーボードの動作を自動化するさまざまな「アクション」が用意されており、これをキャンバスに貼り付けていきます。

簡単なフローを作成して実行してみよう

それでは、具体的にPower Automateを操作して、簡単なフローを作成してみましょう。ここでは、画面に「こんにちは」というメッセージを表示するだけのフローを作ってみましょう。

1 「メッセージを表示」するアクションを探す

まずは、画面左側にある「アクションペイン」(アクションの一覧)より、「メッセージを表示」というアクションを探しましょう。このアクションは「メッセージ ボックス」というグループの中にあります。それで、「メッセージ ボックス」を開いて、アクション「メッセージを表示」を見つけたら、アクションをダブルクリックするか、画面中央のキャンバスへドラッグ＆ドロップしましょう。

図1-3-9 「メッセージ ボックス＞メッセージを表示」を探そう

2 アクションの詳細を指定しよう

アクションを選んでキャンバスに貼り付けると、図1-3-10のようなパラメータの設定ダイアログが表示されます。このパラメータの設定ダイアログは、アクションごとに異なる項目が表示されます。

今回は、画面にメッセージを表示するだけのフローを作ってみましょう。画面を見ると指定可能なパラメータがたくさんあるのですが、多くのアクションは、最低限指定するだけでも大丈夫です。

ここでは、「パラメータの選択」の部分を以下のように指定しましょう。設定したら画面下部にある「保存」ボタンをクリックします。

設定する項目	指定する値
メッセージ ボックスのタイトル	テスト
表示するメッセージ	こんにちは。

図1-3-10 パラメータの設定ダイアログが表示されたところ

017

3 実行ボタンを押してみよう

以上で、今回のフロー作成は完了です。［実行ボタン］を押して、フローを実行してみましょう。［実行ボタン］は以下の図の▷のアイコンです。

図1-3-11　実行ボタンを押してみよう

あるいは、画面上部のメニューより「デバッグ＞実行」をクリックしましょう。ほかに、キーボードのショートカットキーで［F5］キーを押して実行できます。

図1-3-12　メニューから「デバッグ＞実行」をクリックしよう

実行結果を確認しよう

フローが実行されると、次のように「こんにちは。」というメッセージが画面に表示されます。

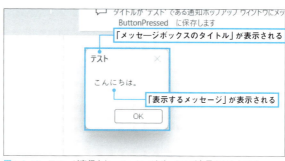

図1-3-13　フローが実行され、メッセージボックスが表示されたところ

実行までの手順で迷うところはなかったでしょうか。念のため、次の点を確認してみましょう。

「アクション」はグループごとに分けられている

グループに属するアクションを表示するには、「>グループ名」をクリックします。すると表示が「∨グループ名」のように変わって、一覧が表示されます。

たとえば、この「メッセージ ボックス」のグループを探して、このグループをクリックすると「メッセージを表示」「入力ダイアログを表示」「日付の選択ダイアログを表示」などのアクションが出てきます。なお本書では、アクションを表記する際、「メッセージ ボックス > メッセージを表示」のように、「グループ名 > アクション名」の書式で表記します。

図1-3-14　グループをクリックすると……

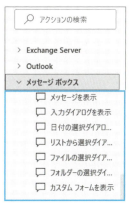
図1-3-15　アクションが表示される

アクションが見つからないときは検索しよう

Power Automateにはたくさんのアクションが用意されているため、なかなか該当するアクションが見当たらない場合があります。その場合、画面左側の上部にある「**アクションの検索**」にキーワードを入力してアクションを検索できます。今回の場合であれば「メッセージを表示」と入力して一覧から対象を絞り込みます。目を皿のようにして探すのも疲れるので、検索してみるとすぐに見つかって便利です。

図1-3-16　アクションが見当たらないときは検索してみよう

フローの編集画面を閉じよう

フローを編集し、正しく実行できたら、フローの編集画面を閉じましょう。編集画面を閉じるには、編集画面の右上にある⨯ボタンをクリックします。

すると、作成したフローを「終了前に保存しますか？」と尋ねられます。「保存」のボタンを押すと、フローを保存して編集画面が閉じられます。

図1-3-17　保存して編集画面を閉じよう

まとめ

以上、本節ではPower Automateの画面構成や基本的な使い方を紹介しました。また、画面にメッセージを表示するだけ、アクションを1つだけ配置した簡単なフローを作ってみました。基本的にはアクションを貼り付けて実行するだけです。Power Automateの基本は思ったよりも簡単です。

Chapter 1-4

フローの実行/停止/保存について

難易度：★☆☆☆☆

Chapter 1-3ではフローを新規作成して実行するまでの基本を確認しました。本節では複数のアクションを挿入する手順、そして、実行したフローを停止する方法や保存方法を確認します。

ここで学ぶこと

- 複数のアクションを利用する
- Power Automateの実行や停止
- OneDriveへの保存について

ここで作るもの

- 格言を2回表示するフロー（サンプルファイル：ch1/格言2回表示.txt）

格言を2回表示するフローを作ろう

さて、前節の復習も兼ねて、連続でメッセージボックスに格言を表示するフローを作ってみましょう。

1 新しいフローを作成する

Power Automateを起動したときに最初に表示される「自分のフロー」の画面で、画面上部の「＋新しいフロー」のボタンを押して新しいフローを作成しましょう。

図1-4-1　新しいフローを作成しよう

フロー名を指定する画面が出るので「格言2回表示」という名前を入力しましょう。名前を付けたら画面下部の「作成」ボタンをクリックします。

図1-4-2　新規フローに名前をつけよう

2 「メッセージを表示」アクションを貼り付ける

アクションペインの上部にある検索ボックスに「メッセージを表示」と入力して検索しましょう。
そしてキャンバスにドラッグ＆ドロップで貼り付けましょう。

図1-4-3　アクション「メッセージを表示」を貼り付けよう

3 アクションのパラメータを設定する

するとアクションのパラメータを設定するダイアログが表示されます。ここではパラメータに格言を入力しましょう。

ここで入力する値

項目	入力する内容
メッセージボックスのタイトル	格言その1
表示するメッセージ	苦しむ人にはどの日も悪い日で、陽気な心の人には毎日が宴会である。

入力したら画面下部の「保存」ボタンをクリックします。

図1-4-4　アクションのパラメータを設定しよう

4 もう1つ「メッセージを表示」するアクションを貼り付ける

続いて、先ほどと同じ手順で、もう1つアクション「メッセージを表示」をキャンバスに貼り付けましょう。

図1-4-5　もう1つ同じアクションを貼り付けよう

021

そしてパラメータの設定ダイアログが出たら、異なる格言を入力しましょう。

ここで入力する値

項目	入力する内容
メッセージボックスのタイトル	格言その2
表示するメッセージ	穏やかな心は体に良い。

図1-4-6 異なる格言を入力しよう

5 実行しよう

以上で必要な2つのアクションがフローに挿入できました。画面上部の［実行ボタン］を押してみましょう。

図1-4-7 実行ボタンを押してフローを実行しよう

正しく実行されると、ダイアログが表示され、そこに格言1が表示されます。［OK］ボタンを押すと、ダイアログが閉じて次に格言2が表示されます。［OK］ボタンを押すとフローが終了します。

図1-4-8 実行すると、ダイアログに格言1が表示される

図1-4-9 OKボタンを押すと、続けてダイアログに格言2が表示される

このように、フローの中には複数のアクションを配置して、次々と実行できます。

フローの実行を途中で停止したい場合

フローの実行を強制的に停止したい場合があります。フローの編集中であれば、画面上部にある［停止ボタン］（▢）をクリックするとフローの実行を停止できます。または、画面上部のメニューより［デバッグ＞停止］をクリックしても同じです。

図1-4-10　停止ボタンでフローの実行を停止できる

もう1つ停止方法があります。Windowsの画面下にあるタスクトレイでPower Automateのアイコンを右クリックします。するとポップアップメニューがでるので「すべての実行中フローの停止」をクリックします。なお、タスクトレイはたくさんの常駐アプリがあると、アイコンが隠れてしまって、タスクバー上に表示されず∧というアイコンをクリックしてはじめて表示されます。

図1-4-11　タスクトレイからも実行を停止できる

フローを保存しよう

作成したフローを保存するには、画面上部の［保存ボタン］（🖫）をクリックします。

図1-4-12　フローを保存するには保存ボタンをクリック

> **TIPS**
>
> ### 作成したフローはどこに保存されるの？
>
> 作成したフローは、Microsoftのクラウドストレージである「OneDrive」に保存されます（組織アカウントの場合は「Dataverse」に保存されます）。そのため、同じMicrosoftアカウントを使っていれば、異なるPCであっても、同じフローを実行することが可能です。
> ただし、OneDriveに保存されているフローを他人に配布しても、正しく動かすことはできません。他人とフローを共有するには、特別な手順が必要になります。詳しくは、本書のChapter 1-5「作成したフローを共有する方法」をご覧ください。

図 1-4-13　OneDriveにPower Automateのデータが保存されるので安心。しかし、他人と共有するには特別な操作が必要

> **TIPS**
>
> ## アクションの実行順序を変更できる
>
> アクションは基本的に上から下へと実行されます。キャンバスに貼り付けたアクションはマウスをドラッグすることで順番を変更できます。そのため、格言2を記述したアクションを上に移動すれば、格言2→格言1の順番でダイアログが表示されるようになります。
>
>
>
> 図 1-4-14　ドラッグでアクションの順序を入れ替えできる

エラー画面について

今回作成したフローでは、エラーの出る部分はありません。エラーが表示されるということは、フローの実行に問題があったことを示すものです。とは言え、Power Automateではそれほど頻繁にエラーが表示されるわけではありません。

しかし、複雑なフローを作成したり、設定が間違っていたり、ネットワークやハードウェアに問題が起きたとき、エラーが表示されることがあります。その際には、次の画面のように画面下部に「エラー」のパネルが表示されます。

図1-4-15　エラーがあると画面下部に情報が表示される

本書では、エラーが表示されそうな場面では、その原因や対策方法を解説しますので安心してください。

フローの編集を再開する

前節でも言及しましたが、フローの編集を終了する場合は、Power Automateのフロー編集画面ウィンドウの右上にある⊠のボタンをクリックします。

そして、フローの編集を再開したいときは、自分のフローの画面（起動時の画面で左上の「自分のフロー」をクリックして表示）から編集したいフローを選択して編集アイコンをクリックするか、右クリックしてポップアップメニューの「編集」をクリックします。

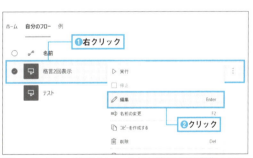

図1-4-16　フローの編集をしたいときは最初の画面で編集アイコンをクリックする

まとめ

以上、本節では、複数のアクションをフロー内で使う方法について解説しました。フローの停止方法や保存について、またエラー画面についても紹介しました。

Chapter 1-5
作成したフローを共有する方法

難易度：★☆☆☆☆

せっかくPower Automateで役立つフローを作成したら、他の人にも共有したくなることでしょう。ここでは、Power Automateのフローを共有する方法を紹介します。

ここで学ぶこと
- 作成したフローを共有する方法

Power Automateでフローを共有する2つの方法

フローを共有するために、大きく分けて2つの方法が用意されています。

(1) ブラウザでPower Automateのサイトにアクセスしてアクセス許可などの動作を行う
(2) デスクトップ向けPower Automateのアプリ上でコピー・貼り付けを行う

ただし、上記の(1)の方法は、Power Automateの有料ユーザーである必要があります。そのため、本書では(2)の方法を詳しく紹介します。なお、(1)の具体的な操作については、Power Automateの公式ドキュメントから「デスクトップフロー」＞「デスクトップフローを管理する」＞「デスクトップフローの共有」(https://learn.microsoft.com/ja-jp/power-automate/desktop-flows/manage#share-desktop-flows)の情報が参考になります。ブラウザの画面の手順に沿って操作するだけで難しくありません。

では、(2)の「デスクトップ向けPower Automateのアプリ上でコピー・貼り付けを行う」方法を詳しく解説します。これは、無料で手軽に行うことができますので、ここで詳しい手順を解説します。
ちなみに、本書のサンプルもこの手順で提供しています。インターネットからダウンロードしたサンプルフローは、テキストファイルとなっています。そこで、このテキストファイルの内容をコピーして、Power Automateに貼り付けることで、利用できるようになっています。
もちろん、本書ではフローをどのように組み立てていくのか、画面付きで丁寧に紹介します。その方法を見ながら、Power Automateを操作することで、フローを完成させることができます。

Power Automateのフローをファイルに保存する方法

最初に、自分で作成したフローをファイルに保存する手順を紹介します。それほど面倒ではないのですが、ちょっとコツが必要ですので、手順を紹介します。

1 共有したいフローを選択する

まずは、Power Automateの「自分のフロー」の画面でフローを選択して編集しましょう。編集ボタンを押すか、右クリックしてポップアップメニューの［編集］をクリックします。

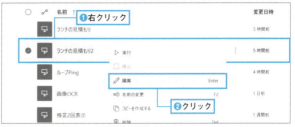

図1-5-1　共有したいフローを選んで編集する

2 キャンバスをクリックして全アクションをコピー

編集画面が開いたら、キャンバスを一度マウスでクリックして、アクティブな状態にします。そして、画面上部のメニューより［編集 > すべて選択］をクリックします。すると、キャンバス上の全アクションが選択状態になります。続いて、画面上部のメニューの［編集 > コピー］をクリックします。これで選択したアクションがクリップボードにコピーされます。

図1-5-2　全アクションをコピーする

3 メモ帳などに貼り付けて保存する

ここで、Windowsの「メモ帳」(あるいはテキストエディタ)を起動します。メモ帳は、Windowsメニューの「すべてのアプリケーション」から「メモ帳」をクリックして起動できます。そして、メモ帳が開いたら、コピーしたアクションを貼り付けましょう。メニューから［編集 > 貼り付け］をクリックします。

すると右の図のようなアクションをテキスト形式に変換したコードが貼り付けられます（ここで取得したコードについての詳細は後ほどコラムで紹介します）。

図1-5-3　メモ帳などにアクション一覧を貼り付けて保存しよう

あとは、メモ帳のメニューから［ファイル > 名前を付けて保存］をクリックして適当な名前で保存しましょう。以上でPower Automateのアクション一覧をファイルに保存することができました。

図1-5-4　アクション一覧のテキストを保存

保存したフロー（アクションの一覧）を復元する方法

次に保存したフローを読み込んでみましょう。本書のサンプルも次の手順で自分のフローに貼り付けることができます。

1 アクションを保存したテキストファイルを開く

先ほどアクションをテキストファイルに保存しました。保存したファイルをメモ帳で開き、全テキストをコピーします。そのために、メニューより、［編集 > すべてを選択］をクリックした後、［編集 > コピー］をクリックします。

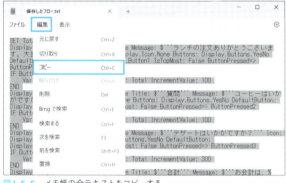

図1-5-5　メモ帳の全テキストをコピーする

2 新規フローを作成する

次に、Power Automateで新規フローを作成しましょう。起動直後の画面で、画面上部の「＋新しいフロー」をクリックしましょう。フロー名をつけて「作成」ボタンをクリックします。

図1-5-6　新規フローを作成しよう

3 Power Automateのキャンバスへ貼り付ける

新規フローの編集画面が出たら、キャンバスをクリックしてアクティブにします。そして、メニューの［編集＞貼り付け］をクリックします。すると、コピーしたアクションがフロー画面に挿入されます。

図1-5-7　Power Automateのキャンバスへ貼り付ける

TIPS

サブフローを定義したフローでは複数回の貼り付けが必要

なお、後ほど詳しく解説しますが、Power Automateには「サブフロー」(p.135参照)という機能があります。残念なことに、サブフローを使ったアクションは一気に貼り付けることができません。
サブフローを使うフローでは、「サブフロー」のタブをクリックして、そこで使うアクション一覧をコピーしたり貼り付けるという追加の作業が必要となります。

COLUMN

アクションをコピーするときの「謎コード」は一体何なのか!?

アクションをコピーしたときに取得できる謎のコードは一体何でしょうか。何かの暗号のようにも見えます。このコードは『Robin』と呼ばれているもので、Power Automateの内部で利用されています。

もちろん内部で利用されているものなので、そこに何が書かれているのかを、理解する必要はありません。Power Automateのフローを共有するときに便利なものという認識で大丈夫です。

それでも、Robinの実体はプログラミング言語であり、Robinを用いてアクションをカスタマイズすることも可能です。本書では詳しく紹介しませんが、Robin自体はオープンソースで開発されていますので、興味のある方は調べてみると面白いと思います。

- **Robinの開発サイト**
  [URL] https://github.com/robin-language/robin

図1-5-8　Robinはオープンソースで開発されている

まとめ

本節では、作ったフローを共有する方法について紹介しました。Power Automateの無料版では、保存したフローを気軽に共有することができず、クリップボードを介してフローをテキストファイルへ保存する手間が必要です。ちょっと面倒ですが、共有できないわけではありません。本書のサンプルもテキスト形式で提供しているので、手順を覚えておきましょう。

COLUMN 本書で紹介しているサンプルを利用する方法

本書のサンプルを利用するには、次の2つの方法があります。

(1) 書籍の手順通りアクションを操作する
(2) サンプルからコードをコピーしてキャンバスに貼り付ける

本書で紹介する手順に沿ってご自身でアクションを挿入していく方法もそれほど大変ではありません。それでも、ダウンロードしたサンプル一覧からコードを開いてフローに貼り付ける方法もあります。この方法ではChapter 1-5で紹介した「作成したフローを共有する方法」を利用します。

本書のサンプルはテキストファイルです。以下のURLよりダウンロードしたZIPファイルを解凍しましょう。すると、ch1には1章、ch2には2章、ch3には3章…のサンプルが保存されています。

- **本書のサンプルのダウンロードURL**
    [URL] https://book.mynavi.jp/supportsite/detail/9784839988463.html

そして該当するテキストファイルをメモ帳か任意のテキストエディタで開きます。そして、記載されているコードを全部選択してコピーします。
続いて、Power Automateを起動して、画面上部にある「＋新しいフロー」をクリックして、新規フローを作成します。編集画面が表示されたら、キャンバスをクリックして、メニューより［編集 > 貼り付け］をクリックします。
すると自動的にアクションの一覧がフローに挿入されます。
なお、より詳しい手順は、Chapter 1-5のp.028をご覧ください。

Chapter 2 便利なアクションを活用しよう

Chapter 1ではPower Automateの基本を確認しました。次に便利なフローをいろいろ作ってみましょう。凝った仕掛けを作らなくても、基本的にはアクションを並べるだけで便利なフローが完成します。上から下に実行するアクションを作ってみましょう。

Chapter 2-1	5秒後にスクリーンショットを撮るフローを作ろう	032
Chapter 2-2	デスクトップ上のファイル全部をZIP圧縮しよう	038
Chapter 2-3	乱数を使ってランダムに画像を表示しよう	045
Chapter 2-4	「今から帰る」のメールをOutlookで自動送信しよう	053
Chapter 2-5	PCがネットに接続しているかテストしよう	062
Chapter 2-6	現在日時をクリップボードにコピーしよう	066
Chapter 2-7	画像からテキストを取り出してファイルに保存しよう	073

Chapter 2-1
5秒後にスクリーンショットを撮るフローを作ろう

難易度：★☆☆☆☆

本章では手軽に作れて役立つフローの作成に挑戦します。何かと便利なスクリーンショットの撮影を行うフローを作ってみましょう。ここでは5秒後にスクリーンショットを撮影してみます。

ここで学ぶこと

- フローの実行をN秒間待つ
- スクリーンショットを撮る

ここで作るもの

- 5秒後にスクショを撮るフロー（サンプルファイル：ch2/5秒後にスクリーンショット.txt）

スクリーンショットの撮影について

Power Automateを使って指定秒数後にスクリーンショットを撮影するフローを作成しましょう。スクリーンショットとは、パソコンの画面に表示されている画面をそのまま画像ファイルに保存することです。
スクリーンショットなら画面の状態をそのまま記録できるので、パソコンの画面に表示されている画像や値段、地図や何かしらの値などをメモできて便利です。
ちなみに、スクリーンショットを撮影する前になぜ5秒待つのかと言うと、フローの［実行ボタン］を押してから、記録したいアプリの画面に切り替えるのに必要な待機時間を考慮しているのです。

フローを組み立てよう

ここで作るフロー全体は右のようなものです。5秒待機して、スクリーンショットを撮影し、サウンドを再生するというものです。それではさっそくフローを組み立てましょう。

図2-1-1　ここで作るフロー全体。3つのアクションを組み合わせる

1 新しいフローを作成する

Power Automateを起動したら、最初の画面の上部にある「＋新しいフロー」のボタンをクリックします。

図 2-1-2　新しいフローをクリック

2 フローに名前をつけよう

続いて、フローに名前をつけます。ここでは「5秒後にスクリーンショット」という名前にしました。フローの名前は具体的で直感的に機能が分かるものにしておくと、後から迷うことがないでしょう。

図 2-1-3　フローに名前をつける

3 「待機」アクションを貼り付けよう

このフローでは、実行して『5秒後』のスクリーンショットを撮りたいです。そこで、5秒実行を待機するアクション「フロー コントロール > 待機」を選択して、キャンバスに貼り付けましょう。

図 2-1-4　アクション「待機」を貼り付けよう

4 「待機」アクションのパラメーターを指定しよう

すると「待機」アクションの設定ダイアログが出ます。ここでは、何秒待つかを数値で指定します。「5」を入力しましょう。

図 2-1-5　5秒待つように設定ダイアログに入力

5 「スクリーンショットを取得」アクションを貼り付けよう

次に、実際にスクリーンショットを撮影するアクションを貼り付けます。「ワークステーション > スクリーンショットを取得」をキャンバスに貼り付けましょう。

図 2-1-6 「スクリーンショットを取得」アクションを貼り付けよう

6 「スクリーンショットを取得」アクションのパラメーターを指定しよう

スクリーンショットの撮影に関する設定ダイアログが出たら、設定を行いましょう。ここでは、クリップボードに撮影した画像を保存するものにしてみます。

ここで指定する値

項目	設定する内容
キャプチャ	すべての画面
スクリーンショットの保存先	クリップボード

設定したらダイアログ下部にある「保存」ボタンを押します。

図 2-1-7 スクリーンショットの設定を指定しよう

7 「サウンドの再生」アクションを貼り付けよう

撮影のタイミングを分かりやすく利用者に通知するために、撮影直後にサウンドを鳴らすようにしてみます。「ワークステーション > サウンドの再生」アクションをキャンバスに貼り付けましょう。

図 2-1-8 「サウンドの再生」アクションを貼り付けよう

8 「サウンドの再生」アクションのパラメーターを指定しよう

「サウンドの再生」アクションでは、特定のWAVファイルを選んで再生することもできますが、最初からWindowsに用意されているサウンドも再生できます。ここでは特に値を変更せず、サウンドの再生元を「システム」、再生するサウンドを「アスタリスク」にして、「保存」ボタンをクリックしましょう。

図 2-1-9　サウンドのパラメーターを指定しよう

9 実行してみよう

以上でフローが完成しました。画面上部の［実行ボタン］を押して、フローを実行しましょう。

フローを実行すると、5秒間実行を待機した後、スクリーンショットをクリップボードに保存します。その後「ポーン」とサウンドが再生されます。

図 2-1-10　フローを実行してみよう

フロー実行後にクリップボードの画像を活用しよう

ここでは、スクリーンショットはクリップボードに保存するようにしました。なお、『クリップボード』とは、テキストや画像などを一時的に保存しておく場所です。たとえばWordなどでテキストの編集しているとき、テキストを選択して「コピー」を実行するとクリップボードにテキストがコピーされています。そして「貼り付け」を実行すると、クリップボードにあるテキストが貼り付けされます。

同様に、クリップボードに保存した画像は、ペイントなどの画像編集ソフトを利用すれば任意の位置に貼り付けできます。試しに、フローを実行した後、ペイントを起動してクリップボードの画像を貼り付けてみましょう。Windowsのスタートメニューより「ペイント」を起動しましょう。そして、ペイントの画面上部にあるメニューの［編集 > 貼り付け］で、クリップボードにあるキャプチャした画像を貼り付けできます。ペイントに貼り付ければ、矢印や記号を書き込んだり枠で囲ったりと自由に加工できるでしょう。

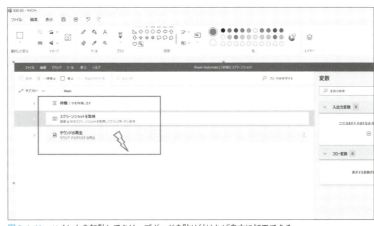

図 2-1-11　ペイントを起動してクリップボードを貼り付ければ自由に加工できる

ファイルに保存するよう改良しよう

なお、先の手順ではスクリーンショットをクリップボードに保存していますが、ファイルに直接保存した方が便利な場面も多いことでしょう。この場合、手順 6 の「スクリーンショットを取得」のパラメーターを指定する際、保存先をファイルに変更します。

具体的には、「スクリーンショットを取得」のアクションをダブルクリックして開き、パラメーターの「スクリーンショットの保存先」を「ファイル」に変更し、「画像ファイル」にファイル名を「xxx.png」の形式で指定して「画像の形式」に「PNG」を指定します（このように、アクションをダブルクリックすると保存した設定を再編集できます）。

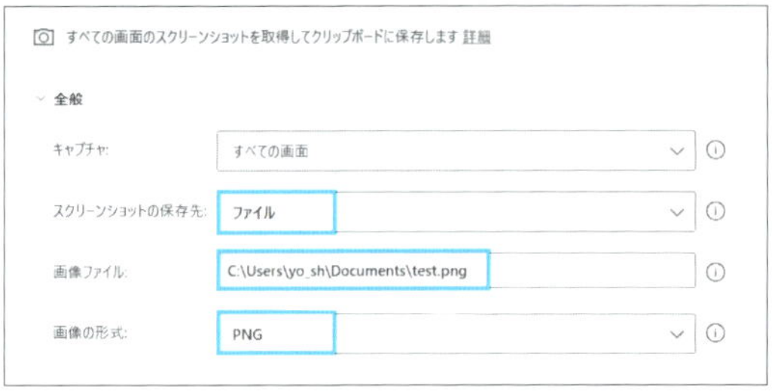

図 2-1-12　スクリーンショットをファイルに保存することも可能

なお、「画像ファイル」の指定では、テキストボックス選択時に右端に表示される のアイコンをクリックすれば、保存するファイル名をファイルダイアログで選択できます。Windowsの一般的なファイルダイアログなので手軽に保存ファイル名を指定できます。このファイル名の指定では、ダイアログの左側でフォルダーを選び、右側の「ファイル名」のところに、自分で保存ファイル名を入力して「開く」ボタンを押します。

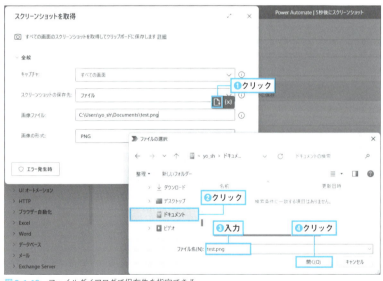

図 2-1-13　ファイルダイアログで保存先を指定できる

それから、「スクリーンショットを取得」のアクションの設定にある「画像の形式」では、スクリーンショットをどの画像形式で保存するのかを指定します。用途によって画像形式を変更するとよいでしょう。特にこだわりがなければ

「PNG」を選ぶとよいでしょう。PNG形式であれば画像の劣化なく圧縮して保存できるからです。
画像の形式をいろいろ選べますが、次のメジャーな形式から選ぶとよいでしょう。

画像形式	説明
BMP	無圧縮なのでファイルサイズが大きくなるが大抵のアプリで利用可能
JPG	写真向きの画像形式。圧縮率がよくサイズは小さくなるが画像が劣化する
PNG	画質が劣化しない圧縮形式。いろいろな用途に使える

まとめ

以上、本節では5秒後にスクリーンショットを撮影するフローを作成しました。任意のタイミングでスクリーンショットを撮影するだけでも十分便利なのですが、ここで作ったように、待機する時間を設けたり、撮影後にサウンドを鳴らしたりと、ちょっと工夫するだけで使い勝手が向上します。パラメーターをいろいろと変更して試してみてください。

COLUMN

プログラマーにも便利なPower Automate

Power Automateの大きなメリットが「プログラミング不要」で仕事の自動化が可能なことです。このようなツールを、あえてプログラマーが使う必要があるのでしょうか。結論から言えば「プログラマーにも便利」です。

最近では、多くのプログラマーが、Power Automateを使って仕事をしています。VB、JavaやC#などのプログラミングができる人であっても、用途に応じて、Power Automateを採用する案件が増えています。そもそも、プログラマーの仕事というのは、何かしらの仕事を自動化することです。もちろん、自動化したい仕事の内容にもよりますが、Power Automateを使うことで、より早くより手軽に片付ける場面も増えています。プログラマーがプログラムを書かずに仕事を自動化するという、この流れは今後も広がっていくことでしょう。

しかし、よくよく考えてみると、Power Automateは、変数や条件分岐、繰り返しなどの一般的なプログラミング言語が持つ基本的なフロー要素を備えています。また、サブフローはプログラミング言語で言うところの関数定義です。少し乱暴な言い方ですが、Power Automateは、プログラムをマウスを中心にして作成する高度な「プログラミング言語」と言えるでしょう。

また、Chapter 7で詳しく紹介しますが、すでにプログラミングができる人であれば、VBScriptやPowerShellスクリプトといったプログラミング言語を用いて、Power Automateを拡張することができます。そのため、プログラミングできることが無駄になることはありません。

Chapter 2-2

デスクトップ上のファイル全部を ZIP圧縮しよう

難易度：★☆☆☆☆

ファイルをバックアップしたり、複数のファイルを1つにまとめたりするのには、「圧縮」が便利です。本節では、デスクトップにあるファイルをZIP圧縮する方法を紹介します。

ここで学ぶこと

- 複数ファイルをZIP圧縮する
- デスクトップのパスを得る
- 変数を利用する

ここで作るもの

- デスクトップ上のファイルを全部圧縮（ch1/デスクトップ圧縮.txt）

デスクトップ上のファイルを全部圧縮してバックアップしよう

Windowsのデスクトップは一時的な作業ファイルを保存しておくのに便利です。それでついついファイルが溜まってしまうものです。そこでデスクトップ上のファイルを全部圧縮してバックアップするというフローを作ってみましょう。バックアップさえとってあると思えば、あまり使わないファイルを消して、デスクトップをすっきり整理することができるでしょう。

フローを組み立てよう

ここで作るフロー全体は右のようなものです。最初にデスクトップのパスを取得し、そのパスをZIP圧縮するというフローです。アクションは2つしかありませんが、デスクトップのパスを覚えておくのに「変数」を利用しています。
それでは、実際にフローを組み立てながら、この仕組みを確認しましょう。

```
              特別なフォルダーを取得
1     ☆       フォルダー デスクトップ のパスを取得し、
              SpecialFolderPath に保存する

              ZIP ファイル
2     📦      ファイル/フォルダー SpecialFolderPath '\'
              を SpecialFolderPath '\backup.zip' に
              圧縮して ZipFile に保存します
```

図 2-2-1　ここで作成するデスクトップを圧縮するフロー

1 新しいフローを作成する

Power Automateを起動したら、自分のフローの上部にある「＋新しいフロー」をクリックして新規フローを作成しましょう。「フローを作成する」ダイアログが表示されたら「デスクトップ圧縮」という名前を付けて「作成」ボタンを押しましょう。

図 2-2-2　新規フローを作成して名前をつけよう

2 「特別なフォルダーを取得」アクションを貼り付けよう

デスクトップのフォルダーパスは、ユーザーの環境により異なります。そこで、最初にデスクトップのパスを得るため、アクションペインから「フォルダー ＞ 特別なフォルダーを取得」を探して、キャンバスに貼り付けましょう。

図 2-2-3　デスクトップのパスを得るため「特別なフォルダーを取得」を使おう

3 「特別なフォルダーを取得」アクションのパラメーターを設定しよう

アクションを貼り付けると、パラメーターの設定ダイアログが表示されます。そこで、「特別なフォルダーの名前」として「デスクトップ」を選択しましょう。デスクトップを選択すると、すぐ下の「特別なフォルダー」のパスが自動的に実際のデスクトップのパスに変化します（このパスの部分にはユーザーごとに異なる値が表示されます）。

図 2-2-4　アクションの設定で「デスクトップ」を指定しよう

TIPS

生成された変数を確認しよう

図 2-2-4 でダイアログの下方に「生成された変数」として「SpecialFolderPath」と書かれている点を覚えておいてください。変数とは一時的に値を保存する入れ物です（後で詳しく説明します）。このアクションにより、デスクトップのパスを取得して結果が変数「SpecialFolderPath」に保存されます。
なお、変数をクリックすると何を保存するのかという変数の説明が表示されます（図 2-2-5）。フローを組み立てる上で大切なヒントとなりますので確認する習慣をつけましょう。また、1つのアクションで2つ以上の変数が設定されることもあります。変数の名前からその意味が分かることもありますが、詳細を確認しておくとよいでしょう。

図 2-2-5　変数をクリックすると、何を保存するのか説明が表示される

4 「ZIPファイル」アクションを貼り付けよう

続けて、「圧縮 > ZIPファイル」のアクションを探して、キャンバスに貼り付けましょう。

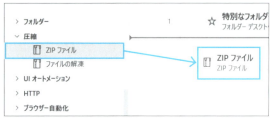

図2-2-6 「ZIPファイル」アクションをキャンバスに貼り付けよう

5 「ZIPファイル」アクションのパラメーターを設定しよう

アクションを貼り付けると、パラメーターの設定ダイアログが表示されます。ここでは何を圧縮してどこに保存するのかを指定します。

ここでは以下の値を指定しましょう。なお、Power Automateにおけるフォルダーパスの表現については、p.065をご覧ください。

図2-2-7 何を圧縮してどこに保存するのかを指定しよう

項目	説明	指定する値
アーカイブパス	圧縮したファイルの保存先	%SpecialFolderPath%\backup.zip
圧縮するファイル	どのファイルやフォルダーを圧縮するか	%SpecialFolderPath%

ここでは、手順 3 で取得したデスクトップのパスを「%SpecialFolderPath%」という形式で指定しています。変数については後ほど紹介します。まずはこの通りに入力してみましょう。指定したらダイアログ下部の「保存」をクリックしましょう。なお「圧縮するファイル」と書かれていますが、今回のようにフォルダーを指定することもできます。

6 実行してみよう

以上でフローの組み立ては完了です。画面上部の[実行ボタン]を押して実行してみましょう。すると、デスクトップ上にあるファイルを全部圧縮して「backup.zip」というファイルに保存します。

図2-2-8 実行するとZIPファイルが作成される

変数とは何だろう？

今回、はじめて「変数」を利用しました。一体「変数」とは何でしょうか。

簡単に言うと変数とは「値を入れておく箱」のようなものです。この変数と呼ばれる箱には名前をつけておくことができます。実際には、パソコンのメモリー（記憶領域）に値を記録しているのですが、整理箱に何かを入れておくというイメージが分かりやすいでしょう。

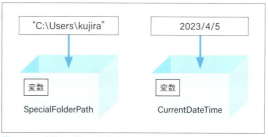

図2-2-9 　変数とは箱のようなもの

Power Automateのアクションは結果を変数に入れる

Power Automateの多くのアクションは、アクションの実行結果を変数に入れます。たとえば、デスクトップのパスを取得したら「SpecialFolderPath」という変数に保存します。現在の日時を取得したら「CurrentDateTime」という変数に日時を入れます。

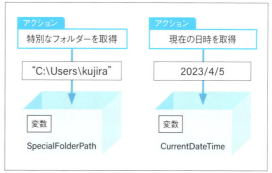

図2-2-10 　アクションの実行結果が変数に代入される

アクションを実行した結果の変数を分かりやすい名前にする

なお、アクションの実行結果を保存する変数の名前は、より分かりやすい別の名前に変更することができます。たとえば、今回の手順 ③ で、デスクトップのパスを取得したとき、結果を保存する変数の名前を「SpecialFolderPath」から「DesktopPath」に変更してみましょう。

フローの一覧から「特別なフォルダーを取得」のアクションをダブルクリックして、改めてパラメーターの設定ダイアログを表示します。そして、画面下方にある「生成された変数」をクリックします。そして、「SpecialFolderPath」をクリックしましょう。すると「%SpecialFolderPath%」と表示されテキストが変更可能になります。そこで、「DesktopPath」と書き換えます。これで、アクションの実行結果が変数「DesktopPath」に入ります。なお、変数の前後にある「%」は自動で追加されます。

図2-2-11 　変数名「SpecialFolderPath」をクリックすると変更できる

図2-2-12 　クリックで変更したら［Enter］キーで確定しよう

041

TIPS

変数名を変えるときのメモ

この設定ダイアログ上でアクションの変数名を変更しても、すでに作成した別のアクションの変数名が変更されるわけではありません。「ZIPファイル」アクションの「アーカイブパス」や「圧縮するファイル」の変数名も書き換えましょう。
なお、一気にすべての変数名を変更したい場合は、画面右側の変数ペインを使います（p.094を参照）。

変数を利用するとき

なお、Power Automateのアクションは、そのパラメーターを、テキストボックスで指定できるようになっています。このパラメーターの中に「%変数名%」のように書くと、変数の値が展開される（変数の値が指定箇所に埋め込まれる）ようになっています。
先ほどの手順 5 で「ZIPファイル」のアクションでは、パラメーターの「アーカイブパス」に以下のような値を指定しました。

指定した値
```
01  %SpecialFolderPath%\backup.zip
```

たとえば、デスクトップのパスが「C:\Users\yo_sh\Desktop」であれば、上記の指定は以下のように展開されます。つまり、「%変数名%」の部分が変数の値に置き換わるのです。

置き換わった値
```
01  C:\Users\yo_sh\Desktop\backup.zip
```

図 2-2-13　変数の展開規則について

なお、変数は一覧から選んで指定することもできます。詳しくはp.047をご覧ください。

［改良のヒント1］ZIPファイルの保存先を変更しよう

本節では、ZIPファイルの保存先として、デスクトップのパスを指定しました。「特別なフォルダーを取得」のアクションで「取得するフォルダーの名前」では、デスクトップのほか、「ドキュメント」や「ピクチャ」を指定できます。

図2-2-14　保存先のフォルダーを変更できる

［改良のヒント2］
自動的にOneDriveにアップロードするようにしよう

「ZIPファイル」アクションで、ZIPファイルの保存先をOneDriveのフォルダーに変更すると、自動的にクラウドストレージのOneDriveにアップロードするようになります。というのも、OneDriveの同期を有効にしてあれば、フォルダーにファイルを保存すれば自動的にOneDriveにファイルをアップロードする仕組みがあるからです。
その設定方法ですが、フローの最後に貼り付けた「ZIPファイル」アクションをダブルクリックして、設定を再編集しましょう。そして、ZIPファイルの保存先を指定するパラメーターの「アーカイブパス」にOneDriveのフォルダーとファイル名を指定します。このように設定すると、フローを実行するたびに、ZIPファイルが作成され、自動的にOneDriveへバックアップが作成されるのでとても便利です。

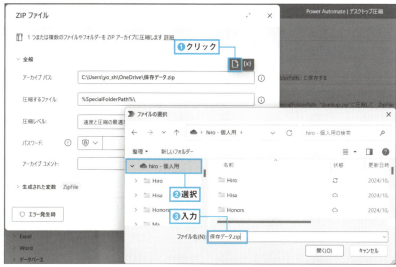

図2-2-15　ファイル選択ダイアログを利用して、ZIPファイルの保存先をOneDriveに設定しよう

なお、OneDriveのパスは、利用している環境によって異なりますので、「アーカイブパス」の指定テキストボックスの右端にある🗎のアイコンをクリックして、ファイルの選択ダイアログを使ってファイル名を指定するとよいでしょう。選択ダイアログの左側にあるフォルダーの選択ボックスからOneDriveのフォルダーを選択できます。

> **TIPS**
> ## ZIPファイルに日付をつけて保存する方法
>
> なお、Chapter 2-6の「現在日時をクリップボードにコピーしよう」(p.066)では、本フローを改良して、ZIPファイルに日付をつけて保存する方法を紹介します。

まとめ

以上、今回はデスクトップのファイルを全部ZIP圧縮するフローを組み立ててみました。デスクトップのパスを得るために「変数」を使ったので、少し複雑に感じたでしょうか。変数が分かると、Power Automateがいっそう便利に感じられるようになるので、少しずつ慣れていきましょう。

Chapter 2-3

乱数を使って
ランダムに画像を表示しよう

| 難易度：★☆☆☆☆ |

もう少し変数について理解を深めてみましょう。ここでは「乱数の生成」アクションを活用してサイコロを作ってみましょう。サイコロと「アプリの起動」を組み合わせることで面白い使い方ができます。

ここで学ぶこと

- サイコロを作る
- 変数に関する理解を深める
- ランダムにファイルを選んで起動する

ここで作るもの

- サイコロのフロー（ch2/サイコロ.txt）
- 画像をランダムに表示するフロー（ch2/サイコロ画像.txt）

「乱数の生成」でサイコロを作ってみよう

Power Automateには「乱数の生成」というアクションがあります。このアクションを使うと指定範囲のランダムな値を得ることができます。これを使えば、サイコロを作ることができます。
そして、乱数を応用するなら、自動で当番表や勤務シフト表を作ることもできます。とはいえ、ここでは、乱数の一番簡単な例であるサイコロを作ってみましょう。

フローを組み立てよう

ここで作るサイコロのフロー全体は右のようなものです。フローを実行するとダイアログが表示され、1から6のランダムな数字を表示します。

図2-3-1　今回作るフローの一覧

1 新しいフローを作成する

Power Automateの最初画面の上部にある「＋新しいフロー」をクリックして、新規フローを作成しましょう。「フローを作成する」ダイアログが表示されたら「サイコロ」という名前をつけて「作成」ボタンを押しましょう。

図2-3-2　新しいフローを作成し「サイコロ」という名前を付けよう

2 「乱数の生成」アクションを貼り付ける

サイコロを作るため、「変数 > 乱数の生成」アクションをキャンバスに貼り付けましょう。

図2-3-3　「乱数の生成」アクションを貼り付けよう

3 「乱数の生成」のパラメーターを設定

すると「乱数の生成」のパラメーターの設定ダイアログが表示されます。最小値を「1」、最大値を「6」と設定しましょう。そしてダイアログ下部の「保存」ボタンをクリックしましょう。

なお、ここで生成された変数に「RandomNumber」が設定されていることを確認しましょう。これによって、「1」から「6」までの数字が、実行のたびにランダムに選ばれて、変数「RandomNumber」に設定されます。

図2-3-4　パラメーターで1から6の乱数が生成されるようにしよう

HINT

数字を入力するときは半角英数モードで！

Power Automateでアルファベットや数字を入力するときは、英数文字を半角文字で入力する必要があります。漢字入力のIMEをオフにするか「半角英数字」モードにして入力しましょう。

4 「メッセージを表示」アクションを貼り付ける

続いて、「メッセージ ボックス > メッセージを表示」アクションをキャンバスに貼り付けましょう。

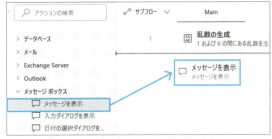

図 2-3-5　「メッセージを表示」アクションを貼り付けよう

5 「メッセージを表示」で乱数が表示されるよう設定

「メッセージを表示」アクションの設定ダイアログが出るので、ここに手順 2 と 3 で設定した乱数が表示されるようにしましょう。まず、メッセージボックスのタイトルには「サイコロ」と指定します。そして、表示するメッセージに「%RandomNumber%」と指定しましょう。

ここで設定する値

項目	設定する値
メッセージボックスのタイトル	サイコロ
表示するメッセージ	%RandomNumber%

図 2-3-6　ダイアログに乱数が表示されるようパラメーターを設定しよう

HINT

変数は一覧から選んで挿入できる

Power Automateではアクションにより生成された変数を一覧から選んでテキストボックスへ挿入できる仕組みがあります。テキストボックス選択時に右端に表示される {x} をクリックしてみましょう。すると、変数の一覧が表示されます。フロー変数にある「RandomNumber」をダブルクリックすると、テキストボックスに変数が挿入されます。

図 2-3-7
入力ボックス選択時に表示される {x} をクリックすると変数を選択できる

6 実行してみよう

画面上部の［実行ボタン］をクリックして、フローを実行してみましょう。メッセージボックスに1から6までの値がランダムに表示されます。何度か実行して、ランダムに値が表示されることを確認してみましょう。

図2-3-8 実行するたびに異なる数字が表示される

図2-3-9 毎回異なる数字が表示される

変数の仕組みを再確認しよう

さて、今回作成したフローを改めて確認してみましょう。
「乱数の生成」アクションを実行するとランダムな値が生成されて、変数「%RandomNumber%」に代入されます。そして、「メッセージを表示」アクションでは、この変数の値を表示します。
このように、Power Automateでは変数を使うことでアクションの実行結果を別のアクションで利用することが可能なのです。

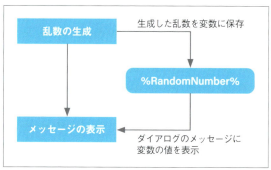
図2-3-10 変数を介してアクションの結果を別のアクションが利用できる

デスクトップ上に用意した画像をランダムに開くフローを作ろう

上記の手順で作成したフローでは、フローを実行するたびにメッセージボックスに数字が表示されました。しかし、サイコロとして使うにはちょっと素っ気ない感じがします。そこで、フローを実行すると**大きなサイコロの画像が表示されるフロー**を作ってみましょう。
右の画面のように、用意した画像の中から1枚を選んで画像を開くようにします。

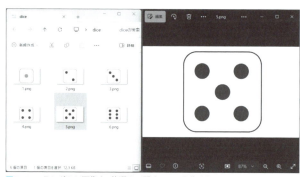
図2-3-11 ランダムに画像を1枚選んで開くフローを作ろう

048　Chapter 2　便利なアクションを活用しよう

［事前準備］サイコロの画像を準備する

まず、以下のようにサイコロの画像を6枚準備します（本書のサンプルの「ch2/dice」フォルダーに6枚の画像を収録しています）。

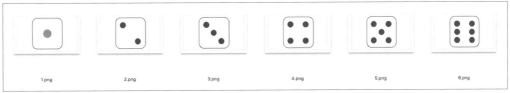

図 2-3-12　サイコロの画像6枚を用意した

そして、6枚の画像が入った「dice」フォルダーをデスクトップにコピーしましょう。

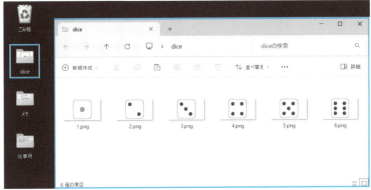

図 2-3-13　画像を6枚の入った「dice」フォルダーをデスクトップにコピー

ここで作るフローを概観しよう

その上で、右のようなフローを組み立てていきます。本節で紹介した「乱数の生成」アクションに加えて、前節で利用した「特別なフォルダーを取得」アクションと、今回新たに、任意のアプリケーションやファイルを開く「アプリケーションの実行」アクションを使います。

図 2-3-14　ここで組み立てるランダムな画像を開くフロー

1　新しいフローを作る

Power Automateの最初の画面で画面上部の「新しいフロー」をクリックして、新しいフローを作りましょう。ここでは「サイコロ画像」という名前を付けましょう。

図 2-3-15　新しいフローを作成しよう

049

2 「乱数の生成」アクションを貼り付ける

アクションペインから「変数 > 乱数の生成」アクションを選んでキャンバスに貼り付けましょう。そして、先ほどと同じように最小値を「1」に最大値に「6」と設定して「保存」ボタンを押します。

図 2-3-16 「乱数の生成」アクションを貼り付けよう

図 2-3-17 1から6の乱数が生成されるように設定

3 「特別なフォルダーを取得」アクションを貼り付ける

次に、デスクトップのパスを取得するために「フォルダー > 特別なフォルダーを取得」アクションをキャンバスに貼り付けましょう。そして、デスクトップを得るように「特別なフォルダーの名前」のパラメーターを「デスクトップ」に設定しましょう。

なお、ここで変数「SpecialFolderPath」が生成されることを確認しましょう。そして「保存」ボタンを押します。

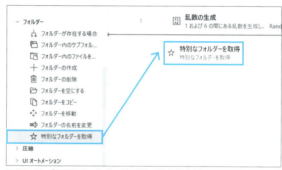

図 2-3-18 「特別なフォルダーを取得」を貼り付けよう

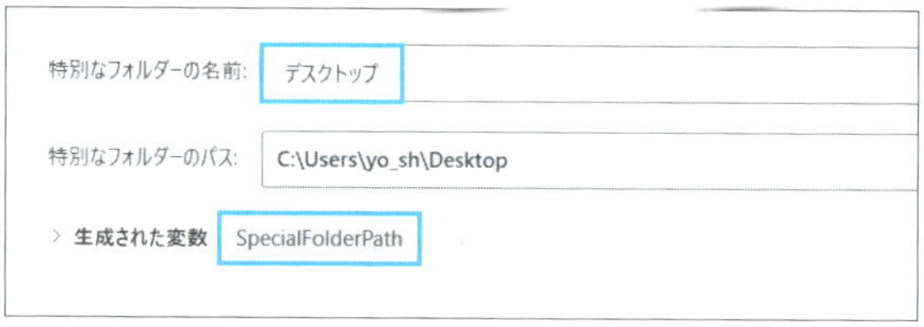

図 2-3-19 デスクトップを得るように設定しよう

4 「アプリケーションの実行」アクションを貼り付ける

ここまでの手順で変数「SpecialFolderPath」と「RandomNumber」の2つが生成されました。そこで、これを組み合わせて画像を起動するアクションを追加します。アクションペインから「システム > アプリケーションの実行」を探してキャンバスに貼り付けましょう。

図 2-3-20 「アプリケーションの実行」を貼り付けよう

そして、表示される設定ダイアログで「アプリケーション パス」のパラメーターに変数の値を組み合わせて指定します。

ここで指定する値

項目	指定する値
アプリケーション パス	%SpecialFolderPath%\dice\%RandomNumber%.png

図 2-3-21 画像をランダムに開くように設定しよう

5 実行してみよう

以上で組み立ては完成です。画面上部の[実行ボタン]をクリックして、フローを実行してみましょう。実行するとランダムにサイコロの画像が表示されることでしょう。フローを実行するたびに異なる画像が表示されます。

> **TIPS**
> 実行したときにエラーが表示されたり、何も画像が表示されない場合には、デスクトップにdiceフォルダーを配置できていない可能性があります。改めて、p.049を参考に、diceフォルダーをコピーしてみましょう。

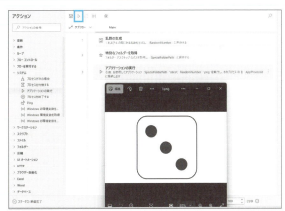

図 2-3-22 実行するとランダムに画像が表示される

「アプリケーションの実行」アクションと関連付けについて

正しくフローが動いたのを確認できたら、ここで作成したフローについて詳しく見ていきましょう。本フローで利用した「アプリケーションの実行」アクションは、本来は何かアプリケーションを実行する際に、アプリケーションの実行ファイルのパス(p.213参照)を指定したり、アプリケーションを特定するキーワードを指定して使うことが多いものです。たとえば、「アプリケーションのパス」のパラメーターに「notepad」と指定するとメモ帳が起動します。

ただし今回は、アプリケーションではなく画像ファイルのパスを指定しました。Windowsには「関連付け」という機能があり、ファイルの種類(拡張子)とアプリを対応づけて、自動的に指定したアプリで開くことができます(エクスプローラー上で画像ファイルをダブルクリックすると、フォトビューワーのアプリが開くのはこの「関連付け」の仕組みのためです)。

それで、Power Automateの「アプリケーションの実行」アクションでも「関連付け」の仕組みを利用できるようになっています。画像ファイルを指定すると、関連付けられているアプリで画像ファイルが開くのです。

アプリの実行ファイルを指定して起動するだけでなく、今回のように画像ファイルを指定して任意のアプリで開くことも可能なので便利です。

変数がどのように展開されるのか確認しよう

さて、次にフローを実行するたびに、異なる画像が表示される仕組みに注目してみましょう。ポイントは、「アプリケーションの実行」に指定する画像ファイルの名前が毎回変わるという部分です。

ここで「アプリケーションの実行」でパスに指定したのは以下のような値です。

指定した値
```
01  %SpecialFolderPath%\dice\%RandomNumber%.png
```

このうち「%SpecialFolderPath%」の部分は手順 3 でデスクトップのパスに置き換わります。続く「\dice\」の部分まででデスクトップに配置した「dice」フォルダーを表します。

そして、さらに続く「%RandomNumber%.png」の部分はどうでしょうか。

手順 2 で生成した乱数はRandomNumberという変数に入ります。これにより、画像のファイル名である「3.png」とか「6.png」などに置き換わります。

Chapter 2-2でも紹介した通り「%変数名%」の部分が変数の値に置き換わるという規則だけを覚えておきましょう。基本的にファイルのパスを変数で置き換えているだけなので、さまざまな用途で利用できます。

まとめ

以上、本節では「乱数を生成」アクションを使って、サイコロを作る方法を紹介しました。変数を使うことで、あるアクションの結果を別のアクションで利用することが可能となります。そう考えると、変数はPower Automateを使うのに欠かすことのできない要素であることが分かるでしょう。

Chapter 2-4

「今から帰る」のメールを Outlook で自動送信しよう

難易度：★★☆☆☆

Microsoft のメールクライアント Outlook はそれだけでも便利なアプリですが、Power Automate と組み合わせると、何倍にも便利になります。手軽にメールの送信が可能なので試してみましょう。

ここで学ぶこと

● Outlook を使ってメールを自動送信しよう

● Outlook の起動と終了

ここで作るもの

● 自動でメールを送信する (ch2/Outlook メール送信.txt)

メールの自動送信には Outlook が便利

Power Automate にはメールを送信する機能が何種類か用意されています。まず、メールアプリの Outlook を操作してメールを送信する方法、そして、メールサーバー (SMTP) の情報を指定してメールを送信する方法、また、Exchange サーバーに接続し Exchange 経由でメールを送信する方法の3種類です。

図2-4-1 Outlook の Web サイト　https://www.microsoft.com/ja-jp/microsoft-365/p/outlook/cfq7ttc0hlkq

近年、迷惑メールやスパムメールの流行により、メールの送信は簡単ではなくなっています。大抵のメールサーバーで、複雑な認証設定をしなくてはなりません。そのため、すでにメールアプリのOutlook (Clasic) を利用しているなら、これを操作してメール送信するのが一番簡単です。

なおOutlookは、Microsoft365の有料プランなどに含まれる有料版の「Outlook (Classic)」と、Windows11・10で無料利用できる「Outlook」がありますが、この機能で利用できるのは有料版の「Outlook (Classic)」です。加えて、Windows 11の場合は、Microsoftアカウントでログインしていれば動的にOutlookにアカウントが設定されますが、Windows 10の場合は自分で設定が必要です。

OutlookをPower Automateから使う手順

なお、Outlookでメールを送信する場合、「Outlookからのメールメッセージの送信」というアクションを利用するだけでは動かすことができません。

最初に「Outlookを起動します」アクションを指定してOutlookを起動し、メールを送信した後「Outlookを閉じます」アクションでOutlookを閉じる必要があるのです。

アクションペインにある「Outlook」に属するアクションを見てみましょう。確かに、Outlookを起動するアクションと、閉じるアクションが用意されています。

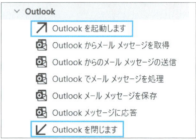

図2-4-2　Outlookのアクション一覧

つまり、Outlookでメールを送信するためには、最低3つのアクションが必要になります。これらの3つのアクションは「Outlook」グループに含まれています。

(1)「Outlookを起動します」アクション
(2)「Outlookからのメールメッセージの送信」アクション
(3)「Outlookを閉じます」アクション

使い方が概観できたところで、実際にフローを作ってみましょう。

フローを組み立てよう

今回作るフローは「今から帰る」というメールを家族に送るものです。定期的に家族にメールを送信している方は多いことでしょう。会社から出る前に、このフローを実行しておけば、自動的に宛先や本文を指定したメールが家族の元に届くので便利です。

右のようなフローを組み立てます。
それでは組み立てましょう。

図2-4-3　ここで作成するメール送信のフロー

1 新規フローを作成

Power Automateの最初の画面で、画面上部の「＋新しいフロー」のボタンを押して、新しいフローを作成しましょう。ここでは「Outlookメール送信」という名前を付けましょう。

図2-4-4　新しいフローを作成し「Outlookメール送信」という名前を付けよう

2 必要なアクションを貼り付けよう

先ほど紹介したように、Outlookでメールを送信するには3つのアクションが必要です。次の3つのアクションをキャンバスに貼り付けましょう。

(1)「Outlookを起動します」アクション
(2)「Outlookからのメール メッセージの送信」アクション
(3)「Outlookを閉じます」アクション

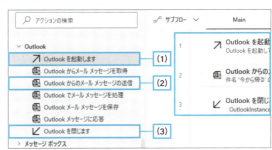

図2-4-5　3つのアクションを貼り付けよう

このうち、(1)と(3)のアクションは自動的にOutlookを識別する変数「%OutlookInstance%」を指定参照するものなので、そのまま「保存」ボタンを押しましょう。(2)のメッセージの送信は設定が必要です。次で説明します。

TIPS

まとめてアクションを貼り付ける場合の備忘録

上記、Outlookの操作を行う場面で、3つのアクションをまとめて貼り付けました。このとき、(1)と(3)のアクションは何も設定せず保存するのですが、(2)では設定が必要となります。本書では、今後も先にアクションの一覧を先にキャンバスに貼り付けておいて、後から設定を行う場面があります。
アクションを貼り付けると、必ず設定ダイアログが表示されるのですが、このように、まとめてアクションを貼り付ける場面では、いったん何も設定せずに「保存」ボタンを押して閉じておいてください。
アクションの中には、設定せずに「保存」ボタンを押すとエラーが表示されるものもありますが、後で再編集することで解決できます。そのため、アクションをまとめて貼り付ける際には、気にせず保存ボタンを押してダイアログを閉じておいて、後から、本の手順に沿って設定を行いましょう。

3 設定ダイアログでメール送信設定を指定しよう

「Outlookからのメール メッセージの送信」アクションの設定ダイアログが表示されたら、アカウントや宛先、件名、本文などを入力しましょう。

図2-4-6 メッセージの送信でアクションの設定をしよう

ここで最低限設定する値は右のパラメーターです。なお、※のついている項目は設定例です。説明を参考にして、ご自身で設定内容を指定しましょう。パラメーターを指定したら［保存］ボタンを押しましょう。

項目	意味	設定内容
Outlook インスタンス	Outlookを識別する変数	%OutlookInstance%
アカウント	Outlookのアカウント名	test@example.com ※1
宛先	メールを受信する相手のメールアドレス	taro_a@dol.hi-ho.ne.jp ※2
件名	メールの件名	今から帰る
本文	メールの本文	今から帰ります。

※1 自分のOutlookに設定している、送信元アカウントを指定します。
※2 送り先のメールアドレスを指定します。自分で確認できるメールアカウントで、Outlookに設定しているアカウントとは別のほうが確認しやすいです。

4 フローを実行しよう

以上でフローが完成しました。画面上部の［実行ボタン］を押してフローを実行しましょう。フローを実行するとOutlookが起動します。

図2-4-7 実行しよう

このときセキュリティの確認ダイアログが表示された場合は、「許可」のボタンをクリックしましょう（**図2-4-8**）。場合によっては、もう一度確認ダイアログが表示されますので「許可」ボタンを押します（**図2-4-9**）。

図2-4-8　セキュリティの確認で「許可」しよう

図2-4-9　続けて「許可」ボタンを押そう

なお、**図2-4-10**のようなダイアログが表示されますが、特にボタンを押さずに待っているると自動でOutlookが閉じます。

図2-4-10
メール送信後自動でOutlookが閉じる

メールが正しく送信されると、Outlookの「送信済みメール」の部分に、送信したメールが表示されます。

図2-4-11　送信済みメールを確認してみよう

TIPS

Outlookのアカウント名の指定が間違っているとき

「アカウント」と「宛先」のパラメーターさえ合っていればメールが送信できます。もしも、アカウント名が間違っていると、次のようなエラー画面が表示されます。

図2-4-12　アカウント名が間違っているとメールが送信できない

057

「アカウント」には、Outlookアプリに指定しているメールアカウントのアカウント名を、送信元アカウントとして指定します。Outlookのメニュー［ファイル］をクリックし、［アカウント情報］の画面を表示したとき、画面上部に表示されるアカウント名です。

図2-4-13 「アカウント」にはOutlookのアカウント名を指定しよう

まとめ

以上、Outlookを利用してメールを送信する方法を紹介しました。すでにOutlookをセットアップしてあれば、手軽にメールの送信が可能です。もちろん、Outlookを使わずにメールを送信することも可能です。この後のコラムを参考にしてください。

COLUMN

Outlookを利用せずメール送信する方法

Chapter 2-4では、メールアプリのOutlookを使ってメールを送信する方法を紹介しました。しかし、Outlookアプリを使いたくない場合もあるでしょう。その場合には、「メールの送信」アクションを利用します。設定が少し複雑ですが、正しく設定できればOutlookを使う場合よりもスムーズにメール送信が可能になります。

「メールの送信」アクションを使う

Outlookを使わずメールを送信する場合には、「メールの送信アクション」を利用します。アクションペインから「メール ＞ メールの送信」アクションをキャンバスに貼り付けましょう。

図2-4-14 「メールの送信」アクションを使おう

なお、「メールの送信」アクションを使う場合、SMTPサーバーの設定を入力する必要があります。ここでは、メール情報に加えて、SMTPサーバーとポート、SMTP認証の設定などが必要になります。これらの情報は、メールサービスの提供元から入手してください。

図 2-4-15　SMTPサーバーなどの設定の入力が必要

Gmailのアカウントからメールを送信する場合

なお、迷惑メールの流行により、メール送信に関する制約が厳しくなっており、SMTPに指定するセキュリティ設定は複雑になっています。そのため、どのようにSMTPサーバーの設定を入力したらよいのか分からない場合も多いものです。そこで、ここでは、多くの人が利用しているGmailを利用してメールを送信する手順を紹介します。

Googleアカウントで「アプリパスワード」を取得しよう

Power Automateの「メールの送信」アクションを利用してメールを送信する場合、Googleアカウントのページで、「アプリパスワード」を取得する必要があります。まずは、Webブラウザで以下のGoogleアカウントの設定を開きましょう。

● **Googleアカウントの設定**
　[URL]　https://myaccount.google.com/

そして画面左側のタブ（あるいは上部のタブ）にある「セキュリティ」の設定をクリックします。そして、Googleにログインする方法の中にある「2段階認証プロセス」をオンの状態にします。

図 2-4-16　「2段階認証プロセス」をオンにする

アプリパスワードの作成・管理ページ（https://myaccount.google.com/apppasswords）を開きます。「アプリ名」欄に「Power Automate」と記入して「作成」ボタンをクリックします。

図 2-4-17　アプリパスワードを生成しよう

すると、アプリパスワードが生成されます。なお、ここで生成したパスワードはPower Automateで入力するので覚えておきましょう。メモしたら「完了」ボタンを押しましょう。

図2-4-18　生成されたパスワードを一時的にメモっておこう

なお、メモする前に「完了」ボタンを押してしまうと、二度とそのパスワードを見ることはできません。その場合は、アプリパスワードの一覧画面で、アプリパスワードを削除してから、改めて新しいアプリパスワードを生成しましょう。

図2-4-19　アプリパスワードは手軽に発行と削除が可能

「メールの送信」アクションへ設定を入力しよう

アプリパスワードが取得できたら、「メールの送信」アクションで以下のパラメーターを入力します。

「SMTPサーバー」の設定

項目	入力する値の説明
SMTPサーバー	smtp.gmail.com
サーバーポート	465
SSLを有効にする	オン
SMTPサーバーには認証が必要	オン
ユーザー名	（Gmailのユーザー名）
パスワード	（上記Googleアカウントの設定で作成したアプリパスワード）

「全般」の設定

項目	入力する値の説明
送信元	（送信元のメールアドレス）
送信先	（宛先のメールアドレス）
件名	（メールの件名）
本文	（メールの本文）

たとえば、件名「テスト」本文「テスト」というメールを送信する場合には、以下のように記入します。

図2-4-20　GmailのSMTPサーバー設定の入力例

図2-4-21　たとえば「テスト」というメールを送信する場合の記入例

実行してみよう

設定を入力したら、Power Automateの［実行ボタン］を押してみましょう。すると、メールが送信されます。それから、送信先のメールボックスを開いて、正しくメールが届いたことを確認しましょう。

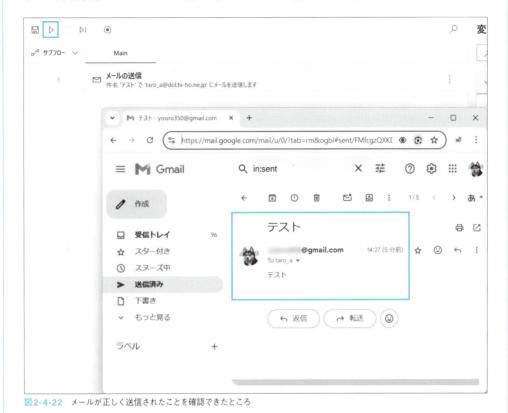

図2-4-22 メールが正しく送信されたことを確認できたところ

Chapter 2-5

PCがネットに接続しているか テストしよう

難易度：★☆☆☆☆

何かしらのトラブルでPCがネットにつながっていないことがあります。Pingアクションを使うと、PCがネットにつながっているかどうかをテストできます。Pingアクションを使って接続状況を確認しましょう。

ここで学ぶこと

- Pingについて
- ネットにつながっているか確認する方法

ここで作るもの

- Pingを使ってネット接続を確認（ch2/ping.txt）

ネット接続を確認する方法

皆さんは、PCがネットにつながっているかをどのように確認していますか。ブラウザを起動して、適当に検索したり、動画を見たりするでしょうか。
Power Automateを使う場合には、「Ping」アクションを使うことで確認できます。「Ping」アクションを使うと、PCがネットにつながっているかどうかだけでなく、回線の品質を調べることもできます。
なお、オフィスなどに配置されているPCはインターネット接続が安定していることが多いことでしょう。そのため、ノートPCなど持ち運んで使うPCなどでこのアクションが活きてきます。

フローを組み立てよう

ここで作るのは、「Ping」アクションを実行して、指定したサーバーに接続できたかどうかの結果と応答速度（回線の品質）を表示するフローです。右のようなフローを作ります。

図 2-5-1　ここで作成するフロー

1 新しいフローを作成する

Power Automateの最初画面の上部にある「＋新しいフロー」をクリックして、新規フローを作成しましょう。「フローを作成する」ダイアログが表示されたら「Ping」という名前をつけて「作成」ボタンを押しましょう。

図 2-5-2　新しいフローを作成し「Ping」という名前を付けよう

2 「Ping」アクションを貼り付ける

PCがインターネットに接続しているか調べるために「システム > Ping」アクションをキャンバスに貼り付けましょう。すぐにアクションが見つからないときは、画面上部の検索ボックスにキーワードを入力して探すのもよいでしょう。

図 2-5-3　「Ping」アクションを貼り付けよう

3 「Ping」のパラメーターを設定

すると「Ping」のパラメーターの設定ダイアログが表示されます。パラメーターのホスト名に「google.com」と入力しましょう。これは、Googleのサーバーとつながるかどうかを確認するという意味になります。タイムアウトは初期値のまま「5000」とします。単位はミリ秒なので、このように指定すると最大5秒間確認します。

ここで指定する値

項目	指定する値
ホスト名	google.com
タイムアウト	5000

図 2-5-4　「Ping」のパラメーターを設定しよう

なお、ダイアログの下方にある「生成された変数」の部分に注目しましょう。このアクションを実行すると、変数「PingResult」（設定したサーバーとつながったかどうかの結果）と「RoundTripTime」（Pingの完了にかかった時間）の2つの変数が設定されることを意味しています。設定したら「保存」ボタンを押しましょう。

4 「メッセージを表示」アクションを貼り付ける

続いて、「メッセージ ボックス > メッセージを表示」アクションをキャンバスに貼り付けましょう。

図 2-5-5 「メッセージを表示」アクションを貼り付けよう

5 「メッセージを表示」でPingの結果が表示されるよう設定

「メッセージを表示」アクションの設定ダイアログが出るので、ここに手順 2 と 3 で設定したPingの結果が表示されるようにしましょう。
まず、メッセージボックスのタイトルには「Pingの結果」と指定します。そして、表示するメッセージに「%PingResult%」と「%RoundTripTime%」を指定しましょう。設定したら「保存」ボタンを押しましょう。

ここで設定する値

項目	設定する値
メッセージボックスのタイトル	Pingの結果
表示するメッセージ	%PingResult% %RoundTripTime%

図 2-5-6 ダイアログに乱数が表示されるようパラメーターを設定しよう

6 実行してみよう

画面上部の［実行ボタン］をクリックして、フローを実行してみましょう。PCがネットに接続されていれば、「Success」と応答速度が表示されます。応答速度は、小さければ小さいほど接続品質が高いことを表しています。

図 2-5-7 実行してみたところ

Chapter 2 便利なアクションを活用しよう

応用のヒント

なお、自動処理の中でネットにつながっているか確認したい場面では、本節で紹介した「Ping」アクションが役立ちます。Chapter 3で紹介しますが、「条件 > If」アクションと組み合わせることで可能性が広がります。

たとえば、為替価格を参考にして見積書を作成するフローなどを作るとします。そのとき、インターネットにつながっていれば、為替レートを取得して計算を行うようにして、もしつながっていなければ、一般的な固定のレートを利用して計算するなどのように条件分けできます。詳しくはChapter 3を参考にしてください。

まとめ

以上、ここではPCがネットワークに接続しているか、また接続品質がよいかどうかを確認するフローを作ってみました。ここでも、アクションの結果を確認するのに「変数」を使いました。変数の使い方に慣れていきましょう。

HINT

Power Automateのパス記号について

一般的に、日本語Windowsのフォルダーパスを表現する場合には、次の図のエクスプローラーの表記のように、「C:¥folder1¥folder2¥folder3」とフォルダーを円マーク(¥)で区切るのが一般的です。

しかし、Power Automateでは円記号の代わりにバックスラッシュ(\)が表示されます。そこで、本書でも、基本的にバックスラッシュ(\)を表示しています。キーボードからこの記号を入力する場合には半角の円マーク(¥)を入力してください。

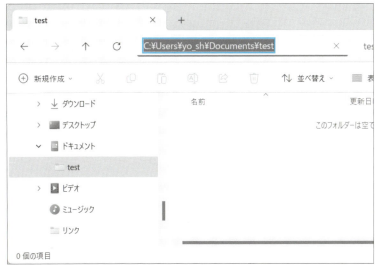

図2-5-8 Windowsのエクスプローラーでは¥で表示される

Chapter 2-6

現在日時を
クリップボードにコピーしよう

| 難易度：★☆☆☆☆ |

作業記録や日報を書いているとき、手軽に現在日時を指定のアプリに貼り付けられたらよいのにと思ったことはないでしょうか。Power Automate を使えば、特定の書式で現在時刻をクリップボードにコピーできます。

ここで学ぶこと

- 日時の扱い方
- クリップボードに任意の値をコピーする方法

ここで作るもの

- 現在日時をクリップボードにコピー（ch2/現在日時をクリップボードにコピー.txt）

現在時刻を任意の書式で取得しよう

自動処理のフローを組み立てる中で、日付や時間を指定したい場面というのは多くあります。特に、今日の日付や現在時刻を利用して、データを入力したり、ファイル名を決めたりできます。
Power Automate を使用して現在日時をそのまま利用する場合には、「現在時刻を取得」のアクションを利用します。もしも、特定のフォーマットに合わせて出力したい場合には、「datetime をテキストに変換」のアクションを利用します。

- 「日時 > 現在時刻を取得する」アクション
- 「テキスト > datetime をテキストに変換」アクション

フローを組み立てよう

では最初に、現在日時を取得して、クリップボードにコピーするフローを作ってみましょう。フローを実行するとクリップボードに現在日時がコピーされるので便利に活用できます。

図 2-6-1　ここで組み立てるフロー

1 新しいフローを作成する

Power Automateの最初画面の上部にある「＋新しいフロー」をクリックして、新規フローを作成しましょう。「フローを作成する」ダイアログが表示されたら「現在日時をクリップボードにコピー」という名前をつけて「作成」ボタンを押しましょう。

図2-6-2 新しいフローを作成し名前を付けよう

2 「現在の日時を取得」アクションを貼り付ける

現在時刻を調べるために「日時＞現在の日時を取得」というアクションをキャンバスに貼り付けましょう。

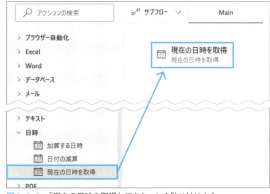

図2-6-3 「現在の日時を取得」アクションを貼り付けよう

3 「現在の日時を取得」のパラメーターを設定

するとパラメーターの設定ダイアログが表示されます。パラメーターの「取得」に「現在の日時」、「タイムゾーン」に「システム タイムゾーン」を選択して「保存」ボタンをクリックしましょう。
なお、このアクションで変数「CurrentDateTime」が設定されることを確認しましょう。

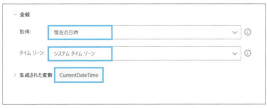

図2-6-4 「現在の日時を取得」のパラメーターを設定しよう

4 「クリップボードのテキストを設定」アクションを貼り付ける

アクションペインから「クリップボード＞クリップボードのテキストを設定」を探してキャンバスに貼り付けましょう。

図2-6-5 「クリップボードのテキストを設定」をキャンバスに貼り付けよう

067

5 コピーするテキストのアクションを設定しよう

すると「クリップボードのテキストを設定」の設定ダイアログが表示されます。クリップボードに設定したいテキストを指定します。ここでは、手順 2 と 3 で先ほど取得した現在日時をしたいので、変数の前後に％をつけて「%CurrentDateTime%」と入力して、「保存」ボタンを押しましょう。

図 2-6-6　クリップボードにコピーしたいテキストを指定

6 サウンドを鳴らそう

クリップボードに現在日時がコピーされたことを利用者に知らせるため、ここでサウンドを鳴らして通知するようにしてみましょう。「ワークステーション > サウンドの再生」アクションをキャンバスに貼り付けましょう。

図 2-6-7　サウンドを鳴らすため「サウンドの再生」アクションを貼り付けよう

「サウンドの再生元」は「システム」を選択します。なお、再生するサウンドは初期値の「アスタリスク」のままにして「保存」ボタンを押します。

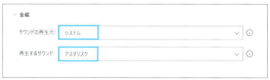

図 2-6-8　サウンドは初期値のまま「アスタリスク」を選択

7 実行してみよう

画面上部の［実行ボタン］をクリックして、フローを実行してみましょう。実行するとサウンドが再生されます。今回クリップボードの内容が書き換わるだけなので、画面には何も出ません。
そして、メモ帳などを起動してクリップボードの内容を貼り付けてみましょう。メモ帳で内容を貼り付けるには、メニューから「編集 > 貼り付け」を実行します。

図 2-6-9　実行してメモ帳に貼り付けてみたところ

特定のフォーマットで出力してみよう

「現在の日時を取得」アクションを実行すると、変数「CurrentDateTime」が設定されます。この値を確認すると「年/月/日 時:分:秒」となっています。

大抵はこの書式で間に合いますが、場合によっては、月日の部分だけ必要だったり、「年-月-日」とハイフン区切りで出力したいこともあります。そのような場合には、「datetimeをテキストに変換」アクションを使って任意の書式に変換します。

たとえば、上記で作成したフローを「年-月-日」の書式で出力するように修正してみましょう。

HINT 変数の内容を確認するには

なお、フローを一度実行すると、変数の内容を確認できます。変数の内容を確認するには、画面右側にある「変数」ペインの「フロー変数」の一覧を確認します。

図2-6-10 変数の内容が確認できる

1 「datetimeをテキストに変換」を挿入

「現在の日時を取得」アクションの次に「テキスト > datetimeをテキストに変換」を挿入しましょう。

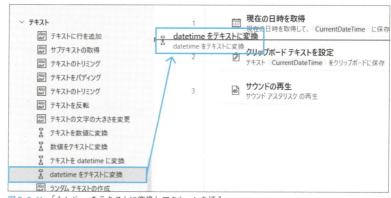

図2-6-11 「datetimeをテキストに変換」アクションを挿入

2 パラメーターを指定

すると「datetimeをテキストに変換」の設定ダイアログが表示されます。
そこで、パラメーターの「変換するdatetime」に「現在の時刻を取得」アクションで得た変数の前後に%をつけて「%CurrentDateTime%」と指定します。そして、「使用する形式」には「カスタム」を指定します。さらに「カスタム形式」には「yyyy-MM-dd」を指定します。このように指定することで、日付のデータが「西暦年-月-日」の形に変換されます。カスタム形式を入力するとサンプル（2020年5月19日の場合）が表示されるので分かりやすいでしょう。指定したら「保存」ボタンをクリックしましょう。

なお、このアクションを実行すると、変数「FormattedDateTime」が設定されることを確認しておきましょう。日時がカスタム形式に変換されて、この変数に設定されます。

図 2-6-12　カスタム日付をパラメーターで指定しよう

ここで指定する値

項目	指定する値
変換するdatetime	%CurrentDateTime%
使用する形式	カスタム
カスタム形式	yyyy-MM-dd

3 「クリップボードテキストを設定」の変数を変更

そして、「datetimeをテキストに変換」アクションの下にある「クリップボードテキストを設定」アクションのパラメーターを変更しましょう。先ほどは「%CurrentDateTime%」を指定しましたが、ここを「%FormattedDateTime%」に変更しましょう。

図 2-6-13　コピーするテキストのパラメーターを変更しよう

4 実行して結果を確認しよう

キャンバスの上部にある［実行ボタン］を押してみましょう。フローが実行されます。先ほどと同じようにメモ帳で開いて、クリップボードの内容を貼り付けてみましょう。すると、「2024-11-09」のように年月日がハイフンで区切られた書式で得られます。

図 2-6-14　実行後、クリップボードの内容を貼り付けたところ

[カスタム形式] について

なお、「datetime をテキストに変換」の [カスタム形式] に使えるのは次のような値です。表を見ると分かりますが、桁揃えの有無など細かい指定が可能です。

日付の書式

カスタム形式	意味	表示の例
yy	西暦の下2桁	23
yyyy	西暦 (4桁)	2023
M	月の表示 (1-2桁)	4
MM	月 (2桁)	04
d	日 (1-2桁)	5
dd	日 (2桁)	05
ddd	曜日の表示 (1文字)	日
dddd	曜日の表示 (3文字)	日曜日

時間の書式

カスタム形式	意味	表示の例
h	時 (12時間表記/1-2桁)	6
hh	時 (12時間表記/2桁)	06
H	時 (24時間表記/1-2桁)	7
HH	時 (24時間表記/2桁)	07
m	分 (1-2桁)	8
mm	分 (2桁)	08
s	秒 (1-2桁)	9
ss	秒 (2桁)	09
tt	午前/午後の表示	午前
zzz	タイムゾーン (UTC との時間差)	+09:00

[カスタム形式] の利用例

「2024年11月9日12時47分04秒」を例にして、簡単にいくつか具体的な例を確認してみましょう。
[カスタム形式] に「yyyyMMdd_HHmmss」を指定した場合「20241109_124704」となります。データのログファイルの形式などによく使われます。

次に、[カスタム形式] に「yyyy/MM/dd(ddd) HH:mm:ss」と指定した場合「2024/11/09(土) 12:47:04」となります。曜日まで表示できるので便利です。

図 2-6-15
「yyyyMMdd_HHmmss」形式の [カスタム形式] を表示した場合

図 2-6-16
「yyyy/MM/dd(ddd) HH:mm:ss」形式の [カスタム形式] を表示した場合

[改良のヒント] ZIP 圧縮したファイル名を今日の日付にしよう

さて、Chapter 2-2 では「デスクトップ上のファイル全部を ZIP 圧縮する」フローを紹介しました (p.038)。その際に作ったフローでは、ZIP ファイルをデスクトップに「backup.zip」という名前で保存するものでした。当然ですが、フローを何度実行しても「bakcup.zip」というファイル名に保存します。

しかし、通常、ZIP 圧縮してバックアップをとるときには、ファイル名に日付をつけて管理すると便利です。いつバックアップした時点のファイルなのか一目で分かるからです。そこで、保存する名前を「backup-2023-05-19.zip」のように、ファイル名に日付を付与したものにしてみましょう。

これまでと同様の手順で、アクションペインから以下のアクションを貼り付けましょう。

(1)「フォルダー > 特別なフォルダーを取得」
(2)「日時 > 現在の日時を取得」
(3)「テキスト > datetime をテキストに変換」
(4)「圧縮 > ZIP ファイル」

つまり、右のようなフローを組み立てます。

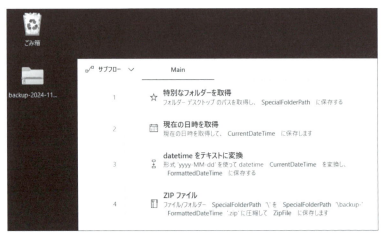

図 2-6-17　ファイル名に日付を利用するよう改良したところ

このとき、(3)の「datetime をテキストに変換」アクションの設定ダイアログにて、日付を［カスタム形式］に「yyyy-MM-dd」と指定して変数に設定します。そして、(4)の「ZIP ファイル」では、ZIP ファイルの保存先（「アーカイブパス」のパラメーター）に「backup-%変数%.zip」のように指定すればよいのです。

本書のサンプルに「デスクトップ圧縮 - 日付を利用.txt」という名前で保存してあります。「新しいフロー」を作成し、テキストのコードをキャンバスに貼り付けて試してみてください。

まとめ

以上、本節では、現在日時をクリップボードにコピーするフローを作ってみました。ただ現在日時を貼り付けるだけでなく、日時を特定の書式に変換する方法を紹介しました。

Chapter 2-7

画像からテキストを取り出して
ファイルに保存しよう

|難易度：★★☆☆☆|

OCRとは画像に含まれるテキストを文字認識する機能です。OCRのアクションを使うと画像から文字を抽出できます。ここでは画像ファイルを選択し、そこに含まれるテキストを抽出するフローを作ってみましょう。

ここで学ぶこと

- OCRでテキスト抽出する

- ファイル選択ダイアログを使う方法

ここで作るもの

- 画像ファイルを選んでOCRするフロー（ch2/画像OCR.txt）

OCRで画像からテキストを抽出しよう

画像の中に書かれた文字というのは、人間の目には読むことができますが、コンピューターは直接文字データとして読むことはできません。コンピューターにとって画像に描かれた文字というのはただの点の集まりであり文字データではないからです。

それで利用するのが『OCR（光学的文字認識）』です。OCRを利用すれば、画像の中にある文字を認識して文字データに変換します。たとえば、レシートや領収書、印刷された書類などのスキャン画像から文字を読み取ることができます。

OCRエンジンをインストールしよう

なお、Power AutomateのOCR機能は次の2つのエンジンを選んで使うことができます。

- **Windows OCRエンジン**
- **Tesseract OCRエンジン**

前者のOCRエンジンは、Windows標準のOCRエンジンです。そして、後者はGoogleがオープンソースで開発しているOCRエンジンです。Tesseractを使うには別途インストールが必要になります。環境によってはすでに「Windows OCRエンジン」がインストールされており、何もしなくても標準のOCRエンジンを利用できます。

しかし、原稿執筆時点で、筆者が数台のPCで試したところ、標準のOCRエンジンがうまく動かない場合がありました。そこで、本書ではTesseract OCRエンジンをインストールして使う方法を紹介します。以下のWebサイトを開いて、インストーラーをダウンロードしましょう。

- **Tesseract OCR**
  [URL] https://github.com/UB-Mannheim/tesseract/wiki

「Tesseract installer for Windows」の下にあるリンクをクリックします。64ビット版のWindowsを使っている方は、「tesseract-ocr-w64-setup-v5.（バージョン番号）.exe」と書かれている方をクリックしてインストールしましょう。

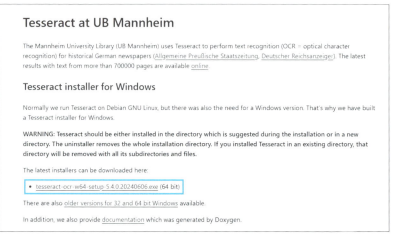

図 2-7-1　インストーラーをダウンロードしよう

インストーラーを実行すると言語の選択ダイアログが出ます。日本語がないので「English」を選んで［OK］をクリックしましょう。

図 2-7-2　Englishを選択して［OK］を押そう

基本的には右下の［Next］ボタンを押していけばインストールが完了します。ただし、一カ所だけ追加の指定が必要になります。

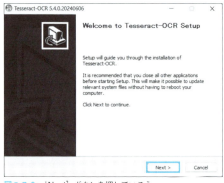

図 2-7-3　［Next］ボタンを押していこう

074　Chapter 2　便利なアクションを活用しよう

追加が必要なのは、日本語データです。「Choose Components（コンポーネントの選択画面）」が出たら、[Additional language data（download）] の中にある [Japanese] にチェックを入れましょう。

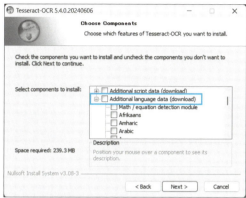
図2-7-4　Additional language data以下を確認しよう

図2-7-5　Japaneseをオンにしよう

しばらく待っているとデータのダウンロードが行われてインストールが完了します。

図2-7-6　インストールが完了したところ

フローを組み立てよう

今回作るフローは、ファイルダイアログを出して、画像ファイルを選択し、ユーザーが選択したファイルをOCRでテキスト変換してメッセージボックスに表示するというものです。

1 新しいフローを作成しよう

Power Automateを起動した最初の画面で、画面上部にある「＋新しいフロー」のボタンをクリックします。そして「画像OCR」という名前をつけて「作成」ボタンを押しましょう。

図2-7-7　新しいフローを作成し「画像OCR」という名前をつけよう

2 「ファイルの選択ダイアログを表示」を貼り付けよう

アクションペインから「メッセージ ボックス > ファイルの選択ダイアログを表示」を探して、キャンバスに貼り付けましょう。

図 2-7-8 「ファイルの選択ダイアログを表示」を貼り付けよう

3 「ファイルの選択ダイアログを表示」のパラメーターを設定しよう

「ファイルの選択ダイアログを表示」の設定ダイアログが表示されるので、以下の設定をしましょう。ここで「ファイルフィルター」に「*.png;*.jpg」と指定すると、PNGファイル（拡張子がpngのもの）、あるいは、JPGファイル（拡張子がjpgのもの）だけを選択するダイアログが表示されます。

ここで指定する値

項目	値
ダイアログのタイトル	画像を選択してください
ファイルフィルター	*.png;*.jpg

図 2-7-9 ファイル選択ダイアログの設定を指定しよう

なお、ダイアログの下部にある「生成された変数」にて、アクションの結果として「SelectedFile」（選択されたファイルのパスが入る）という変数が生成されることを確認しましょう。

4 「OCRを使ってテキストを抽出」を貼り付ける

アクションペインから「OCR > OCRを使ってテキストを抽出」を探してキャンバスに貼り付けましょう。

図 2-7-10 OCRのアクションをキャンバスに貼り付けよう

5 「OCRを使ってテキストを抽出」の設定をしよう

「OCRを使ってテキストを抽出」の設定ダイアログが表示されるので、次の値を設定しましょう。指定したら「保存」ボタンを押してください。

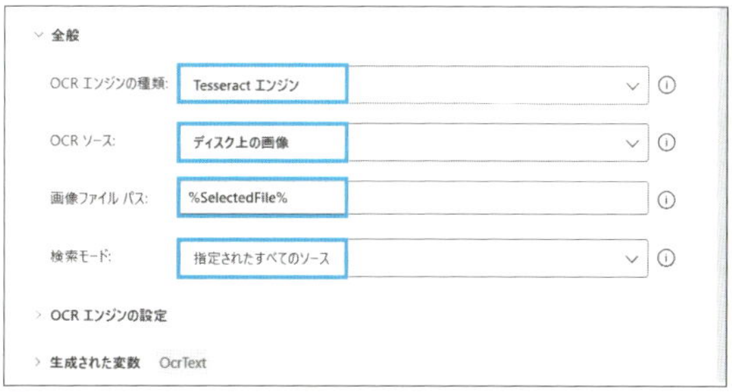

ここで指定する値（全般の設定）

項目	値
OCRエンジンの種類	Tesseractエンジン
OCRソース	ディスク上の画像
画像ファイルパス	%SelectedFile%
検索モード	指定されたすべてのソース

図 2-7-11　OCRエンジンやソースの設定をしよう

ここで指定する値（OCRエンジンの設定）

項目	値
他の言語を使う	オン
言語コード	jpn
言語データパス	C:\Program Files\Tesseract-OCR\tessdata
画像の幅の乗数	1
画像の高さの乗数	1

図 2-7-12　OCRエンジンの言語で日本語を選択しよう

なお、アクションの実行結果として変数「OcrText」（画像から抽出されたテキスト）が設定されることを確認してください。

6 「メッセージを表示」アクションを貼り付ける

アクションペインから「メッセージ ボックス > メッセージを表示」を探して、キャンバスに貼り付けましょう。

図 2-7-13　「メッセージを表示」アクションを貼り付けよう

7 「メッセージを表示」の設定を行う

「メッセージを表示」の設定ダイアログが表示されるので、以下のパラメーターを設定してください。指定したら「保存」ボタンを押してください。

ここで設定する値

項目	指定する値
メッセージボックスのタイトル	OCRの結果
表示するメッセージ	%OcrText%

図 2-7-14　メッセージを表示のパラメーターを指定しよう

8 実行してみよう

以上でフローの組み立ては完了です。画面上部にある[実行ボタン]をクリックしましょう。なお、ここでは、右のような画像を選択してテキスト認識してみます。

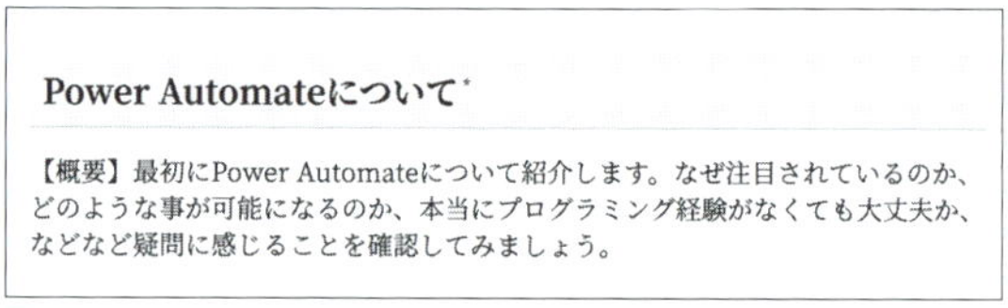

図 2-7-15　テスト画像 ── この画像を認識させてみよう

フローを実行すると、ファイルの選択ダイアログが表示されます。そこで、サンプルに含まれる「ocr-test.png」を読み込んでみましょう。画像に書かれているテキストを読み取ってテキストとして得ることができました。

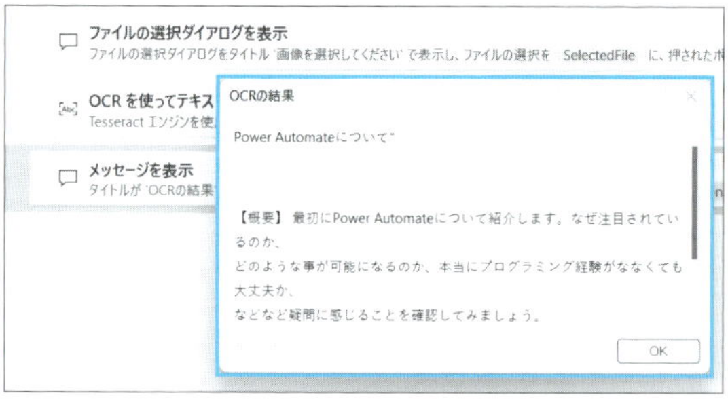

図 2-7-16　実際に画像を読み込んでみたところ

TIPS

うまくOCRでテキスト抽出できないことも

残念ながらOCRは万能ではありません。文字がかすれていたり、画像レイアウトが複雑だったり、背景と文字の色が似ていたりすると、テキストが配置されている部分を認識できず正しく抽出できないこともあります。手書きより活字の方が認識率が高くなります。

OCRエンジンがインストールされていない場合はエラーが出る

本節の冒頭で紹介した通り、選択したOCRエンジンがインストールされていない場合には、次のようなエラー画面が表示されます。

図 2-7-17　インストールされていない言語を使おうとするとエラーが出る

本節で紹介した手順に従ってOCRエンジンをインストールしましょう。なおWindows標準のOCRエンジンを試してみる場合、対象言語の「Windows言語パック」をインストールします。マイクロソフトのサポートページ（https://www.microsoft.com/ja-jp/）で「Windows用の言語パック」と検索してみてください。

ファイルの選択ダイアログについて

ファイルを選択して、そのファイルに対して何か処理を行うというのは、自動処理ではよくあるものです。ここでも、「ファイルの選択ダイアログを表示」アクションを使って、ファイルを選択し、そのファイルに対してOCR処理を行うというフローを組み立てました。
なお、このファイルを選択するというアクションでも、選んだファイルは変数に代入されます。ここでは、ユーザーがファイルを選択すると変数「SelectedFile」にファイルのパスが設定されます。
なお、ファイルの選択ダイアログでは「ファイル フィルター」を指定することで、特定のファイル形式のファイルのみを選択するダイアログを表示できます。なお、ダイアログの下部にあるファイル名の横の選択ボックスで、表示するファイル種類を切り替えられます。
ここでは、「*.png;*.jpg」と指定することで、PNGファイルかJPGファイルを選択できるようにしています。もし、Excelファイル（拡張子が.xlsxのもの）を選択したい場合には「*.xlsx」と指定します。

図 2-7-18　ファイルの選択ダイアログ

まとめ

以上、本節ではOCRの機能を利用して、画像ファイルに書かれているテキストを抽出するフローを作ってみました。OCRはそれ自体便利なのですが、Power Automateでは任意の文字が画面に表示されるタイミングを調べるのに利用したりと、発展的な用途に利用することもできます。

COLUMN

何もしない「コメント」アクションについて

ここまで見てきたように、Power Automateで利用可能なアクションはいずれも強力で便利なものばかりです。しかし、その中にあって、全く何もしないアクションが存在します。それが「コメント」アクションです。

「コメント」アクションは、フローの中に説明や注釈を添えるもので全く何もしません。フローを見やすくしたり、説明を加えたりするのに使われます。アクションペインの中で、「フローコントロール」のグループにあります。

図 2-7-19　コメントを使うとフローが読みやすくなる

なお、コメントには日本語だけでなく記号や絵文字も記述可能なので、フローの中で目立たせたい部分があれば積極的に使うとよいでしょう。

図 2-7-20　コメントには日本語だけでなく記号や絵文字も記述可能

図 2-7-21　適度に記号を使えばフローが分かりやすくなる

ただし、自分以外の誰かが使う可能性があるフローでは、その人がフローの内容を読む可能性があるということを忘れないようにしましょう。本書のせいで読者の皆さんが業務中に遊んでいると思われませんように。

Chapter 3

フローを条件によって変えてみよう

Chapter 2では実際に便利なフローを組み立てることで、Power Automateの便利さを体感することができたことでしょう。しかし、条件分岐の「If」や繰り返しの「Loop」などのフロー制御のアクションを使うと、より複雑な処理が実現可能になります。ゆっくり慣れていきましょう。

Chapter 3-1　「変数」をもっと活用しよう
　　　　　　　── 変数をメッセージに埋め込む ……………………… 082

Chapter 3-2　変数を使った計算 ── 税込金額を計算しよう ……………… 086

Chapter 3-3　If ── 条件によって処理を変更し、
　　　　　　　ランチの見積もりを作ろう ……………………………… 096

Chapter 3-4　Loop ── 繰り返しで連番ファイルを生成しよう ………… 108

Chapter 3-5　For each
　　　　　　　── 繰り返しで複数ファイルを1つにまとめよう ……… 115

Chapter 3-6　ループ条件 ── 繰り返し年齢計算しよう ………………… 122

Chapter 3-7　ラベルと移動先を使おう
　　　　　　　── 毎分スクリーンショットを保存しよう ……………… 128

Chapter 3-8　サブフローを利用しよう …………………………………… 135

Chapter 3-1

「変数」をもっと活用しよう
── 変数をメッセージに埋め込む

難易度：★★☆☆☆

すでにChapter 2で「変数」について紹介しました。Power Automateでは変数を使うことで、アクションの結果を別のアクションをパラメーターとして活用できます。本節では改めて「変数」について考察してみましょう。

ここで学ぶこと

- 変数について
- 変数をアクションに埋め込む方法

ここで作るもの

- 名前入りの挨拶（ch3/名前入りの挨拶.txt）

アクションとアクションをつなぐ「変数」について

ここまで手順通りに操作してみて、具体的な変数のイメージが掴めてきたことでしょう。Power Automateの多くのアクションは、アクションの実行結果を「変数」に保存します。そして、この変数の値を別のアクションで参照することで、アクション同士の連携を可能にしています。つまり、Power Automateの「変数」はアクションとアクションをつなぐものと言えます。

このように「変数」は大切な働きを担うため、Power Automateのフローを編集する際、変数の一覧が見られるようになっています。アクションをキャンバスに貼り付けると、画面右側の「変数ペイン」に変数の一覧が表示されます。

図 3-1-1　画面右側にあるペインには変数一覧が表示されるので便利

なお、一般的なプログラミング言語では「変数」の名前をどのようにつけるのかが問題となるときがありますが、Power Automateではアクションが自動的に相応しい名前を付けてくれるので便利です。変数の名前を変えることもできますが、そのままでも分かりやすい名前となっています。そのため、一覧を確認しただけで、どのような由来のデータなのかが類推できるでしょう。

画面右側に変数ペインがあります。この変数ペインでは、変数の一覧が表示されます。ここには、変数名のほか、その時点でその変数に設定されている値が表示されます。ペインの一覧の中で、左側が変数名、右側が値です。

> **TIPS**
>
> ## 入出力変数とは？
>
> 変数ペインには「入出力変数」と「フロー変数」の2つがあります。「フロー変数」とはアクションをフローに貼り付けたときに自動で生成される変数です。そして、もう1つの「入出力変数」というのは、Power Automateの別のフローを実行する際に利用するものです。より高度なフローを作成するときに使います。本書では使用しません。

ユーザーの名前を尋ねてメッセージに埋め込んでみよう

簡単な変数の利用例として、ユーザーの名前を尋ねてメッセージに名前を埋め込んで表示するだけのフローを作ってみましょう。

もちろん、メッセージを表示するだけであれば、「メッセージを表示」アクションを1つ貼り付けるだけです。しかし、その表示するメッセージの中に、ユーザーの名前を差し込んで表示したい場合には変数を利用することになります。

すでに、Chapter 2でアクション間の変数の使い方は確認しました。それでも、改めて簡単に手順を確認しつつ、フローを組み立ててみましょう。ここでは以下のようなフローを組み立てます。

図 3-1-2 ここで作る「名前入りの挨拶」のフロー全体

1 新規フローを作成

Power Automateの最初の画面の上部にある「＋新しいフロー」をクリックします。ここでは「名前入りの挨拶」というフローを作成しましょう。

図 3-1-3 名前入りの挨拶というフローを作成

2 アクション「入力ダイアログを表示」を貼り付ける

画面左のアクションペインから「メッセージボックス > 入力ダイアログを表示」を選択して、キャンバスに貼り付けましょう。

図 3-1-4　「入力ダイアログを表示」を貼り付けよう

3 入力ダイアログに表示する内容を指定

すると、入力ダイアログに表示するメッセージやタイトルを指定する設定ダイアログがでます。以下のように指定しましょう。そして、「保存」ボタンをクリックします。

ここで指定する値

項目	入力する値
入力ダイアログのタイトル	お名前は？
入力ダイアログメッセージ	名前を入力してください。

図 3-1-5　入力ダイアログの設定ダイアログを指定しよう

なお、このときダイアログ下部の「生成された変数」に「UserInput」が表示されていることを確認してください。ユーザーが入力したテキストがこの変数に設定されます。

4 アクション「メッセージを表示」を貼り付ける

画面左のアクションペインから「メッセージボックス > メッセージを表示」を選択して、キャンバスに貼り付けましょう。

図 3-1-6　「メッセージを表示」を貼り付けよう

5 メッセージボックスに表示するメッセージを指定しよう

「メッセージを表示」の設定ダイアログが開くので、次の設定をしましょう。

ここで指定する値

項目	指定する値
メッセージボックスのタイトル	挨拶
表示するメッセージ	こんにちは、%UserInput%さん。お疲れ様、頑張ってますね。

図 3-1-7 「メッセージボックスを表示」の設定ダイアログ

6 実行してみよう

以上でフローは完成です。画面上部の［実行ボタン］をクリックしましょう。すると、ダイアログが出て名前を質問されます。名前を入力して、[OK]ボタンを押すと、入力した名前をメッセージに埋め込んでダイアログに表示します。

図 3-1-8 名前を質問するダイアログ

図 3-1-9 名前が埋め込まれて表示される

ポイントを確認しよう ── 変数の値をメッセージに埋め込む

ここで、改めて、手順 5 で入力したメッセージを確認してみましょう。ここでは、表示するメッセージの中に、「%UserInput%」のように「%変数名%」と記述しました。すると、

指定したメッセージ	こんにちは、%UserInput%さん。お疲れ様、頑張ってますね。
「クジラ」と入力した場合	こんにちは、クジラさん。お疲れ様、頑張ってますね。
「政田」と入力した場合	こんにちは、政田さん。お疲れ様、頑張ってますね。
「望月」と入力した場合	こんにちは、望月さん。お疲れ様、頑張ってますね。

メッセージの中で、%UserInput%と書いた部分が、変数の値に置き換わりました。
このように、メッセージの中に、変数の値を埋め込みたいときには、「%変数名%」と書けばよいのです。突然、%UserInput%と出てくると、これは何だろうとびっくりしますが、実際のところ、変数の値がメッセージに埋め込まれるという仕組みを知っていれば、難しくありません。

まとめ

以上、ここでは、Power Automateのアクションとアクションをつなぐ「変数」について詳しく紹介しました。また、変数だけを使うのではなく、メッセージの中に変数の値を埋め込んで表示する方法も紹介しました。変数はPower Automateの核を成す機能なので、使い方をしっかり覚えておきましょう。

085

Chapter 3-2

変数を使った計算
── 税込金額を計算しよう

難易度：★★☆☆☆

ここまで紹介した変数はアクションによって自動的に作成されたものでしたが、任意の名前の変数を作成して使うこともできます。また変数を使って計算することもできます。本節では一歩進んだ変数の使い方を紹介します。

ここで学ぶこと

- 任意の変数を作成する方法
- 変数で計算する方法

ここで作るもの

- 自分で好きな変数を作成（ch3/任意の変数を作成.txt）
- 税込金額を計算しよう（ch3/税込金額の計算.txt）
- 小数点以下を切り捨てよう（ch3/税込金額の計算-小数点以下切捨.txt）

自分で好きな変数を作成しよう

ここまで、変数とはアクションを実行すると自動的に作成されるものでした。しかし、自分で好きな変数を用意して使うこともできます。アクション一覧の「変数」グループにある「変数の設定」を使うと好きな変数に、任意の値を設定して利用することができます。

ここでは、変数に好きなメッセージを設定して、それを表示する簡単なフローを作ってみましょう。以下のようなフローを作成します。

	サブフロー ∨	Main
1	{x}	**変数の設定** 変数 Message に値 '知恵はサンゴに勝る。' を割り当てる
2	💬	**メッセージを表示** タイトルが '格言' である通知ポップアップ ウィンドウにメッセージ Message

図 3-2-1　ここで作成するフローの全体

1 「変数の設定」アクションを貼り付ける

適当な名前を付けて、新しいフローを作成しましょう。そして、まず、アクションの一覧から「変数 > 変数の設定」アクションを探してキャンバスに貼り付けます。

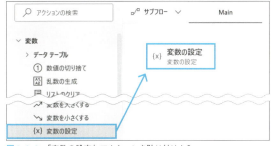

図3-2-2 「変数の設定」アクションを貼り付けよう

そして、設定ダイアログが出たら、設定の部分の「NewVar」をダブルクリックして「Message」と変更しましょう。これで、変数「Message」が生成されます。ここで、「%Message%」と入力しても、「Message」と入力してもOKです。％は自動で付与されます。
そして、パラメーターの「値」には、好きな格言を記入しましょう。そして「保存」ボタンを押します。これで、変数に任意の値が設定されます。

図3-2-3 「変数の設定」で変数名と初期値を指定しよう

2 「メッセージを表示」アクションを貼り付ける

変数の値を表示するように、アクションの一覧から「メッセージボックス > メッセージを表示」をキャンバスに貼り付けましょう。

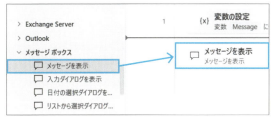

図3-2-4 「メッセージを表示」アクションを貼り付けよう

続いて、設定ダイアログが出たら次のように設定しましょう。

ここで設定する値

項目	設定する値
メッセージボックスのタイトル	格言
表示するメッセージ	%Message%

図3-2-5 変数の内容を表示するように設定しよう

087

3 実行してみよう

画面上部の実行ボタンを押しましょう。すると、手順 1 で変数「Message」に指定した格言がメッセージダイアログに表示されます（図 3-2-6）。
なお、画面右側のフロー変数の一覧を確認してみましょう。手順 1 で作成した変数が追加されているのを確認できます（図 3-2-7）。

図 3-2-6 格言が画面に表示されたところ

図 3-2-7
自分で定義したフロー変数「Message」が一覧に追加された！

メッセージを敢えて変数に設定する意義は？

上記、変数を使って格言を表示するフローを作ってみて何か感じたことはあるでしょうか。わざわざ変数を使ってメッセージ（格言）を表示しなくても、「メッセージを表示」アクションに直接テキストを入力すれば変数を使わなくても済んだのにと思いませんでしたか。
もちろん、格言を表示するだけのフローであれば、それで十分でしょう。しかし、もう少し長くて複雑なフローを組み立てたときには、変数を使ってフローの動作をカスタマイズできるようにしておくと便利なのです。
たとえば、毎日実行したい便利なフローを作ったとします。そして、そのフローの中ではメールを部署のメンバーに送るものとします。その際、一言メッセージを添えたいとします。この場合、長いフローの中からメールを送信するアクションを探し出して内容を変更するのは面倒です。フローの一番最初に一言メッセージの部分のみを変数で指定できるようにしてあれば、気軽に変更が可能になります。また、フローの中で計算が必要であったり、アクションの結果を別のどこかに保存しておきたい場合にも独自の変数を使います。こうした変数の使い方については後ほど紹介します。

変数名に使える文字

変数名として使えるのは、アルファベット・数字・アンダーバー（_）です。ただし、数字から始めることはできません。また、いくつかの予約語（if、loop、switch など）は使えません。大文字と小文字は区別されません。それでは、実際にどんな変数名が利用できるのか例を見てみましょう。

変数名	利用可能か	その理由
price	利用可能	小文字の名前も使えます
ApplePrice	利用可能	大文字と小文字を組み合わせた名前も使えます
18gou	×利用不可	数字から始まる変数名は使えません
_price	利用可能	アンダーバーから始まる名前も使えます
APPLE_PRICE	利用可能	大文字とアンダーバーを組み合わせた名前も使えます
リンゴの値段	×利用不可	日本語を使わない方が安心[※]

※なお、原稿執筆時点では、変数名に日本語も使えるのですが、公式サイトで日本語が使えるという記述がないため、将来のバージョンで動作が変更になる可能性もあります。なるべく使わない方が良いでしょう。

加えて、この後紹介しますが、ラベル名やサブフロー名にも同じ規則が適用されます。

税込金額を計算するフローを作ろう

次に税込金額を計算するフローを作ってみましょう。ここでは、消費税が10%であることとして、ユーザーが入力した金額に消費税額を加えた税込金額を計算するフローを作ってみましょう。
ここでは以下のようなフローを組み立てます。

図 3-2-8　税込金額を計算するフロー

1 変数に税率を指定しよう

最初に変数「TaxRate」を作成してここに10%を表す「0.1」を設定しましょう。新規フローを作成したら、「変数 > 変数の設定」アクションをキャンバスに貼り付けましょう。

図 3-2-9　「変数の設定」アクションをキャンバスに貼り付ける

そして、変数名を「TaxRate」に書き換え、値「0.1」を指定しましょう。

図 3-2-10　設定で変数「TaxRate」に 0.1 を指定しよう

089

2 入力ダイアログで金額を尋ねる

次に入力ダイアログを表示して、ユーザーに金額を質問できるようにします。アクション一覧から「メッセージボックス > 入力ダイアログを表示」をキャンバスに貼り付けましょう。

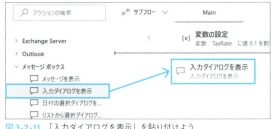

図 3-2-11 「入力ダイアログを表示」を貼り付けよう

続いて、設定ダイアログが表示されたら、入力ダイアログのメッセージに「金額を入力してください」と指定しましょう。ここで変数「UserInput」にユーザーが入力した値が設定されることを確認したら「保存」ボタンを押しましょう。
なお「入力ダイアログのタイトル」を空欄にしていますが、ここは入力は必須ではないので、空欄のままでも問題ありません。

図 3-2-12 「金額を入力してください」と指定しよう

3 税込金額を計算しよう

ここで税込金額を計算します。「変数 > 変数の設定」アクションをキャンバスに貼り付けましょう。

図 3-2-13 「変数の設定」アクションを貼り付けよう

税込金額を計算した値を変数「TaxPrice」に設定します。そのために、ここでは以下のような計算式を値に指定しましょう。

ここで指定する値

項目	指定する値
値	%UserInput * (1.0 + TaxRate)%

図 3-2-14 計算式を指定しよう

ここで指定する値に注目してみましょう。Power Automateでは『%変数%』と書くとその変数がメッセージに展開されるのですが、『%変数を使った計算式%』のように計算式を%から%の間に記述することもできます。
上記の式では、ユーザーがダイアログに入力した変数「UserInput」と税率を指定した変数「TaxRate」を利用した計算式を記述しています。計算式については、後ほど詳しく紹介します。

4 計算結果を表示しよう

それでは、税込金額を表す変数「TaxPrice」をメッセージボックスに表示するように設定してみましょう。

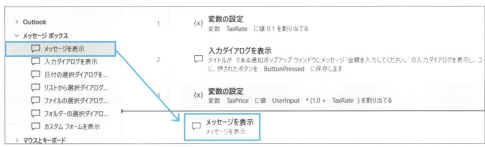

図3-2-15 計算結果を表示するために「メッセージを表示」を貼り付けよう

設定ダイアログが表示されたら、次のように指定しましょう。

ここで指定する値

項目	指定する値
表示するメッセージ	税込金額は、%TaxPrice% 円です。

図3-2-16 税込金額を表示するよう変数「TaxPrice」を指定しよう

5 実行してみよう

これでフローは完成です。画面上部の［実行ボタン］を押してフローを実行してみましょう。実行すると「金額を入力してください」という入力ダイアログが表示されます。ここで、1000を入力してみましょう（**図3-2-17**）。
すると、税込金額を計算して、結果をメッセージボックスに表示します（**図3-2-18**）。

図3-2-17 入力ダイアログで金額を入力しよう

図3-2-18 税込金額が計算されて結果が表示される

091

変数を使った計算について

「変数を設定」アクションをはじめ、アクションのパラメーターが指定できる場面では、「%計算式%」のように指定して四則演算などの計算式が可能です。たとえば、上記の手順 3 では、変数「TaxPrice」に税込金額を設定しました。Power Automate で計算に使える演算子は次の通りです。

機能	演算子	利用例	意味	V=103のときの結果
足し算	「+」	%V + 5%	変数Vに5を足す	108
引き算	「-」	%V - 8%	変数Vから8を引く	95
掛け算	「*」	%V * 3%	変数Vに3を掛ける	309
割り算	「/」	%V / 10%	変数Vを10で割る	10.3
割り算の余り	「mod」	%V mod 10%	変数Vを10で割った余り	3

足し算、引き算は見た目通りですが、掛け算記号が「*」で、割り算記号が「/」です。いずれも、計算を行うには、「%計算式%」のように「%」から「%」で囲む必要がある点を覚えておきましょう。

簡単な計算をしてみよう

たとえば、変数「変数 > 変数の設定」アクションと「メッセージボックス > メッセージを表示」アクションの2つを貼り付けましょう。
「変数の設定」アクションでは、変数Vに1000を設定します。そして、「メッセージを表示」アクションのメッセージの部分に、以下のような計算式を埋め込んで実行してみましょう。

```
01  掛け算：% V * 2 %
02  割り算：% V / 10 %
03  割り算の余り：% V mod 10 %
```

フローを実行すると右のように表示されます。「%計算式%」の部分に書いた計算式が計算されて表示されました。

図3-2-19
「メッセージを表示」で計算式を埋め込んでみたところ

「%...%」の展開規則をもう一度整理してみよう

なお、先ほどの税込金額を計算するフローで、税金金額を計算して表示する部分に「%UserInput * (1.0 + TaxRate)%」と入力しました。変数の部分だけ「%変数%」のように記入して「%UserInput% * (1.0 + %TaxRate%)」と書いてはいけないのでしょうか。
それでは、計算式と文字列の違いを確認するために、メッセージの部分を次のように書き換えて実行してみてください。ここでは「変数>変数の設定」アクションで変数UserInputに1000、TaxRateに0.1を指定して、「メッセージボックス>メッセージを表示」を貼り付けて、次のメッセージを表示するようにしてみましょう。

```
01  %UserInput% * (1.0 + %TaxRate%)
```

図 3-2-20　変数名のみ %...% で囲ったところ

そして、実行してみます。すると、計算式が計算されるのではなく、単に「%変数%」の部分だけが置き換わりました。

次に、計算式全体を「%計算式%」のように、以下のように記述してみましょう。

```
01  % UserInput * (1.0 + TaxRate) %
```

図 3-2-21　計算式全体を %...% で囲ったところ

書き換えたら、実行してみましょう。すると、計算式全体が正しく計算されました。

ここから分かることを整理してみましょう。「メッセージの表示」アクションのメッセージ部分など、変数を埋め込むパラメーターでは、「% ... %」の内側部分だけが置き換わるということです。メッセージ部分に計算式を書いても、「% ... %」の外側はそのままメッセージとして出力されます。

小数点以下を切り捨てて整数にしよう

ところで、税込金額を計算するフローでは、計算式が計算されて答えが表示されるのですが、小数点以下を切り捨てて、**整数として表示したい場合がよくあります**。
このような場合には「変数 > 数値の切り捨て」アクションを利用します。メッセージを表示する前に数値計算を「数値の切り捨て」アクションの中に差し込みます。
以下のようなアクションを作成してテストしてみましょう（サンプルの「税込金額の計算 - 小数点以下切捨.txt」に保存してあります）。

図 3-2-22　小数点以下を切り捨てるフロー

それで、「数値の切り捨て」アクションの設定ダイアログで、右のように入力します。パラメーター「切り捨てる数値」に、計算式を入力します。そして「操作」に、「整数部分を取得」を選択します。ここで、生成された変数「TrancatedValue」には切り捨て後の値が代入されます。

図 3-2-23 「数値の切り捨て」アクションを利用しよう

そして、「メッセージを表示」アクションには、「数値の切り捨て」アクションの実行結果である「%TrancatedValue%」を指定します。
設定したらフローを実行してみましょう。「1100.0」ではなく、「1100」と整数部分だけが表示されます。

図 3-2-24 整数部分だけを取り出して表示した

まとめ

以上、ここでは、自分で変数を作成し、それを利用して計算を行うフローを作ってみました。業務の自動化では計算結果を使いたい場面も多いので、変数の使い方に加えて、計算式を使う方法も確認しておきましょう。

TIPS

変数名を一気に変更

画面右側の変数ペインを使うと、フロー内で使っている変数名を一気に変更できます。変数名が分かりやすくなれば、フローが読みやすくなるのでオススメです。

変数名を変更するには、変数ペインで変数を右クリックして表示されたポップアップメニューで「名前の変更」をクリックします。

図 3-2-25 変数名を右クリックして「名前を変更」をクリックする

変数名には分かりやすい名前をつけよう

たとえば、以下のような変数で計算して画面にメッセージを表示するフローがあったとします。自動的に生成された変数は「NewVar」と「NewVar2」、「NewVar3」です。いったい何の計算をしているのか分かりづらいものです。

図 3-2-26　変数の計算をしているフロー … 何をしているのか分かりづらい

しかし、変数ペインを利用して、変数名を変更して「NewVar」を「BananaPrice」（バナナの値段）、「NewVar2」を「ServiceFee」（手数料）、「NewVar3」を「TotalPrice」（トータル金額）と変更しました。どうでしょうか。バナナの値段に手数料を加算してトータル金額にしているということが一目瞭然となりました。

図 3-2-27　変数名を変更したら意味が分かるようになった

設定ダイアログでも変数名の変更が可能ですが、その場合、変数名を利用しているアクションを探してすべて手動で変更しなければなりません。しかし、ある程度作り込んでから変数名を変える場合には、この変数ペインを利用して、利用箇所をすべて一気に変更する方が変更忘れがなく便利です。

Chapter 3-3

If —— 条件によって処理を変更し、ランチの見積もりを作ろう

難易度：★★★☆☆

自動処理のフローを作っていると、条件に応じてプログラムの動きを変えたい場合が出てきます。たとえば天気予報を取得して雨が降っているときだけメールを送信するなどの場合です。このような場合「If」アクションを使います。

ここで学ぶこと

- 条件によって処理を変える方法
- IfアクションとElseアクションの使い方

ここで作るもの

- ランチの見積もり(ch3/ランチの見積もり.txt)
- 変数を使ったランチの見積もり(ch3/ランチの見積もり2.txt)
- ネットチェック(ch3/ネットチェック.txt)

条件判定の「If」アクションについて

Power Automateではある条件によって処理を変更することができます。ユーザーが選択したボタンに応じて異なる処理をしたり、アクションの実行結果に応じて別の処理を実行したりできるのです。このような条件判定に応じて処理を分けるには「If」アクションを使います。「If」アクションをキャンバスに貼り付けると以下のように「If ... then ... End」と表示されます（厳密には「If...then」と「End」の2つのアクションが配置されます）。

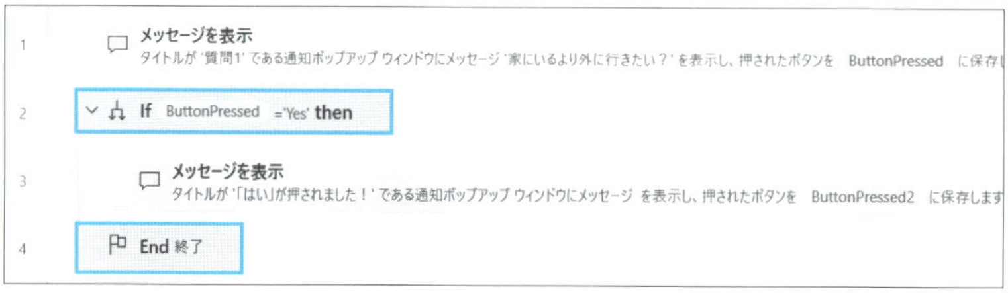

図 3-3-1
Ifアクションを使っているところ

ここで「If ... then ... End」を日本語にすると「もし・・・ならば・・・ここまで」という意味になります。つまり、もし、指定した条件に合致していれば、thenからEndまでの間のアクションを実行するのです。

「If」と合わせて使う「Else」アクションについて

なお、「If」アクションと組み合わせて使うアクションに「Else」というアクションがあります。「If」を使う場合に「Else」もセットでよく使うので一緒に紹介します。

この「Else」アクションは以下のように「If」と「End」の間に配置して使います。すると「If ... then ... Else ... End」という並びになります。

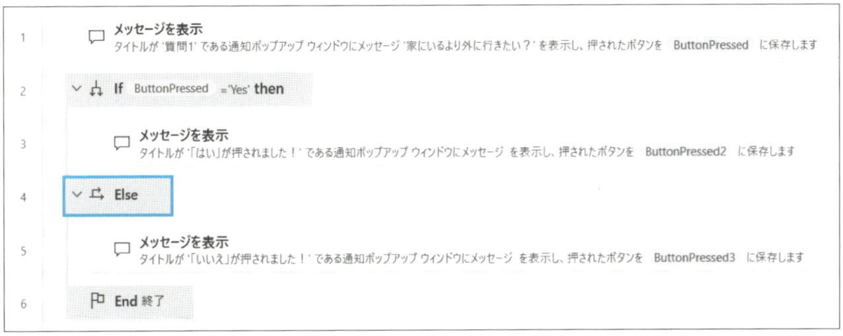

図 3-3-2　IfとElseアクションを使っているところ

これを日本語にすると「もし・・・ならば・・・違えば・・・ここまで」という意味になります。つまり、「If」で指定された条件の判定を行って、**条件が正しければ**「then ... Else」の間にあるアクションを実行し、もし**条件が正しくなければ**「Else ... End」の間のアクションを実行します。

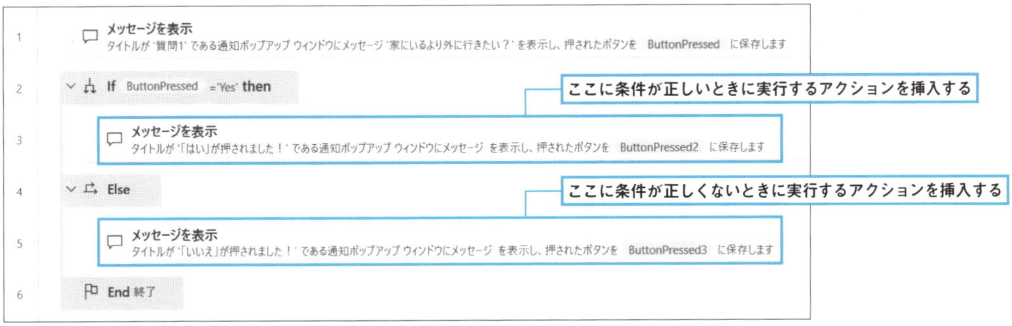

図 3-3-3　IfとElseアクションの使い方

ユーザーの選択に応じて異なるメッセージを表示しよう

それでは、「If」アクションの最も簡単な例として、ユーザーに質問をして、その答えに応じてメッセージを変更するフローを作ってみましょう。

ここで作るのは、最も簡単な見積もりツールです。あるレストランでランチを注文する場面を想定してみます。ランチは1000円ですが、200円でセットドリンクのオプションを用意しています。それで、ユーザーに質問して、ドリンクを付ける場合は1200円、付けない場合は1000円の支払金額を表示するフローを作ってみましょう。

ここで作成するフローは**図 3-3-4**のようなものです。

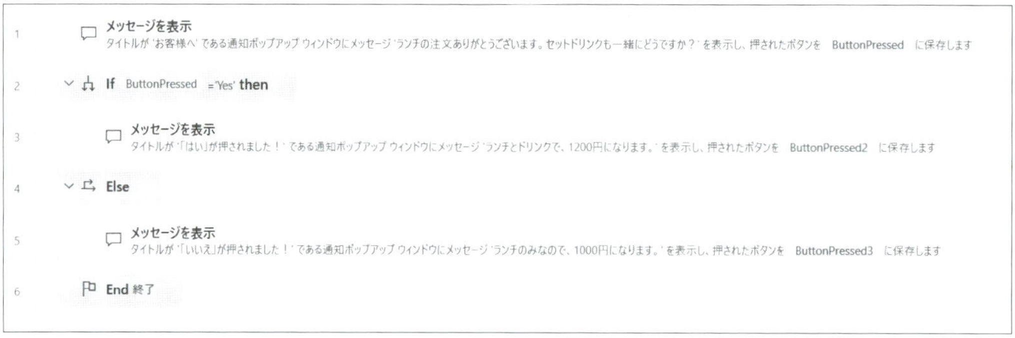
1 メッセージを表示
タイトルが 'お客様へ' である通知ポップアップ ウィンドウにメッセージ 'ランチの注文ありがとうございます。セットドリンクも一緒にどうですか？' を表示し、押されたボタンを ButtonPressed に保存します
2 If ButtonPressed = 'Yes' then
3 メッセージを表示
タイトルが '「はい」が押されました！' である通知ポップアップ ウィンドウにメッセージ 'ランチとドリンクで、1200円になります。' を表示し、押されたボタンを ButtonPressed2 に保存します
4 Else
5 メッセージを表示
タイトルが '「いいえ」が押されました！' である通知ポップアップ ウィンドウにメッセージ 'ランチのみなので、1000円になります。' を表示し、押されたボタンを ButtonPressed3 に保存します
6 End 終了

図3-3-4　ここで作成するランチの見積もりフロー

1 新規フローを作成しよう

最初の画面で、「＋新しいフロー」をクリックしましょう。そして、「ランチの見積もり」というフローを作成しましょう。

フロー名
ランチの見積もり

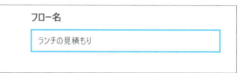

図3-3-5　ランチの見積もりフローを作成しよう

2 質問用のメッセージボックスを表示しよう

画面左側のアクションの一覧から「メッセージボックス > メッセージを表示」を選んで貼り付けましょう。

アクションの検索
サブフロー
Main
Exchange Server
Outlook
メッセージ ボックス
メッセージを表示
入力ダイアログを表示
日付の選択ダイアロ...
メッセージを表示
メッセージを表示

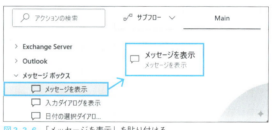

図3-3-6　「メッセージを表示」を貼り付ける

そして、右のような設定ダイアログが表示されます。そこで、図のように設定を指定します。

これまでと違って、タイトル、メッセージに加えて、「メッセージボックス ボタン」も指定しましょう。メッセージボックスの種類はいくつかありますが、「はい - いいえ」を選ぶと、メッセージとともに「はい」と「いいえ」のボタンがあるダイアログが表示されます。そして、ユーザーがどちらのボタンを押したかが変数に保存されます。

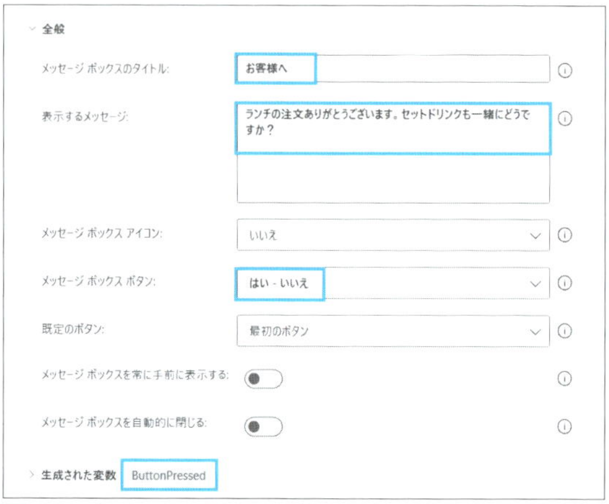
全般
メッセージ ボックスのタイトル:
お客様へ
表示するメッセージ:
ランチの注文ありがとうございます。セットドリンクも一緒にどうですか？
メッセージ ボックス アイコン:
いいえ
メッセージ ボックス ボタン:
はい - いいえ
既定のボタン:
最初のボタン
メッセージ ボックスを常に手前に表示する:
メッセージ ボックスを自動的に閉じる:
生成された変数
ButtonPressed

図3-3-7　「はい - いいえのボタンを持つメッセージボックスを設定

項目	指定する値
メッセージボックスのタイトル	お客様へ
表示するメッセージ	ランチの注文ありがとうございます。セットドリンクも一緒にどうですか？
メッセージボックス ボタン	はい - いいえ

ここで、ダイアログの下部にある、生成された変数に「ButtonPressed」が指定されていることを確認しましょう。なお、ユーザーが「はい」のボタンを押すと「Yes」、「いいえ」を押すと「No」が変数に設定されます。

3 「If」アクションを貼り付けよう

次に、画面左側のアクションの一覧から「条件 > If」を探して貼り付けましょう。

「If」アクションの設定ダイアログが出たら次のように指定します（**図 3-3-9**）。

ここで指定する値

項目	指定する値
最初のオペランド	%ButtonPressed%
演算子	と等しい (=)
2番目のオペランド	Yes

図 3-3-8 「If」アクションを貼り付けよう

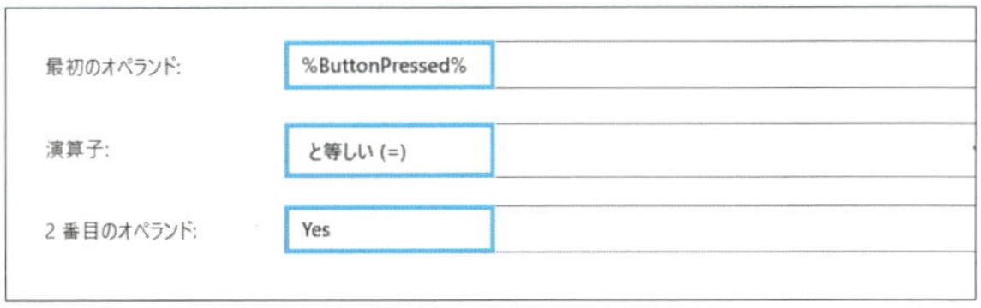

図 3-3-9 条件を指定しよう

これは、手順 2 のアクションで生成された変数「ButtonPressed」が「Yes」と等しいかどうかを判定するものです。つまり、ユーザーが「はい」のボタンを押したかどうかを判定します。

4 Elseアクションを貼り付け

次に「条件 > Else」を選んで貼り付けましょう。本節冒頭で紹介したように、ElseはIfとEndの間に差し込んで使います。そのために、Elseアクションをマウスでドラッグして、IfとEndの間に配置します。

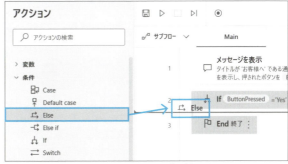

図 3-3-10 ElseアクションをIfとEndの間に貼り付けよう

5 「メッセージを表示」を2つ配置

次に、「メッセージボックス > メッセージを表示」アクションを2つ貼り付けましょう。1つは、IfとElseの間、もう1つはElseとEndの間に配置します。Elseのときと同じように、マウスでドラッグして貼り付けます。

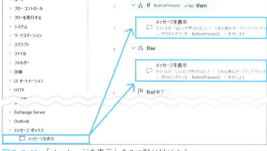

図3-3-11 「メッセージを表示」を2つ貼り付けよう

そして、それぞれの設定ダイアログで次のように設定します（**図3-3-12**）。

ここで指定する値

項目	指定する値
メッセージボックスのタイトル	「はい」が押されました！
表示するメッセージ	ランチとドリンクで、1200円になります。

図3-3-12 「はい」を押したときのメッセージを指定

続けて、もう1つの「メッセージの表示」アクションを設定しましょう（**図3-3-13**）。

ここで指定する値

項目	指定する値
メッセージボックスのタイトル	「いいえ」が押されました！
表示するメッセージ	ランチのみなので、1000円になります。

図3-3-13 「いいえ」を押したときのメッセージを指定

6 実行してみよう

以上でフローは完成です。画面上部の［実行ボタン］をクリックしてみましょう。すると、**図3-3-14**のような「はい」と「いいえ」で選択するメッセージボックスが表示されます。メッセージボックスで「はい」を押すか「いいえ」を押すかで、表示されるメッセージが変化するのを確認してみてください。

図3-3-14 実行すると「はい」と「いいえ」の二択ダイアログが表示される

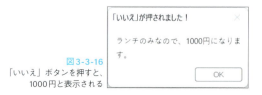

図3-3-15 「はい」ボタンを押すと、1200円と表示される

図3-3-16 「いいえ」ボタンを押すと、1000円と表示される

変数を使ったランチの見積もりツールを作ろう

なお、上記のフローでは「はい」と「いいえ」だけ、2パターンのみのランチの見積もりでしたが、変数を使うとより複雑な見積もりツールが作れます。

次に、右のようないくつかの質問をして、質問に応じた見積もりを表示するように改良してみましょう。

質問内容	加算する金額
大盛りにしますか？	100円
コーヒーはいかがですか？	100円
デザートはいかがですか？	300円

ここでは、以下のようなフローを作ります。

図 3-3-17 ここで作成するフロー

1 「変数の設定」を貼り付ける

新しいフローを作成しましょう。そして、アクションの一覧から「変数 > 変数の設定」を探して、キャンバスに貼り付けましょう。

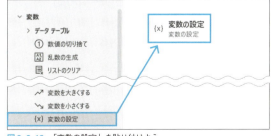

図 3-3-18 「変数の設定」を貼り付けよう

101

設定ダイアログが出たら、変数「Total」をランチの基本料金である1000で初期化します。設定をダブルクリックして「NewVar」をクリックして「Total」と書き換えましょう。そして値を1000と設定します。

図3-3-19　変数Totalを1000で初期化しよう

2 「メッセージを表示」を貼り付ける

アクションの一覧から「メッセージボックス > メッセージを表示」をキャンバスに貼り付けましょう。

図3-3-20　「メッセージを表示」アクションを貼り付けよう

設定ダイアログが出たら、メッセージを入力し、メッセージボックスのボタンを「はい - いいえ」で選べるように設定しましょう。

ここで指定する値

項目	指定する値
表示するメッセージ	ランチの注文ありがとうございます。大盛りにしますか？
メッセージボックス ボタン	はい - いいえ

生成された変数が「ButtonPressed」となることを確認して、「保存」ボタンを押しましょう。

図3-3-21　「はい - いいえ」で質問メッセージボックスにしよう

3 「If」アクションを貼り付ける

続けて、アクションの一覧から「条件 > If」アクションを貼り付けましょう。

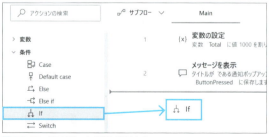

図3-3-22　Ifアクションを貼り付けよう

ここでは手順 2 のダイアログで「はい」を押した
ときという条件を作ります。設定ダイアログが出
たら次のように指定しましょう。

ここで指定する値

項目	指定する値
最初のオペランド	%ButtonPressed%
演算子	と等しい (=)
2番目のオペランド	Yes

設定を入力したら「保存」ボタンを押しましょう。

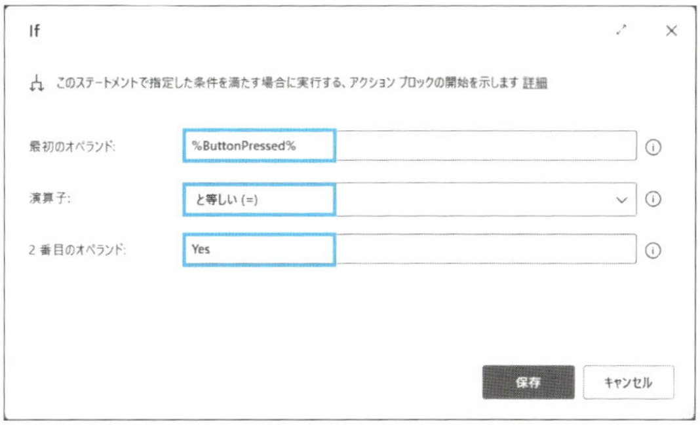

図 3-3-23　Ifアクションを設定しよう

TIPS

オペランドって何？

ここで「オペランド」という言葉が出てきました。オペランドとは「数式を構成する要素のこと」です。とはいえ、ちょっと分かりづらく感じますね。この設定項目を分かりやすく言い換えるなら、「左辺」「演算子」「右辺」となるでしょう。

4　「変数を大きくする」を貼り付ける

アクションの一覧から「変数 > 変数を大きくする」をキャンバスに貼り付けましょう。このとき、変数を大きくしたいのは、質問に「はい」が押されたときだけなので、「変数を大きくする」のアクションが If から End の間に配置されるように、マウスでドラッグします。

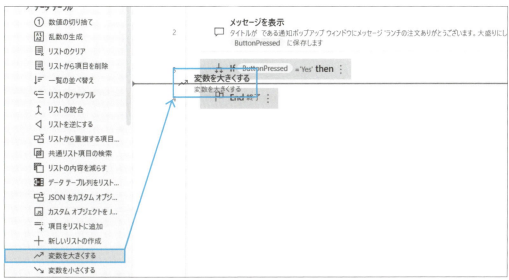

図 3-3-24　「変数を大きくする」を貼り付けよう

設定ダイアログが出たら、変数 Total を 100 だけ増やすように設定しましょう。次のように指定します。

ここで指定する値

項目	指定する値
変数名	%Total%
大きくする数値	100

上記を設定したら「保存」ボタンをクリックしましょう。

図 3-3-25　変数 Total を 100 増やすように設定しよう

5　上記 2 から 4 の手順を繰り返して質問を追加する

続いて、上記の手順 2 から 4 の手順を 2 回繰り返して、コーヒーとデザートを勧めて金額を加算するアクションをフローに追加しましょう。

図 3-3-26　繰り返し質問と金額の加算処理を追加しよう

図 3-3-26 のようにアクションを配置します。その際、以下のように、コーヒーを尋ねて金額を加算するように、アクションを貼り付け設定を行いましょう。

追加アクション	設定する項目	生成された変数
メッセージを表示	表示するメッセージ「コーヒーはいかがですか？」、ボタン「はい - いいえ」	ButtonPressed2
If	最初のオペランド「%ButtonPressed2%」、演算子「と等しい(=)」、2番目「Yes」	なし
変数を大きくする	変数名「%Total%」、大きくする数値「100」	なし

続けて、デザートを尋ねて金額を加算するように、アクションを貼り付け設定を行いましょう。

追加アクション	設定する項目	生成された変数
メッセージを表示	表示するメッセージ「デザートはいかがですか？」、ボタン「はい - いいえ」	ButtonPressed3
If	最初のオペランド「%ButtonPressed3%」、演算子「と等しい(=)」、2番目「Yes」	なし
変数を大きくする	変数名「%Total%」、大きくする数値「300」	なし

6 合計金額を表示する

最後に、合計金額を表示するために、アクションの一覧から「メッセージボックス > メッセージを表示」を貼り付けましょう。そして、次のようにアクションの設定を行います。

ここで指定する値

項目	指定する値
メッセージボックスのタイトル	合計
表示するメッセージ	お会計は、%Total%円です。

図 3-3-27　変数 Total を表示するように設定しよう

7 実行してみよう

画面上部の[実行ボタン]を押して、フローを実行してみましょう。
次々と質問があり、「はい」か「いいえ」のボタンを押していくと、最後に合計金額を表示します。

図 3-3-28　大盛りにするかどうか尋ねる

図 3-3-29　コーヒーが必要か尋ねる

図 3-3-30　デザートが必要か尋ねる

図 3-3-31　オプションを加算した合計金額を最後に表示する。なおすべて「はい」で答えた場合に左図の金額となる

ネットの接続チェックを行うフローを作ろう

Chapter 2-5 でインターネットに接続しているかどうかをテストするフローを作りました。そこで、それを改良してインターネットにつながっていれば「ネットにつながっています。」と表示し、つながっていなければ「インターネットに接続してください」と表示するフローを作ってみましょう。

手順はこれまでとほとんど同じなので省きますが、右のようなフローを作ります。詳しくはサンプルファイルの「ch3/ネットチェック.txt」を確認してください。

図 3-3-32　インターネットに接続しているか判定するフロー

ネットワークにつながっていれば以下のように表示されます。

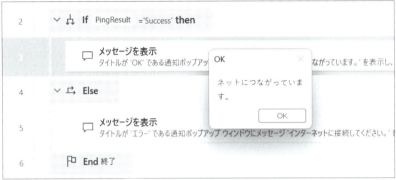

図 3-3-33　実行したところ - ネットにつながっていればこのように表示される

まとめ

「If」アクションが使えるようになると、条件に応じてフローの動作を変更することができるようになります。この条件判定と変数を併せて使いこなせるようになれば、一気に自動化できる作業の幅が広がります。

COLUMN

Ifの条件式について

「If」アクションでは、条件式を指定します。条件式では、AがBと等しい場合の判定だけではなく、大小の比較も可能です。
「If」アクションの設定ダイアログがでは次のような比較が可能です。いずれも「最初のオペランド」と「2番目のオペランド」をどのように比較するのかを指定するものです。

いろいろな比較が可能ですが、代表的な条件式について確認してみましょう。

図 3-3-34　Ifアクションで利用できる条件式

演算子	演算子の働き	指定例	V=5のときの結果（具体的な計算式）
と等しい(=)	値が同じか確認	[V]と等しい[5]	正しい　(5 = 5)
と等しくない(<>)	値が異なるか確認	[V]と等しくない[3]	正しい　(5 <> 3)
より大きい(>)	値が大きいか確認	[V]より大きい[3]	正しい　(5 > 3)
以上である(>=)	値が以上か確認	[V]以上である[5]	正しい　(5 >= 5)
より小さい(<)	値が小さいか確認	[V]より小さい[3]	正しい　(5 < 3)
以下である(<=)	値が以上か確認	[V]以下である[5]	正しい　(5 <= 3)

上記の表の演算子を使うことで、条件に応じた処理を実現できます。条件式をうまく利用して、いろいろな条件に応じて処理を行うフローを組み立てましょう。

[発展編] リストの条件判定について

条件式の演算子には「次を含む」「次を含まない」があります。ここでは、まだデータ型の「リスト」について紹介していないので詳しくは解説しませんが、これはリストの中に特定の値が含まれるかどうかを判定するものです。
リストとは複数の値を設定できるデータ型です（p.121参照）。このデータ型の中に特定の値があるかどうかを確認するのが「次に含む」です。

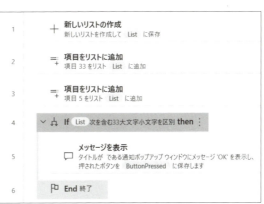

図 3-3-35 リストに値が含まれるかどうかを判定できる

右上のフローの1行目では「新しいリストの作成」アクションを利用して変数「List」を作成します。2行目と3行目では「項目をリストに追加」アクションを利用して、リストに値を追加します。ここでは、値33と値5を追加します。そして、4行目のIfアクションでは、変数「List」に値33が含まれるかどうかを判定します。

図 3-3-36 変数Listに33が含まれるかどうかを判定するIfアクション

※上記アクションのサンプルファイルは「ch3/リストに値を含むか 確認.txt」です。
なお、他にもリストが空かどうかを確認する「空である」やリストの末尾にある値について判定する「末尾」などが用意されています。

Chapter 3-4

Loop —— 繰り返しで連番ファイルを生成しよう

難易度：★★★☆☆

コンピューターによる自動処理の素晴らしい点が、文句も言わずに何度も繰り返してくれる点にあります。「Loop」アクションを使うと指定回数の繰り返しが可能です。連番ファイルの作成を例にして繰り返し処理に慣れていきましょう。

ここで学ぶこと

- 繰り返し処理を実行する方法

- 指定した回数を繰り返す「Loop」アクション

ここで作るもの

- 20個のファイルを作成（ch3/ループでファイル20個作成.txt）

- 1から10まで順に足すと合計はいくつ？（ch3/1から10まで順に足す.txt）

繰り返し作業を自動化することのメリットについて

事務作業において、何度も同じ処理を繰り返すというのは、よくあることです。この繰り返しをコンピューターにやってもらうことができれば、時間をずいぶん節約することができます。

たとえば、仮に処理したい120個ファイルがあるとして、1つのファイルを処理するのに5分かかるとしたら、120×5分で600分（10時間）かかってしまいます。しかし、Power Automateで作業を自動化するなら、「どのようにファイルを処理するか」と「それを100回繰り返すように」と指定して［実行ボタン］を押すだけです。仮にフローを作るのに1時間かかったとしても、9時間分節約できたことになります。このように考えると、繰り返しを自動化することのメリットが明らかになります。

それでは、実際にPower Automateでどのように繰り返し処理を実現するのか、見ていきましょう。

指定した回数を繰り返す「Loop」アクションについて

なお、Power Automateでは繰り返しにいくつかのバリエーションがあり、用途に応じてアクションを使い分けることになっています。

まず、最も簡単に使える繰り返しアクションが「Loop」です。キャンバスに貼り付けると、**図3-4-1**のように表示されます。「Loop」から「End」の間に繰り返し実行したいアクションを配置します。

図 3-4-1　Loopアクションの利用例

上記の例では、サウンドを5回連続で再生します。

なお、Loopアクションを貼り付けると「開始値」「終了」「増分」の3つのパラメーターを指定します。繰り返しは開始値からはじまります。この開始値がLoopIndexという変数に設定されます。繰り返すごとに「増分」の値だけLoopIndexが増えていきます。そして「終了」の値に達するまで繰り返します。

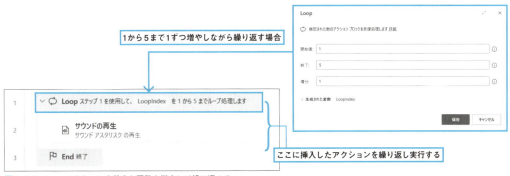

図 3-4-2　Loopアクションを使うと回数を指定して繰り返せる

条件を指定した繰り返し「ループ条件」アクションについて

次に「ループ条件」アクションを紹介します。この繰り返しでは、指定の条件が正しい間、何度でも「ループ条件」から「End」の間にあるアクションを繰り返し実行します。

図 3-4-3　ループ条件アクションの利用例

上記の例では、Pingアクションを利用してインターネットにつながっていない間、ずっと待機アクション（何もせずにじっとするだけのアクション）を実行します。そして、インターネットにつながったところで繰り返しを中断し、「ネットワークにつながりました」とメッセージボックスを表示します。このような場合、ネットワークにつながるまでに何回繰り返し確認したらよいのか、事前にはわかりません。

このように明確な繰り返し回数が分からない場合に、「ループ条件」アクションを利用すると便利です。

アイテム一覧を繰り返す「For each」アクションについて

次に「For each」アクションを紹介します。この繰り返しは、ファイルの一覧やデータの一覧など、複数のアイテムがあるときに、そのアイテムについて1つずつ処理したいときに使う繰り返しです。「For each」から「End」の間にアイテムをどのように処理するのかアクションを指定します。

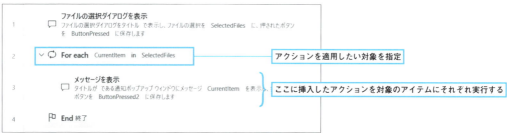

図 3-4-4 「For each」アクションの利用例

上記の例では、ファイルダイアログを表示して、複数のファイルを選択した場合に、それぞれのファイルのパスをメッセージダイアログに表示します。
このように、繰り返しにはいくつか種類があるのですが、一度にすべての繰り返しの動きを覚えるのは大変と思います。そこで、本節では一番基本的な「Loop」アクションの使い方を紹介します。

20個のファイルを自動的に作成するフローを作ってみよう

ここでは、Loopアクションの利用例として、「1.txt」「2.txt」「3.txt」「4.txt」…「20.txt」という20個のテキストファイルを作成するフローを作ってみましょう。それで、右のようなフローを組み立てましょう。

図 3-4-5 ここで作る20個のファイルを作成するフロー

1 新規フローを作成

Power Automateの最初の画面の上部にある「＋新しいフロー」をクリックします。ここでは「20個のファイルを作成」というフローを作成しましょう。

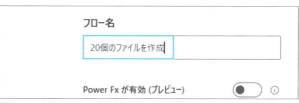

図 3-4-6 新規フローを作成しよう

110　Chapter 3　フローを条件によって変えてみよう

2 「特別なフォルダーを取得」を貼り付け

ここではデスクトップにファイルを保存します。そこで、デスクトップフォルダーを得るように「フォルダー > 特別なフォルダーを取得」アクションを貼り付けましょう。

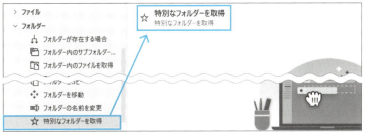

図 3-4-7 「特別なフォルダーを取得」アクションを貼り付けよう

「特別なフォルダーの名前」の中から「デスクトップ」を選択して「保存」ボタンをクリックしましょう。このとき、生成された変数が「SpecialFolderPath」に設定されることを確認しましょう。

図 3-4-8 デスクトップを得るように指定しよう

3 Loopアクションを貼り付け

次に「ループ > Loop」アクションを探してキャンバスに貼り付けましょう。

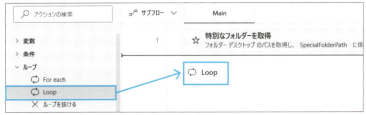

図 3-4-9 Loopアクションを貼り付けよう

ここでは、1から20まで20回実行する繰り返しを指定します。設定ダイアログが出たら、右のように指定します。

ここで指定する値

項目	指定する値
開始値	1
終了	20
増分	1

ここで、生成された変数に「LoopIndex」が指定されていることを確認しましょう。

図 3-4-10 20回繰り返し実行するように設定しよう

111

4 「テキストをファイルに書き込む」を貼り付け

画面左のアクションの一覧から「ファイル > テキストをファイルに書き込む」アクションを選んで貼り付けます。このとき、アクションが Loop と End の間に配置されるよう、マウスでドラッグします。

図 3-4-11 「テキストをファイルに書き込みます」を貼り付けよう

設定ダイアログが出たら、次のように設定しましょう。

ここで設定する値

項目	指定する値
ファイルパス	%SpecialFolderPath%\%LoopIndex%.txt
書き込むテキスト	喜びは治療薬として効く

ここでは、デスクトップのパスを表す「%SpecialFolderPath%」と Loop の繰り返し回数を表す「%LoopIndex%」を組み合わせてファイルのパスを構築します。

図 3-4-12 ファイルを連続で作成するように指定しよう

5 フローの実行

画面上部にある［実行ボタン］をクリックしましょう。すると、フローが実行され、テキストファイルが20個作成されます。メモ帳で開いてみると、テキストが書き込まれているのも分かります。

図 3-4-13
実行するとファイルが20個作成される

112　Chapter 3　フローを条件によって変えてみよう

ポイントを確認しよう ── 繰り返し回数の利用

繰り返しのLoopアクションを使うと、生成された変数として「LoopIndex」が利用できます。この変数には、**何回目の繰り返しなのかの情報が設定**されます。そのためこの変数を利用すれば、ファイル名を繰り返し回数にすることができます。

上記の手順 4 で、テキストファイルを作成するとき、ファイル名を「**%LoopIndex%.txt**」のように指定することで、「1.txt」「2.txt」「3.txt」...とファイル名が繰返し回数に置き換わります。この方法を使えば、100個でも200個でも、ファイルを作成できます。

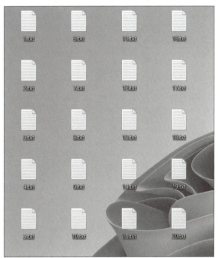

図 3-4-14　ファイル名に繰返し回数を指定することで指定個数のファイルを生成できる

1から10まで順に足していくといくつになる?

さて、ここで腕試しの問題です。実務には役に立たないフローですが、頭の体操として挑戦してみましょう。

では問題です。1から10までを順に、1+2+3+4+...と足していくといくつになるでしょうか。
もちろん、電卓を使えば簡単に解けますが、ここではPower Automateを使って解いてみましょう。

> **HINT**
> 本節で学んだ「Loop」アクションに加えて、「変数の設定」と「変数を大きくする」のアクションを使うと答えを求められます。

どうでしょうか。難しく感じましたか?
1から10を順に足した答えを求めるには、右のようなフローを作ります。実際に自分でフローを組み立てて実行してみてください。作成手順は省きますが、サンプルファイルの「ch3/1から10まで順に足す.txt」でフローを確認できます。

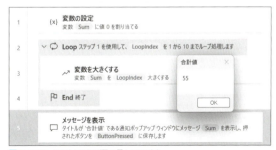

図 3-4-15　1から10まで順に足していくと...

ここでは、アクション一覧の「変数」のグループから「変数の設定」アクションと「変数を大きくする」アクションを使うのがポイントになります。
もし、動作がよく分からない場合、**図3-4-16**のようにアクションを追加して、繰り返しの度に変数「LoopIndex」

と「Sum」がどのように変化していくのかを観察するとよいでしょう。自分で作って動きを観察することが、Power Automate上達のコツです。

図3-4-16 変数の値を「メッセージを表示」で表示させてみると動作がよく分かる

まとめ

以上、ここではLoopアクションの使い方を中心に紹介しました。繰り返し作業を自動化できれば時間が大いに節約できます。繰り返しを利用して、作業自動化に挑戦してみましょう。

COLUMN

Power Automateで学ぶプログラミングのススメ

本書の冒頭で紹介した通り、Power Automateは、プログラミングが不要かほとんど不要なツールであり、「ノーコード」「ローコード」の代表と言っても過言ではありません。しかし、本書のChapter 3でフロー制御について確認してみると、Power Automateがプログラミング的なエッセンスを十分持っていることが分かることでしょう。そのため、Power Automateの使い方を学び、使っていくなら、プログラミング能力を向上させることができます。

プログラミングが中学校の教育課程に取り入れられたことはご存じでしょうか。これから社会に出る学生たちは「最初からプログラミングができる」世代になっていくことでしょう。プログラミングを学ぶことで、論理的思考力や問題解決能力を育むことができます。現代社会を生きていく上でこうした能力は大いに役立ちます。

それでも、本書を通して、Power Automateを使いこなせるようになったなら、きっと学校でプログラミングをかじった学生よりは、ずっと現場で使える人材であるに違いありません。

「百聞は一見にしかず」と言います。プログラミング上達のコツは、実際に自分でプログラムを作ることです。つまり、実際にPower Automateでフローを組み立てていくことで、プログラミング能力を向上させることができます。読者の皆さん、実際に目の前の仕事を自動化してみてください。その努力は仕事で実際に役立つだけでなく、物事を論理的に考え、問題解決に至る道筋を見つける能力を育てることにも役立つのです。ですから、Chapter 3のフロー制御に苦手意識を持つのではなく、積極的に使っていきましょう。

Chapter 3-5

For each ── 繰り返しで複数ファイルを1つにまとめよう

難易度：★★★☆☆

Chapter 3-4に続き、繰り返しを行うアクションについて紹介します。ここで取り上げるのは、ファイルの一覧やアイテムなどの数だけ繰り返す「For each」アクションです。ここでは、For eachを使ってビンゴマシンを作ってみましょう。

ここで学ぶこと

● アイテムの一覧を繰り返す「For each」アクション

ここで作るもの

● 選択した複数ファイルを1つにまとめる（ch3/選択ファイルを1つにまとめる.txt）

● ビンゴマシン（ch3/ビンゴマシン.txt）

アイテムの数だけ繰り返す「For each」について

「For each」アクションを使うと、ファイルの一覧やデータの一覧など複数の値を持つデータについて、データの数だけアクションを繰り返すことができます。データの数だけ繰り返すので、データの1つひとつを順に処理できるということです。

たとえば、「ファイルの選択ダイアログを表示」のアクションで複数のファイルの選択を可能にしておくと、複数のファイルが選択可能になります。それで、選択したファイルの一覧を「For each」アクションに指定すると、選択したファイルの数だけ選択したファイルのパスを繰り返し表示します。

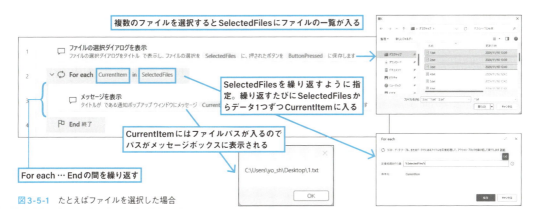

図 3-5-1　たとえばファイルを選択した場合

選択した複数ファイルを1つにまとめるフローを作ろう

ファイルのパスを表示するだけでは、あまり実用性がありません。そこで、ユーザーが選択した複数のテキストファイルの内容を全部読み込んで、1つのテキストファイルにまとめるフローを作ってみましょう。
ここでは、以下のようなフローを組み立てます。

図 3-5-2 選択したファイルの内容を順に読み込むフロー

1 新しいフローを作成する

新しいフローを作成しましょう。ここでは「選択した複数ファイルを1つにまとめる」という名前を付けましょう。名前を入力したら「作成」ボタンを押します。

図 3-5-3 新しいフローを作成しよう

2 「特別なフォルダーを取得」アクションを貼り付ける

アクションの一覧から「フォルダー > 特別なフォルダーを取得」を探してキャンバスに貼り付けましょう。すでに紹介済みですが、検索ボックスにキーワードを入力して探すのも便利です。

図 3-5-4 「特別なフォルダーを取得」を貼り付けよう

設定ダイアログが出たら、デスクトップのパスを得て、変数「SpecialFolderPath」に設定するようにしましょう。

図 3-5-5 デスクトップのパスを得るように設定しよう

3 「ファイルの選択ダイアログを表示」アクションを貼り付ける

続けて、アクション一覧から「メッセージボックス > ファイルの選択ダイアログを表示」アクションを貼り付けましょう。

図3-5-6 「ファイルの選択ダイアログを表示」アクションを貼り付けよう

設定ダイアログが出たら、複数ファイルの選択が可能になるように「複数の選択を許可」をクリックしてオンにします。加えて「ファイルフィルター」に「*.txt」を指定します。これにより、拡張子が「.txt」のものだけを表示するようになります。
そして生成された変数が「SelectedFiles」に設定されることを確認したら「保存」ボタンを押しましょう。ファイルの選択ダイアログで選択した複数のファイルがこの変数に代入されます。

図3-5-7 複数ファイルの選択可能になるように設定しよう

4 「For each」アクションを貼り付ける

アクションの一覧から「ループ > For each」を探して、キャンバスに貼り付けましょう。

図3-5-8 「For each」を貼り付けよう

設定ダイアログが表示されたら、「反復処理を行う値」に「%SelectedFiles%」を指定します。そして、保存先の変数が「CurrentItem」であることを確認したら「保存」ボタンをクリックします（**図3-5-9**）。

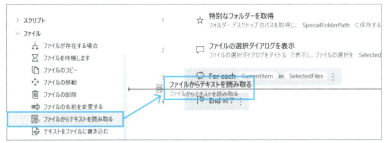

図3-5-9　反復処理を指定しよう

5　「ファイルからテキストを読み取る」を貼り付ける

アクションの一覧から「ファイル > ファイルからテキストを読み取る」を探してキャンバスに貼り付けましょう。その際、マウスでドラッグして「For each」から「End」の間にこのアクションが挟まれるように配置しましょう。

図3-5-10　「ファイルからテキストを読み取る」を貼り付けよう

設定ダイアログが出たら、ファイルパスに「%CurrentItem%」を指定して「保存」ボタンをクリックしましょう。これで、ファイルの内容が読み出されて、生成された変数「FileContents」に設定されます。変数名を確認したら「保存」ボタンを押しましょう。

図3-5-11　変数「CurrentItem」を読むように指定しよう

6　「テキストをファイルに書き込む」を貼り付ける

アクションの一覧から「ファイル > テキストをファイルに書き込む」をキャンバスに貼り付けましょう。その際、マウスでドラッグして、手順5で配置したアクションのすぐ下に配置しましょう。

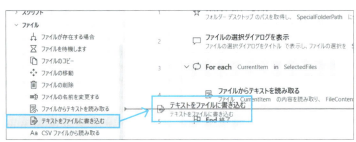

図3-5-12　「テキストをファイルに書き込む」を貼り付けよう

118　Chapter 3　フローを条件によって変えてみよう

設定ダイアログが出たら、デスクトップの「all.txt」というファイルに、テキストを追記保存するように設定を指定しましょう。次のように指定します。

ここで指定する値

項目	指定する値
ファイルパス	%SpecialFolderPath%\all.txt
書き込むテキスト	%FileContents%
ファイルが存在する場合	内容を追加する

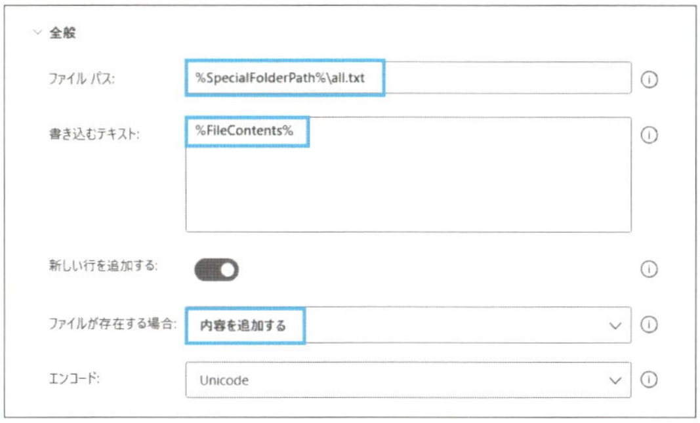

図 3-5-13 テキストを追加保存するように設定しよう

特に、「ファイルが存在する場合」に「内容を追加する」を選ぶのを忘れないように指定して、「保存」ボタンを押しましょう。

7 実行しよう

以上でフローは完成です。画面上部の［実行ボタン］を押してフローを動かしてみましょう。最初にファイルの選択ダイアログが出るので、複数のファイルを選択しましょう。複数ファイルを選択するには、マウスでドラッグするか、［Ctrl］キーを押しながらファイルをクリックします。

図 3-5-14 選択ダイアログが出るので複数のファイルを選択しよう

すると、それぞれのファイルの内容を順番に繰り返し読み込み、デスクトップの「all.txt」というファイルに追記保存します。フローの実行が終わったら、「all.txt」を開いて確認してみましょう。

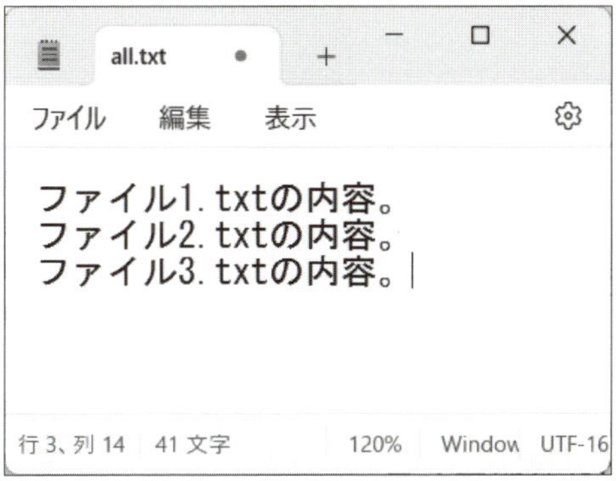

図 3-5-15 すると選択したファイルの内容がall.txtに追記保存される

ビンゴマシンを作ってみよう

次に、「Loop」と「For each」アクションを組み合わせてビンゴマシンを作ってみましょう。ビンゴマシンというのは、ビンゴゲームを遊ぶのに使うマシンです。ここでは、**1から75の数字をランダムに重複なく表示する**フローを作ってみましょう。

ここでは、以下のようなフローを作ります。具体的な手順は省略しますが、サンプルの「ch3/ビンゴマシン.txt」にフローが保存してあります。

図 3-5-16　ビンゴマシンのフロー

実行すると1から75までの数字がランダムに表示されます(**図 3-5-17**)。

図 3-5-17　ランダムに数字が表示される

このビンゴマシンの動きを概観してみましょう。このフローでは、まず「Loop」アクションを使って、1から75までのリストを作ります(❶)。なお「リスト」とは1つの値の中に複数の値を保存できる機能を持たせたものです。
そして、1から75の数字が入ったリストができたら、「リストのシャッフル」アクションでリストをシャッフルし(❷)、その後「For each」アクションを使って順番に、リストの中の数字を1つずつメッセージボックスに表示します(❸)。
図 3-5-16の1から4までのアクションでは、リストに1から75までの数字を順番に追加するのですが、5のアクションで「リストのシャッフル」を実行するので、リストの中身がシャッフルされているので、「For each」で順に表示しても、数字がランダムに出力になります。
そのため、もしも「リストのシャッフル」アクションを削除して実行すると、1から75の数字を順番に出すだけのフローになります。

HINT
「リスト」と「For each」について

『リスト』とは複数の値を1つにまとめて管理することのできるデータ型（p.240参照）です。これまで、変数の中に入れる値は、1つの変数につき1つだけでした。しかし、リストを使うと1つの変数で複数の値を扱うことができます。リストは他のプログラミング言語では、「配列」とも呼ばれます。

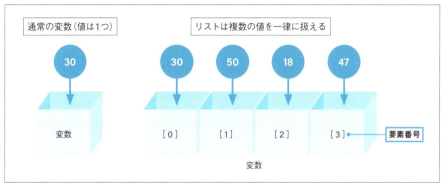

図 3-5-18　リストには複数の値を入れることができる

Power Automateでリストを作成するには、「変数 > 新しいリストの作成」アクションを使います。そして、「変数 > 項目をリストに追加」アクションを使うと、リストにいくつでも値を追加できます。
図 3-5-16のビンゴマシンのフローでは、リストを作成し75個の数値を追加しています。そして、「For each」アクションを使うと、リストから値を1つずつ取り出して処理することができます。
なお、リストに入っている値それぞれを「要素」といい、0から順番に番号（要素番号）がついています。リストから特定の値を取り出すには、『%変数名[要素番号]%』のように記述します。

まとめ

ここでは「For each」アクションの使い方を紹介しました。同じ繰り返しを行うアクションですが、「Loop」と「For each」では使い方が異なるのが分かると思います。複数ファイルを選択して、そのファイルに対して何かしらの処理を次々と実行したい場合などに役立ちます。「Loop」アクションのように繰り返し回数を指定しなくても済む点でも便利です。

Chapter 3-6

ループ条件
── 繰り返し年齢計算しよう

難易度：★★★☆☆

「ループ条件」アクションを使うと、条件を指定した繰り返し処理を実行できます。ここでは「ループ条件」の使い方を紹介します。明示的に終了するまで、ずっと繰り返し実行する方法についても解説します。

ここで学ぶこと

●「ループ条件」アクションの使い方

ここで作るもの

●連続で年齢計算するフロー（ch3/連続で満年齢計算.txt）

「ループ条件」について

ここまで、「Loop」と「For each」アクションについて紹介しました。次に「ループ条件」アクションについて紹介します。「ループ条件」をキャンバスに貼り付けると、右のように「ループ条件 While（条件式）... End」のように表示されます。これは、日本語に直すと「（条件式）の間 ... ここまで」という意味になります。つまり、条件式を確認して、条件が正しければ、繰り返しを行います。

図 3-6-1 「ループ条件」を使った例

上記の例は、1から5までの数字をメッセージボックスに値を表示するフローです。「ループ条件」のアクションを使って、変数「NewVar」が5以下のときに繰り返し処理を実行するようにしています。そして、繰り返しの中で変数NewVarの値を1ずつ大きくするため、1から5までの数字が表示されるという動作になります。

連続で年齢計算するフローを作ろう

それでは、実際に役立つフローを作りながら、この「ループ条件」アクションの使い方に慣れていきましょう。ここでは、西暦年を入力すると年齢を表示するフローを作ります。
しかも、ユーザーが次から次へと年齢を求めることを想定して、ユーザーが明示的にキャンセルボタンを押すまで繰

り返し計算するものを作ってみましょう。ここで作るフローは以下のようなものです。

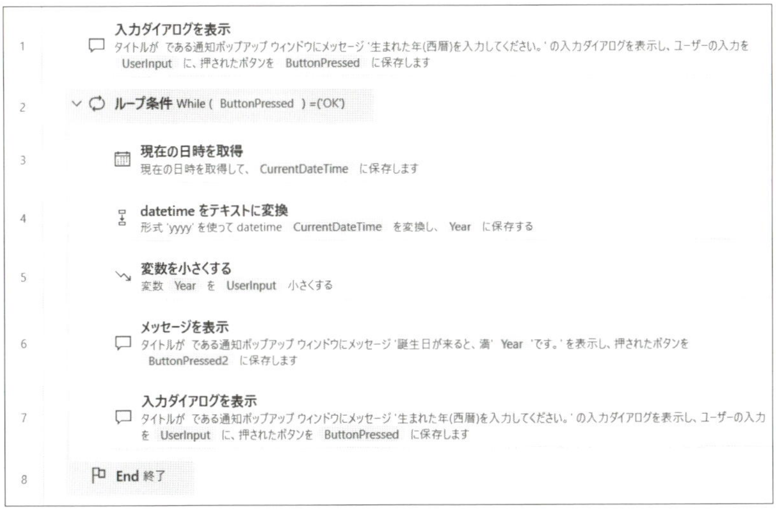
1
入力ダイアログを表示
タイトルが である通知ポップアップ ウィンドウにメッセージ '生まれた年(西暦)を入力してください。' の入力ダイアログを表示し、ユーザーの入力を UserInput に、押されたボタンを ButtonPressed に保存します
2
ループ条件 While (ButtonPressed) =('OK')
3
現在の日時を取得
現在の日時を取得して、 CurrentDateTime に保存します
4
datetime をテキストに変換
形式 'yyyy' を使って datetime CurrentDateTime を変換し、 Year に保存する
5
変数を小さくする
変数 Year を UserInput 小さくする
6
メッセージを表示
タイトルが である通知ポップアップ ウィンドウにメッセージ '誕生日が来ると、満' Year 'です。' を表示し、押されたボタンを ButtonPressed2 に保存します
7
入力ダイアログを表示
タイトルが である通知ポップアップ ウィンドウにメッセージ '生まれた年(西暦)を入力してください。' の入力ダイアログを表示し、ユーザーの入力を UserInput に、押されたボタンを ButtonPressed に保存します
8
End 終了

図3-6-2　連続で年齢計算をするフローを作ってみよう

1 入力ダイアログで生まれた年を尋ねる

アクション一覧から「メッセージボックス > 入力ダイアログを表示」を選んでキャンバスに貼り付けましょう。

アクションの検索
サブフロー
Main
Exchange Server
Outlook
メッセージ ボックス
メッセージを表示
入力ダイアログを表示
日付の選択ダイアログを...
入力ダイアログを表示
入力ダイアログを表示

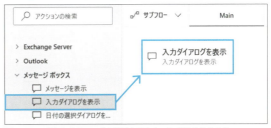

図3-6-3　「入力ダイアログを表示」アクションを貼り付けよう

設定ダイアログが表示されるので、右のように「入力ダイアログ メッセージ」を設定しましょう。そして、「生成された変数」として「UserInput」(ユーザーが入力したテキストが代入される)と「ButtonPressed」(押されたボタンのテキストが代入される)が設定されることを確認して、「保存」ボタンをクリックしましょう。

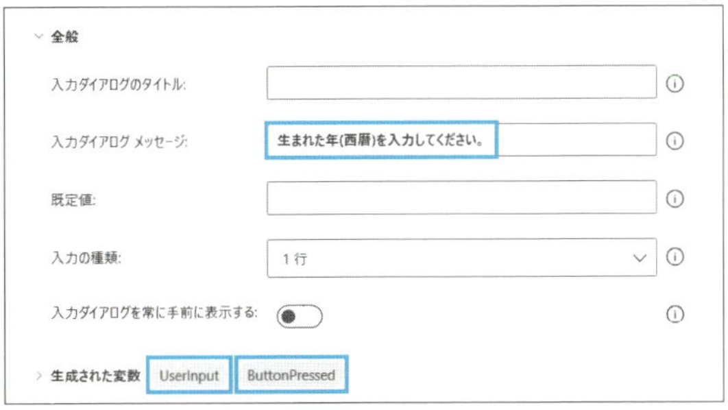
全般
入力ダイアログのタイトル:
入力ダイアログ メッセージ:
生まれた年(西暦)を入力してください。
既定値:
入力の種類:
1 行
入力ダイアログを常に手前に表示する:
生成された変数
UserInput
ButtonPressed

図3-6-4　入力ダイアログを表示の設定を指定しよう

2 「ループ条件」アクションを貼り付ける

続いて、アクション一覧より「ループ > ループ条件」アクションを貼り付けましょう。

図 3-6-5 「ループ条件」アクションを貼り付けよう

設定ダイアログが表示されたら、右のように設定しましょう。これで、「入力ダイアログを表示」アクションのダイアログで押したボタンが「OK」のときに繰り返しを実行するようになります。

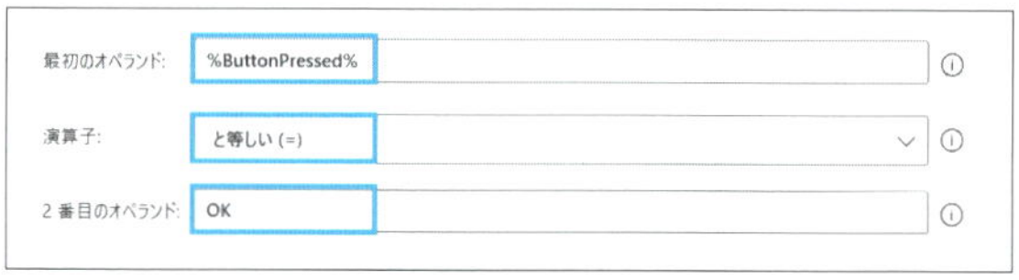

図 3-6-6 「ループ条件」アクションを貼り付けよう

ここで指定する値

項目	指定する値
最初のオペランド	%ButtonPressed%
演算子	と等しい (=)
2番目のオペランド	OK

3 今年が西暦何年かを調べる

続いて、今年が西暦何年かを調べましょう。「ループ条件」から「End」の間に、以下のアクションを貼り付けましょう。

- 「日時 > 現在の日時を取得」
- 「テキスト > datetime をテキストに変換」

図 3-6-7 「現在の日時を取得」と「datetime をテキストに変換」を貼り付けよう

その際、「現在の日時を取得」アクションの設定では、生成される変数が「CurrentDateTime」に設定されることを確認して「保存」ボタンをクリックしましょう。

そして、「datetimeをテキストに変換」アクションの設定では、今年の西暦年を得るため、右のように指定しましょう。

ここで指定する値

項目	指定する値
変換するdatetime	%CurrentDateTime%
使用する形式	カスタム
カスタム形式	yyyy
生成された変数	Year（自分で設定）

図3-6-8　今年が西暦何年かを調べるよう設定しよう

なお、ここで生成された変数「FormattedDateTime」となっていると思いますが、これだと分かりづらいので、クリックして「Year」という名前に書き換えておくとよいでしょう。設定したら「保存」ボタンをクリックします。

4　満年齢を計算して表示する

年齢を計算するために、変数「Year」からユーザーの入力した生年を引きます。そのために、「変数 > 変数を小さくする」アクションを貼り付けましょう。そして、計算結果を表示するために、「メッセージボックス > メッセージを表示」アクションも貼り付けましょう。この2つのアクションもマウスでドラッグして「ループ条件 ... End」の間に配置します。

図3-6-9　「変数を小さくする」と「メッセージを表示」アクションを貼り付けよう

「変数を小さくする」アクションの設定ダイアログで右のように設定します。このように指定することで満年齢を計算します。

ここで指定する値

項目	指定する値
変数名	%Year%
小さくする数値	%UserInput%

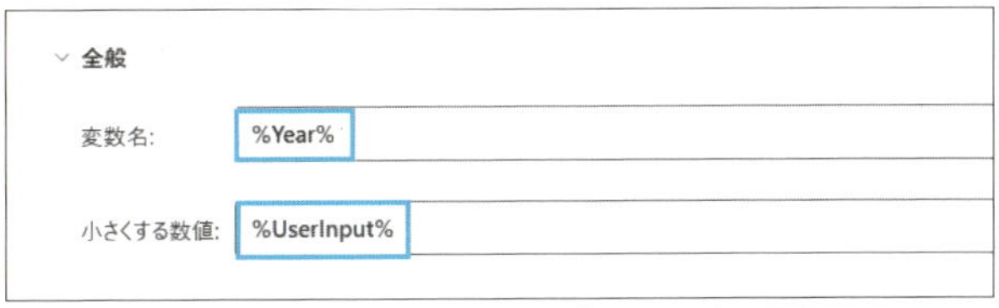

図3-6-10　年齢計算のために変数「Year」と「UserInput」を設定しよう

続けて、「メッセージを表示」アクションの設定では右のように、年齢をダイアログに表示します。表示するメッセージに「誕生日が来ると、満%Year%才です！」と指定しましょう。

図 3-6-11　年齢を表示するようにダイアログを設定しよう

5　再び入力ダイアログで年齢を尋ねる

続いて、再び入力ダイアログを出して年齢を尋ねるようにしましょう。1行目にある「入力ダイアログを表示」を**コピー**して7行目に貼り付けましょう。

アクションを複製するには、アクションの上で右クリックして、ポップアップメニューで「コピー」を選択します。そして、「End」アクションを選択して右クリックし、ポップアップメニューから「貼り付け」をクリックします。

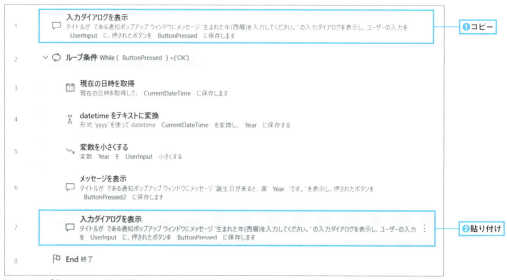

図 3-6-12　「入力ダイアログを表示」アクションを複製して7行目に配置しよう

6　実行しよう

以上でフローが完成です。編集画面上部の［実行ボタン］を押して、フローを実行してみましょう。実行すると、生まれた年を質問されるので西暦で入力します。すると、今年で満何歳になるのか表示されます。

図 3-6-13　生まれた年を質問される

図 3-6-14　今年で満何歳になるのか表示される —— 画面は2024年に実行した場合

126　Chapter 3　フローを条件によって変えてみよう

そして、連続で生まれた年を質問されます。しかし、ここで［Cancel］ボタンを押すと、「ループ条件 … End」の繰り返しを実行しなくなるため、フローの実行が終了します。

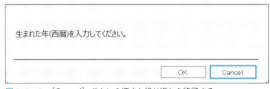

図 3-6-15 ［Cancel］ボタンを押すと繰り返しを終了する

まとめ

以上、ここでは「ループ条件」アクションを使う方法を紹介しました。「ループ条件」では条件指定して繰り返し処理を行うため、繰り返し回数が分からないときに便利です。ここまで、繰り返しを実行する3つのアクションを紹介しました。うまく使い分けましょう。

COLUMN

Power Automateでフローの流れを攻略するヒント

Chapter 3ではPower Automateのフローの流れを変えたり、繰り返したりする方法を網羅的に扱いました。いずれも覚えておくと便利なものですが、全部覚えなければ、使いこなせないというものではありません。気楽にマウス操作で自動化処理を作成できるのが、Power Automateの良いところです。とりあえず、どんなことができるのか軽く流し読みしておいて、何か実際に作る時に改めて振り返るのがお勧めです。最初から完璧に覚えようと思うと挫折しやすいものです。力を抜いて楽しく読み進めてください。

なお、Power Autometeに用意されているフローの流れをコントロールするアクションは次の通りです。基本的には「条件で処理を変える」と「繰り返す」の2種類だけです。

【条件で処理を変える】
・「If」… 条件に応じて、実行するアクションを変える（p.096）

【繰り返す】
・「Loop」… 1から10までなど、指定回数だけアクションを繰り返す（p.108）
・「For each」… 選択したファイル数など、データの個数だけアクションを繰り返す（p.115）
・「ループ条件 While」… 条件を指定して条件が正しい間アクションを繰り返す（p.122）
・「ラベル」＋「移動先」…ラベルを指定して、任意の位置に移動する（p.128）

このように概観してみると、繰り返しには、いろいろなバリエーションが用意されていますね。

実は、「If」と「ラベル」＋「移動先」を使えば、大抵の処理は実現できてしまいます。ただし、「移動先」を乱発するとフローが複雑になり効率的ではありません。繰り返しのバリエーションは、効率的なフローを作るために用意されているのです。それでも、一度に全部覚えようとすると混乱しそうです。力を抜いて、少しずつ覚えていきましょう。

Chapter 3-7

ラベルと移動先を使おう ―― 毎分スクリーンショットを保存しよう

| 難易度：★★★☆☆ |

Power Automateのフローの中にラベルをつけておくと、その場所にジャンプして実行できます。ここでは「ラベル」と「移動先」のアクションを利用する方法を紹介します。

ここで学ぶこと

- 「ラベル」と「移動先」アクションの使い方

ここで作るもの

- 連続でサウンド再生（ch3/連続でサウンド再生.txt）
- 一分ごとにスクリーンショットを保存（ch3/毎分スクリーン ショット.txt）

「ラベル」アクションの使い方

「ラベル」アクションと「移動先」アクションを使うと、フローの中の好きな場所へ処理を移動できます。簡単に使い方を確認してみましょう。以下のフローは、1秒に1回「ピコーン」とサウンドを再生するフローです。

1 ラベル Top ラベル
2 待機 1 秒を待機します
3 サウンドの再生
サウンド アスタリスク の再生
4 移動先 Top に移動する

図3-7-1 「ラベル」と「移動先」アクションを配置したところ

このフローでは、「ラベル」と「移動先」の2つのアクションがポイントです。「ラベル」アクションをキャンバスに配置すると、好きな名前のラベルを指定できます。そして、「移動先」アクションを貼り付けると、どのラベルへ移動するのかを選べます。

1 ラベル Top ラベル
2 待機 1 秒を待機します
3 サウンドの再生
サウンド アスタリスク の再生
4 移動先 Top に移動する

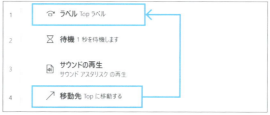

図3-7-2 移動先を使うと、指定のラベルへジャンプできる

ちなみに、このようなフローを作った場合、明示的にPower Automateの［停止ボタン］を押さないと永遠に終わらないフローになります。

> **TIPS**
>
> ## 終わらないフローについて
>
> 一般的なプログラミング言語では、先ほど紹介したいつまで経っても終わらないプログラムを作ると、OSフリーズの原因にもなりかねません。しかし、Power Automateでは1つのアクションを実行した後、必ず100ミリ秒ほど止まってから次のアクションを実行するようになっています。「停止」ボタンを押せば即座にフローの実行は停止します。そのため、終わらないフローを作っても特に害はないので、気にしなくて大丈夫です。

1分ごとにスクリーンショット画像を保存するフローを作ろう

ここでは、「ラベル」と「移動先」を利用して1分ごとにスクリーンショットを保存するフローを作ってみましょう。ここで作るフローは以下のようなものです。

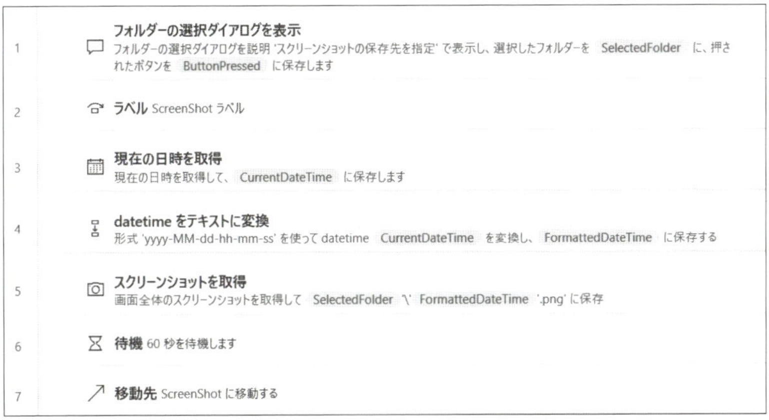

図3-7-3　毎分スクリーンショットを保存するフロー全体

1 「フォルダーの選択ダイアログを表示」アクションを貼り付け

新しいフローを作成しましょう。そして、アクションの一覧から「メッセージボックス > フォルダーの選択ダイアログを表示」アクションを選んでキャンバスに貼り付けます。

図3-7-4　「フォルダーの選択ダイアログを表示」を貼り付けよう

設定ダイアログが出たら、ダイアログの説明に「スクリーンショットの保存先を指定」と入力します。そして、生成された変数が「SelectedFolder」となっていることを確認して「保存」ボタンをクリックしましょう。

図 3-7-5　説明を入力して「保存」ボタンを押そう

2 ラベルをキャンバスに貼り付け

次に、ラベルをキャンバスに貼り付けましょう。アクション一覧から「フローコントロール > ラベル」を選んでキャンバスに貼り付けましょう。

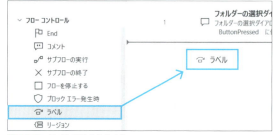

図 3-7-6　ラベルを貼り付けよう

ラベルの設定ダイアログが出たら「ScreenShot」という名前のラベルを付けて「保存」ボタンを押しましょう。

図 3-7-7　ScreenShot という名前をつけよう

3 現在日時からファイル名を決めよう

なお、1分に1度スクリーンショットを保存するので、ファイル名がいつも同じでは意味がありません。そこで、現在日時を利用してファイル名にします。そのため、「日時 > 現在の日時を取得」アクションと「テキスト > datetime をテキストに変換」アクションをキャンバスに貼り付けましょう。

図 3-7-8
「現在の日時を取得」と「datetime をテキストに変換」を貼り付けよう

130　Chapter 3　フローを条件によって変えてみよう

なお、「現在の日時を取得」アクションの設定ダイアログは、そのまま保存ボタンを押します。そして、「datetimeをテキストに変換」の設定ダイアログが出たら、以下の設定を指定しましょう。

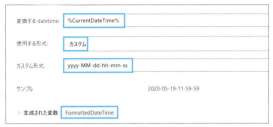

図 3-7-9　現在日時からファイル名を決めるように設定しよう

ここで指定する値

項目	指定する値
変換する datetime	%CurrentDateTime%
使用する形式	カスタム
カスタム形式	yyyy-MM-dd_hh-mm-ss

この「カスタム形式」を指定すると「年-月-日_時-分-秒」という形式になります（書式の詳しい意味についてはp.071をご覧ください）。そして、生成された変数が「FormatedDateTime」になっていることを確認して「保存」ボタンを押しましょう。

4 「スクリーンショットを取得」を貼り付け

続けて、アクション一覧から「ワークステーション > スクリーンショットを取得」を探してキャンバスへ貼り付けましょう。

図 3-7-10　「スクリーンショットを取得」を貼り付けよう

設定ダイアログが出たら、右のように指定しましょう。このように指定すると、手順1でユーザーが選択したフォルダーへ現在日時のファイル名でスクリーンショットを保存します。

指定する値

項目	指定する値
キャプチャ	すべての画面
保存先	ファイル
画像ファイル	%SelectedFolder%\\%FormattedDateTime%.png
画像の形式	PNG

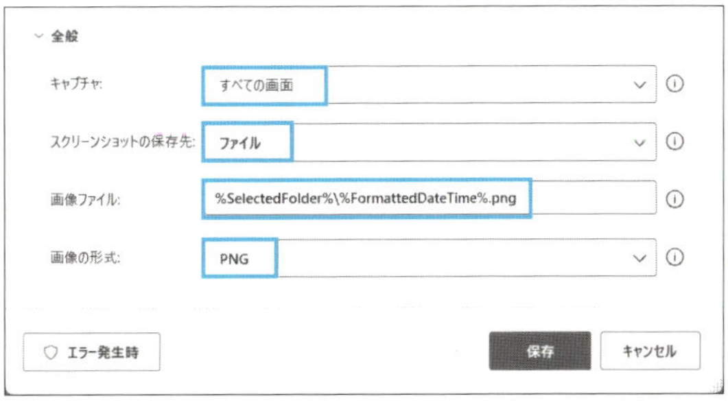

図 3-7-11　スクリーンショットを指定ファイル名で保存するように設定しよう

上記の設定を指定したら、[保存]ボタンをクリックしましょう。

5 60秒待機するように「待機」を貼り付ける

次に60秒間何もせず待機するように「待機」アクションを貼り付けましょう。「フローコントロール > 待機」アクションをキャンバスに貼り付けましょう。

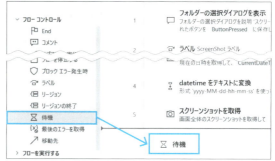

図 3-7-12　待機アクションを貼り付けよう

設定ダイアログが出たら、「60」を入力して60秒（1分）間待機するように指定します。

図 3-7-13　60秒待機するように設定しよう

6 「移動先」を貼り付け

アクションの一覧から「フルコントロール > 移動先」をキャンバスに貼り付けましょう。

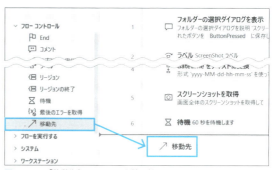

図 3-7-14　「移動先」アクションを貼り付けよう

設定ダイアログが出たら、「ラベルに移動」の項目から「ScreenShot」を選択しましょう。そして、「保存」ボタンを押します。

図 3-7-15　ScreenShotに移動するように指定しよう

7 実行してみよう

以上でフローは完成です。[実行ボタン]を押して実行してみましょう。すると、スクリーンショットの保存先のフォルダーを選択するダイアログが表示されます。そこで、適当なフォルダーを選択しましょう。ここでは、デスクトップに作成した「images」というフォルダーを選択しています。

そして、そのまま別の作業をしたりして数分待ってみましょう。指定したフォルダーに、現在日時のファイル名でスクリーンショットが保存されているのを確認できるでしょう。

図 3-7-16 実行すると保存先のフォルダーを尋ねられる

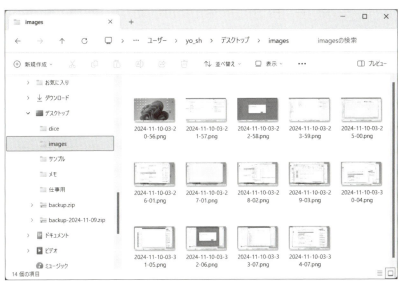

図 3-7-17 1分に1枚スクリーンショットが撮影される

フローを終了するには、画面上部の[停止]ボタンを押します。なお、このフローを実行したままにしてしばらく放置すると、PCのストレージがスクリーンショットで埋め尽くされてしまうので注意してください。

「ラベル」と「移動先」の使いすぎに注意

このように「ラベル」と「移動先」を使うと、手軽にアクションを繰り返し実行したり、処理を分岐できます。ただし、あまりにもラベルを多用すると<u>フローの流れが読みづらくなる</u>という欠点もあります。
基本的には、Chapter 3で紹介した繰り返しの「For each」や「ループ条件」アクションや、条件分岐の「If」を使えば、ラベルを使わなくても複雑なフロー処理を記述できます。

133

しかし、「ラベル」アクションには、「移動先に目印（ラベル）をつけておいてそこにジャンプするだけ」という単純明快さがあります。繰り返しや条件分岐のアクションを利用しつつ、ラベルをうまく利用して、分かりやすいフローを作りましょう。

ラベル名に使えるのは英数アンダーバーのみ

また、ラベルはフローを見やすくするための付箋のような用途にも使えますが、ラベル名に使えるのは、変数名に使える文字のみです。ただし、数字から始まるラベル名は使えません。具体的に利用できる名前については、変数名の規則（p.088）をご覧ください。

図 3-7-18　数字から始まるラベル名は使えない

なお、アンダーバーをラベル名に使うことができるので、アンダーバーを連続で記述すれば、それなりにラベルを目立たせることができるでしょう。ちょっとした付箋の代わりに使うことができるでしょう。

図 3-7-19　アンダーバーはラベル名に使えるので有効活用できる

ただし、単に説明を記述するには「コメント」アクションもあり、コメントであれば、日本語を記述することもできます。状況に合わせて、使い分けするとよいでしょう。

図 3-7-20　「コメント」と「ラベル」をうまく使い分けよう

まとめ

以上、ここでは「ラベル」と「移動先」アクションの使い方を紹介しました。ここで紹介したフローのように、最後から最初に戻るのに使ったり、繰り返し処理から脱出するのにも使えます。少し複雑なフローを作るときに、ラベルを付けると便利なので覚えておきましょう。

Chapter 3-8

サブフローを利用しよう

難易度：★★★☆☆

比較的長いフローを作っているとき、すべての処理をメインフロー上に作ると、長くて見づらくなってしまいます。そこで活用したいのがサブフローです。処理ごとにサブフローに分けておくと分かりやすくなります。

ここで学ぶこと
- サブフローの使い方

ここで学ぶこと
- サブフローを実行 (ch3/サブフローの実行例-Main.txt、ch3/サブフローの実行例-CalcPrice.txt)

サブフローについて

「サブフロー」とは、ある長いフローの一部分をまとめて別のフローに分けることができる機能です。別のフローと言っても全く別のものではなく、そのフロー内から気軽に呼び出せるフローです。
Power Automateでは長い処理を連続で記述すると、読みにくく何をしているのか分かりづらいものになってしまいます。そこで、**フローの中で意味のあるまとまった処理を複数の「サブフロー」に分割するなら、フローが読みやすく修正がしやすくなります。**

サブフローの使い方

それでは、サブフローの基本的な使い方を確認してみましょう。ここでは、「CalcPrice」というサブフローを作成し、メインフローからサブフロー「CalcPrice」を呼び出す方法を確認してみましょう。

1 新しいフローの作成

新しいフローを作成しましょう。Power Automateの最初の画面で、上部にある「新しいフロー」のボタンをクリックします。フロー名として「サブフローの作成」と入力して「作成」ボタンを押しましょう。

図3-8-1 新しいフローを作ろう

2 新規サブフローの作成

サブフローを使うには、画面上部（キャンバスの上）にあるタブで「サブフロー」をクリックし、「新しいサブフロー」をクリックします。

図 3-8-2　新しくサブフローを作る方法

そして、サブフローの名前を入力するダイアログが表示されます。ここでは「CalcPrice」という名前で「保存」ボタンをクリックしましょう。

図 3-8-3　サブフローに名前を付けよう

3 サブフローで変数「Price」を設定する

すると、キャンバスの上部に新規タブ「CalcPrice」が作成されました。「Main」タブと「CalcPrice」タグの2つが並んでおり、「CalcPrice」タブがアクティブ（タブの下に下線）になっていることを確認してください。

図 3-8-4　キャンバスに新規タブ「CalcPrice」が追加される

なお、ここではサブフローの機能を確認するだけなので、実際の計算は行わず、変数「Price」に1000を設定するだけにします。「変数 > 変数の設定」アクションをキャンバスに貼り付けましょう。その際、変数「Price」に1000を設定するようにします。

図 3-8-5　変数「Price」に1000を設定するアクションを追加

4 メインフローからサブフローを実行する

画面上部の「Main」タブをクリックしましょう。これでメインフロー（一番最初に実行されるフロー）の編集に切り替わります。

図 3-8-6　Mainタブをクリックするとメインフローの編集に切り替わる

それでは、サブフローを呼び出してみましょう。「フローコントロール > サブフローの実行」をキャンバスに貼り付けましょう。

図 3-8-7 「サブフローの実行」を貼り付けよう

設定ダイアログが表示されたら、サブフロー「CalcPrice」を選択しましょう。

図 3-8-8 サブフロー「CalcPrice」を選択

5 サブフローの実行結果をメインフローで表示する

次に、「メッセージボックス > メッセージを表示」アクションを貼り付けて、変数「Price」の値を画面に表示するようにしましょう。

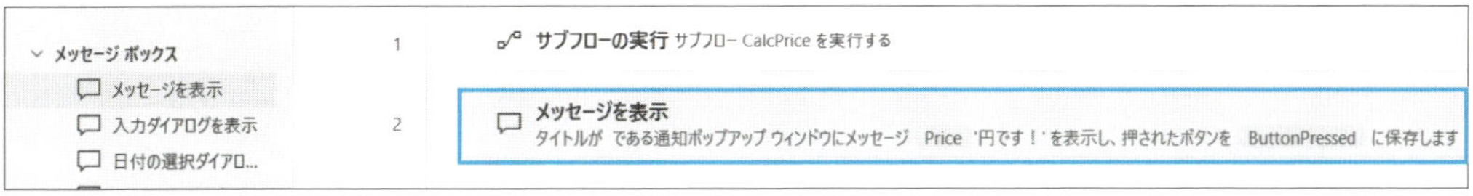

図 3-8-9 「メッセージを表示」を貼り付けよう

サブフローで変数「Price」に値を設定していますので、その結果をメインフローで確認できるか試してみましょう。表示するメッセージに「%Price%円です！」と指定して「保存」ボタンを押します。

図 3-8-10 変数「Price」が表示されるようにしよう

6 実行してみよう

それでは、サブフローが実行できたのか確認してみましょう。画面上部の［実行ボタン］をクリックしましょう。すると「1000円です！」と表示されます。

図 3-8-11 ［実行ボタン］を押したところ

137

確認してみよう

動作の流れを確認してみましょう。まず、手順4で指定したように、メインフローからサブフロー「CalcPrice」が実行されます。すると、手順3で設定したように、変数「Price」に1000が設定されます。すると、メッセージボックスに結果が表示されます。

サブフローは呼び出さない限り実行されない

上記で作成したフローで、もしもサブフロー「CalcPrice」を呼び出さないとどうなるでしょうか。サブフローの呼び出しをしているアクションを右クリックして、ポップアップメニューが出たら「アクションを無効化する」をクリックします。無効化すると、このアクションは実行されなくなります。

図3-8-12 サブフローの呼び出しを無効化してみよう

それでは実行してみましょう。当然、サブフロー「CalcPrice」は実行されません。結果として、変数Priceには何も設定されないので結果「0」が表示されます。
ここから分かることですが、サブフローはメインフローから呼び出さない限り実行されることはないということです。つまり、1つのフローの中にたくさんのサブフローを作成したときに、必要がなければそのフローを呼び出さないということも可能です。
よく使うフローにいろいろなサブフローを追加しておいて、仕事の必要に応じて呼び出すサブフローを差し替えるということもできるでしょう。

図3-8-13 サブフローを実行しなかったとき

TIPS

なぜサブフローを使うとよいのか？

なお、Power Automateを使う上でのコツなのですが、いかにフローを読みやすく修正がしやすい状態にしておくかというのが使いこなしの鍵となります。自動化する仕事の種類によっては、それなりに長いフローを作らざるを得ない場合もあります。しかし、サブフローを積極的に利用して、フローを読みやすい単位に分けておけば、後から修正が容易なので、結果として使いやすいフローになります。

まとめ

以上、ここではサブフローの使い方を紹介しました。本書では、できる限り短いサンプルを多く紹介するため、あまりサブフローを使った例は出てきません。しかし、実際にフローを作っていく場合、サブフローを活用すると読みやすく分かりやすいフローを作ることができます。参考にしてみてください。

Chapter 4　Excelを徹底活用してみよう

本章では業務でも頻繁に利用するExcelの自動化手法について解説します。まず、Excel操作の基本を確認し、Power Automateで自動化できるいろいろな処理とその実現方法を解説します。これまでと同じようにアクションを貼り付けるだけですから、少しずつExcel自動処理に慣れていきましょう。

Chapter 4-1	Excel自動化の基本を確認しよう	140
Chapter 4-2	Excelシートの読み書きをマスターしよう	146
Chapter 4-3	Excelで今年の年齢早見表を作ろう	152
Chapter 4-4	Excel名簿をもとにメールを一括送信しよう	158
Chapter 4-5	シート間のデータコピーを自動化しよう	167
Chapter 4-6	ブック間のデータコピーを自動化しよう	177
Chapter 4-7	Excel名簿の名前の列を姓と名に分離しよう	187
Chapter 4-8	シャッフルを利用して自動でExcel当番表を作ろう	195

Chapter 4-1

Excel自動化の基本を確認しよう

難易度：★☆☆☆☆

これからExcelの自動化処理を行う上で基本となる作法があります。ここでは、Excel操作の基本について確認していきましょう。基本さえ押さえてしまえば、あとは用意されているアクションを貼り付けていくだけです。

ここで学ぶこと

● Excel自動処理の基本を確認

ここで作るもの

● Excelを起動してセルに値を書き込む（ch4/Excelワークシート書き込み.txt）

Excelの構造を確認しよう

Excelを自動操作しようと思っても、Excelの基本的な構造が分からなければ、何をどう操作してよいのか分からないことでしょう。そこで、最初にExcelを操作する上で確認しておきたい構造とその名称を確認してみましょう。

Excelワークブックとワークシートの違い

まず、押さえておきたいのが、Excelの『ワークブック(英語：Workbook)』です。ワークブックは1つのExcelファイルです。Excelを普段から使っている人には当然のことですが、Excelではファイルを切り替えることによって、作業中のプロジェクトを切り替えることができます。ワークブックは「Excelブック」または単に「ブック」と略すことがあります。

そして、ワークブックの中に複数の『ワークシート(英語：Worksheet)』を作ることができます。1つのワークシートは二次元の表となっており、顧客名簿や見積もり書などを作成できます。「Excelシート」または単に「シート」と略すことがあります。

ポイントとしては、ワークブックの中に複数のワークシートを作ることができるという点です。

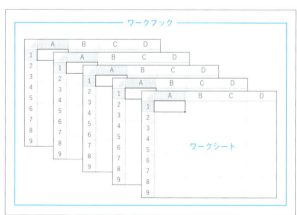

図 4-1-1　ワークブックの中に複数のワークシートがあるのがポイント

ワークシートの行と列について

そして、ワークシートの二次元の表ですが、縦の列を『カラム(英語：Column)』、横の行を『ロウ(英語：Row)』と呼びます。そして、表の中の1つの値を『セル(英語：Cell)』と呼びます。

特に、行と列はExcel操作の重要な概念なのでしっかり覚えておく必要があります。列には、アルファベットが付与されており、A列、B列、C列、D列…と数えます。そして、行には、数字が付与されており、1行、2行、3行…と数えます。ただし、Power AutomateでExcelを扱う場合、列を数える場合も、数値で表現できた方が便利なので、1列、2列、3列…と数えることも多くあります。

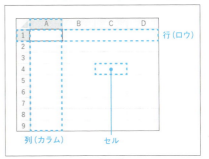

図 4-1-2　ワークシートの行と列

行も列も数字で扱う場合に、時々、列と行のどちらがどちらなのか分からなくなってしまうことがあります。覚え方として、漢字の「行」と「列」から覚える方法があります。「行」の右上には横方向を意味する2本の横棒があります。そして「列」の右側には縦方向を意味する2本の縦棒があります。このように漢字から覚えると容易でしょう。

図 4-1-3　行と列の覚え方

Excelの自動処理の基本

次にExcelを操作するためのアクション一覧を確認してみましょう。アクションペインのExcelのグループを開いてみましょう。すると、Excelのワークシートの読み取りや書き込みなどのアクションが並んでいるのを確認できるでしょう。

とはいえ、Excelの自動処理を実行する場合、基本的な流れがあります。それが以下の流れです。これは、Excelを外部から操作する際に必要となる基本となる操作です。

(1) Excelを起動する
(2) 自動処理を実行する
(3) Excelを閉じる

つまり、Excel自動処理を実行する場合、「Excelの起動」アクションを使ってExcelを起動し、何かしらの処理を行って、最後に「Excelを閉じる」アクションを実行するという手順を踏む必要があるということです。

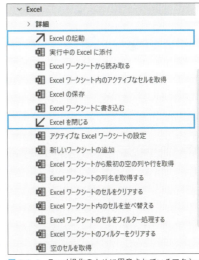

図 4-1-4　Excel操作のために用意されているアクション ─ Excelの一覧

> **HINT**
> ### Windows版のExcelが必要
>
> 本章の全編でWindows版のExcelが必要です。Power Automateでは、Excelを実際に起動させて自動操縦する仕組みとなっています。そのため、PCにExcelをインストールしてある必要があります。Web版のExcelではないので注意しましょう。

Excelのアクションは詳細グループにもある

Excelは業務に非常によく使われるため、Power Automateでは多くの関連アクションが用意されています。それで、アクションペインのExcelのグループをよく見ると、「詳細」というサブグループがあり、そのグループを開くとさらに多くのアクションがあることが分かります。Excelを使う上でこうしたアクションが用意されているのは非常に心強いと言えます。

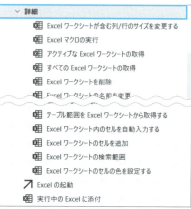

図4-1-5　Excel ＞ 詳細グループにあるアクション一覧

Excelを起動してワークシートに値を書き込むフローを作ろう

それでは、最も簡単なExcel操作を行うフローを作ってみましょう。ここでは、ワークシートの「B2」に「こんにちは」と書き込むだけのフローを組み立ててみましょう。

以下のようなフローを組み立てます。

図4-1-6　ここで作成するExcel処理のフロー全体

Chapter 4　Excelを徹底活用してみよう

1 「Excelの起動」を貼り付ける

まずは、新しいフローを作成しましょう。そして、アクションの一覧から「Excel > Excelの起動」アクションをキャンバスに貼り付けましょう。

図 4-1-7 「Excelの起動」を貼り付けよう

ここでは、生成された変数が「ExcelInstance」であることを確認したら「保存」ボタンをクリックしましょう。「ExcelInstance」には、**操作対象のExcelを表す値**が入ります。

図 4-1-8 生成された変数が「ExcelInstance」であることを確認しよう

2 ワークシートに書き込んでみる

Excelを起動すると、Excelグループのいろいろなアクションが利用可能になります。ここでは、「Excelワークシートに書き込む」アクションを使いましょう。キャンバスに貼り付けましょう。

図 4-1-9 「Excelワークシートに書き込み」アクションを貼り付けよう

設定ダイアログが出たら、シートのセルB2に「こんにちは」と書き込むように指定しましょう。次の項目に記入しましょう。

ここで指定する値

項目	指定する値
Excelインスタンス	%ExcelInstance%
書き込む値	こんにちは
書き込みモード	指定したセル上
列	B
行	2

記入したら「保存」ボタンをクリックします。

図 4-1-10 セルB2に書き込む指定をしよう

3 デスクトップを保存先にする

次に、書き込みをしたワークブック(Excelファイル)をデスクトップに保存するために、デスクトップのパスを取得しましょう。アクション一覧から「フォルダー > 特別なフォルダーを取得」取得をキャンバスに貼り付けましょう。

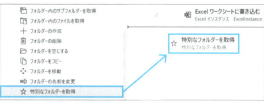

図4-1-11 「特別なフォルダーを取得」を貼り付けよう

特別なフォルダーとして「デスクトップ」を選択しましょう。そして、それが変数「SpecialFolderPath」に設定されることを確認したら「保存」ボタンをクリックしましょう。

図4-1-12 デスクトップを取得する設定にしよう

4 「Excelを閉じる」を貼り付ける

自動処理の最後にExcelを終了させます。アクションの一覧から「Excelを閉じる」アクションを選んでキャンバスに貼り付けましょう。

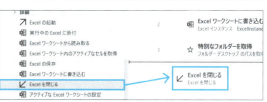

図4-1-13 「Excelを閉じる」を貼り付けよう

なお、Excelを閉じる前に自動処理を行ったワークブックを任意のファイル名で保存するように設定します。「Excelを閉じる前」に「名前を付けてドキュメントを保存」を選択して、「ドキュメントパス」を指定しましょう。ここでは、保存先のファイルパス(「ドキュメント パス」)をデスクトップの「test.xlsx」に指定します。以下の表のように指定しましょう。

ここで指定する値：

項目	指定する値
Excelインスタンス	%ExcelInstance%
Excelを閉じる前	名前を付けてドキュメントを保存
ドキュメントパス	%SpecialFolderPath%\test.xlsx

図4-1-14 ワークブックをデスクトップに保存するように設定をしよう

上記の値を指定したら「保存」ボタンをクリックしましょう。
なお、ドキュメントパスのテキストボックスに任意のファイルパスを指定すれば、そのパスにワークブックを保存す

るようになります。またテキストボックス選択時に右端に表示される のアイコンをクリックすれば、ファイル選択ダイアログを使って、任意のパスとファイル名を指定できます。

5 実行してみよう

画面上部の［実行ボタン］を押してフローを実行してみましょう。一瞬Excelの画面が表示されますが、すぐに消えることでしょう。問題なく実行できると、デスクトップに「test.xlsx」というファイルが作成されます。このファイルを開くとワークシートのB2に「こんにちは」と書き込まれています。

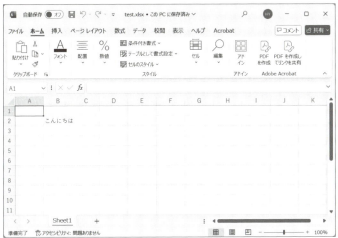

図 4-1-15　実行するとデスクトップにtest.xlsxというファイルが生成される

まとめ

ここではExcelの構造について確認した後、自動処理する基本的な流れを確認しました。本章を通して、ワークブック、ワークシート、行と列を用いた自動処理を解説しますので、基本はしっかり押さえておきましょう。また、Excelを起動して自動処理を行ったら必ず終了させる必要があります。Excel操作の基本的な流れを忘れないようにしましょう。

HINT

「Excelを閉じる」を忘れるとどうなる?

ちなみに、時々「Excelを閉じる」アクションをフローに入れ忘れることがあります。それでも、Power Automateではエラーにはなりません。そのため、絶対に「Excelを閉じる」入れなければならないわけではないのです。その代わり、Excelアプリが起動したまま終了せずにWindowsに鎮座し続けることになります。Excelを閉じることなく、繰り返し10回くらい実行しても最近のPCでは問題ないでしょう。とはいえ、結局最後には、手動でExcelの終了ボタンを押すことになります。そのため、自動でExcelを起動したら「Excelを閉じる」を使って閉じるようにするとよいでしょう。

Chapter 4-2

Excelシートの読み書きを
マスターしよう

| 難易度：★★☆☆☆ |

前節ではExcel自動化のための基本を確認しました。本節ではExcelを自動処理させる場合に必須となる、Excelシートの読み書きについて紹介します。どんなフローを作るとしても、ワークシートの読み書きが基本となります。

ここで学ぶこと

- Excelワークシートの読み書きの方法

ここで作るもの

- Excelシートに九九の表を作って値を読み取る(ch4/九九の表.txt)

Excel自動操作でワークシートの読み書き

前節では、Excelワークシートに値を書き込んで保存する方法を紹介しました。本節では、ワークシートの読み書き方法について解説します。

ワークシートの書き込みに使うアクションを確認してみましょう。当然、読み書きに使うアクションは、アクションペインの「Excel」グループの中にあります。

「Excelワークシートに書き込む」アクション

Chapter 4-1でも使いましたが、「Excelワークシートに書き込む」アクションを使うと、任意のセルに値を書き込むことができます。設定ダイアログでは、何を書き込むのか、そして、どこに書き込むのか、列と行を指定します。列はA、B、C…の列名のほか、数字で左から何番目なのか数値で指定することもできます。

図4-2-1 「Excelワークシートに書き込み」アクション

「Excelワークシートから読み取る」アクション

次にワークシートの値を読み取るアクション「Excelワークシートから読み取る」を見てみましょう。こちらの設定ダイアログでも、ワークシートのどこから値を読み取るのか、列と行を指定するようになっています。読み取った値は、生成された変数のExcelDataに設定されます（図4-2-2）。

なお、「Excelワークシートから読み取る」が便利な点として、値を1つだけ読み取るのではなく、一気に複数の値を読み取ることができるようになっています。「取得」という項目では、「ワークシートに含まれる使用可能なすべての値」や「セル範囲の値」を選んで指定できるようになっています（図4-2-3）。セルを1つだけ読みたい場合も多いですが、一気に全部読んでしまいたい場合もあるので非常に便利です。

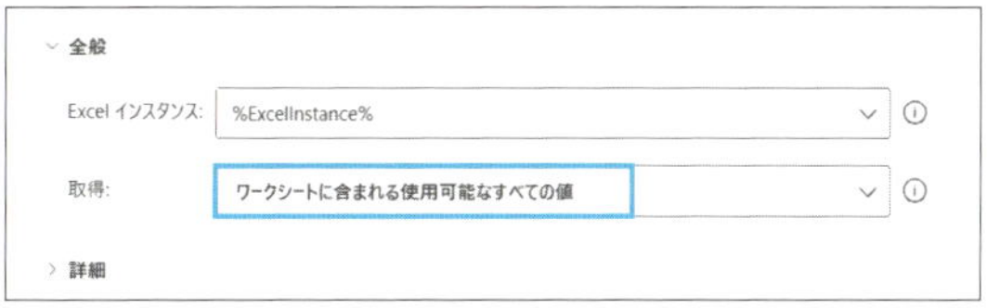

また、一気に複数の値を読み込んだとき、変数「ExcelData」に設定されるのはデータテーブルという二次元のデータとなります。この扱い方については、p.151で詳しく解説します。

図4-2-2 「Excelワークシートから読み取り」アクション

図4-2-3 複数の範囲やシート全体の読み取りも可能

Excelで九九の表の読み書きをしよう

ここでは、最初に、Excelシートに九九の表を自動で作成します。つまり、9行×9列＝81個のセルに掛け算の答えを書き込みます。そして、その後で、7×8の答えが記されたセル（8列7行目）を読み取るというフローを作ってみましょう。
ここで作成するフローは右のとおりです。

図4-2-4 九九の表を作って、値を1つ読み取るフローを作ろう

147

1 Excelを起動しよう

新しいフローを作成し「Excel > Excelの起動」アクションをキャンバスに貼り付けましょう。

図 4-2-5　まずは Excel を起動しよう

設定ダイアログが表示されたら、「Excelの起動」で「空のドキュメントを使用」を選択して「保存」ボタンをクリックしましょう。

図 4-2-6　「空のドキュメントを使用」を選ぼう

2 九九の表を作成しよう

アクション一覧から「ループ > Loop」を2つと「Excel > Excelワークシートに書き込む」をキャンバスに貼り付けましょう。
このとき、右のような配置になるように、アクションを移動しながら配置します。設定ダイアログが出ますがいったん閉じて、先に配置を行うとよいでしょう。

図 4-2-7　九九の表を作成するようアクションを貼り付けよう

では、設定ダイアログを開き設定していきましょう。まず、1つ目の「Loop」アクションを右のように設定します。開始値を「1」、終了を「9」、増分を「1」とします。そして、生成された変数を「LoopY」と指定します。

図 4-2-8　1つめの「Loop」アクションを設定しよう

148　Chapter 4　Excelを徹底活用してみよう

2つ目の「Loop」アクションを右のように設定します。同じように開始値を「1」、終了を「9」、増分を「1」とします。そして、生成された変数を「LoopX」と指定します。

図 4-2-9　2つ目の「Loop」アクションを設定しよう

そして、「Excelワークシートに書き込む」アクションの設定ダイアログでは右のように指定します。ここでは、変数「LoopY」と「LoopX」を利用して九九の表を書き込みます。

ここで指定する値

項目	ここで指定する値
書き込む値	% LoopX * LoopY %
列	% LoopX %
行	% LoopY %

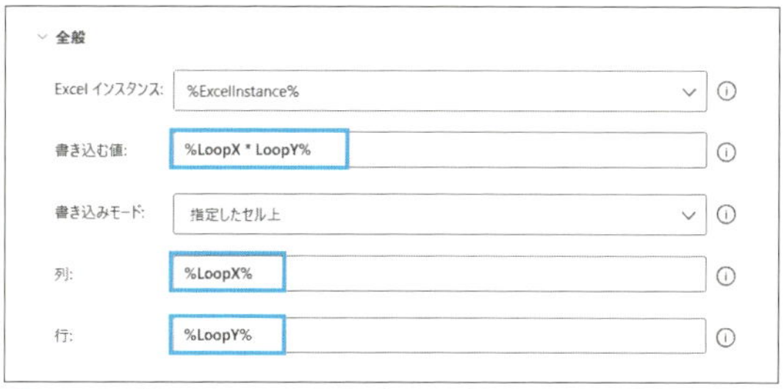

図 4-2-10　「Excelワークシートに書き込み」アクションを設定しよう

3　シートから掛け算「7×8」を調べよう

次に、ワークシートから掛け算「7×8」の答えを調べてみましょう。「Excel > Excelワークシートから読み取る」アクションを貼り付けましょう。

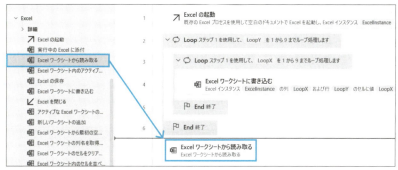

図 4-2-11　「Excelワークシートから読み取る」アクションを貼り付けよう

設定ダイアログが出たら、掛け算「7×8」の答え、つまり、先頭行が7、先頭列が8の単一セルの値を読み取るように設定しましょう。そして、生成された変数「ExcelData」に答えが得られることを確認して「保存」ボタンを押しましょう。

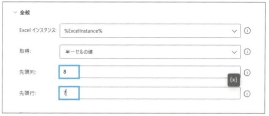

図 4-2-12　Excelシートから8列7行目の値が得られるように設定しよう

149

4 読み取った値をメッセージ表示しよう

次に、九九の表から読み取った値をダイアログに表示するようにしてみましょう。アクション一覧から「メッセージボックス > メッセージを表示」アクションを貼り付けましょう。

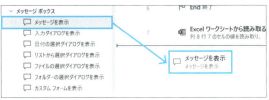

図 4-2-13 「メッセージを表示」アクションを貼り付けよう

設定ダイアログが表示されたら、「表示されるメッセージ」に「かけ算の答えは … %ExcelData%」と指定しましょう。これによって、手順 3 でシートから読み取った九九の答えをメッセージダイアログに表示するようになります。

図 4-2-14 メッセージダイアログに答えを表示するように設定しよう

5 Excelを保存して閉じよう

最後にExcelブックを保存してExcelを閉じましょう。ここではデスクトップに「九九の表.xslx」という名前で保存しましょう。そこで「特別なフォルダーを取得」と「Excelを閉じる」のアクションをキャンバスに貼り付けましょう。

図 4-2-15 2つのアクションを貼り付けよう

デスクトップのパスを調べるために「特別なフォルダーを取得」を貼り付けましたので、設定ダイアログが表示されたら「デスクトップ」を選択しましょう。ここで生成された変数「SpecialFolderPath」にパスが設定されることを確認したら「保存」ボタンをクリックしましょう。

図 4-2-16 デスクトップのパスを得るように設定しよう

そして、「Excelを閉じる」アクションの設定ダイアログが出たら、次のように指定しましょう。

ここで指定する値

項目	ここで指定する値
Excelを閉じる前	名前をつけてドキュメントを保存
ドキュメントパス	%SpecialFolderPath%\ 九九の表.xlsx

図 4-2-17 デスクトップにブックを保存するように指定しよう

6 実行してみよう

これでフローが完成です。画面上部の[実行ボタン]を押してフローを実行してみましょう。空のExcelシートが表示され、そこに九九の表が書き込まれていきます。そして、書き込みが終わると、8列7行目の値（7×8の答え）を取り出してメッセージダイアログに表示します。

九九の表が書き込まれた

図 4-2-18　九九の表を書き込み、7×8の値を読み出したところ

まとめ

本節では九九の表を作成し、シートから値を読み取るというフローを作ってみました。もちろん、実用性はあまりありませんが、シートに連続で値を書き込む方法や、そこから値を読み取る方法がよく分かったのではないでしょうか。次節ではもう少し役立つフローを作ってみます。

COLUMN

Excel処理のカギ「データテーブル」とは

『データテーブル』とは、Excelのワークシートを扱うのにぴったりのデータ型です。行方向・列方向のある二次元のデータです。そのため、他のプログラミング言語では、二次元配列変数』と呼ばれることもあります。ただし、Power Automateには、直接データテーブルを作成するアクションはありません。しかし、「Excelワークシートから読み込む」「SQLステートメントを実行する」「Webページからデータを抽出する」アクションを使うことで、データテーブル型のデータを取得できます。

データテーブルは、二次元のデータであるため、図4-2-19のように、「%変数名[行番号][列番号]%」のようにして、任意の位置にあるデータを取り出すことができます（ただし、データテーブルはExcelワークシートと異なり、行番号・列番号は0番から始まります）。

[0][0]	[0][1]	[0][2]…
[1][0]	[1][1]	[1][2]
[2][0]	[2][1]	[2][2]
[3][0]	[3][1]	[3][2]
[4][0]	[4][1]	[4][2]
:		

図 4-2-19　データテーブル

Chapter 4-3

Excelで今年の年齢早見表を作ろう

難易度：★★★☆☆

Excel自動処理の少し実用的な使い方として、今年の年齢早見表を自動で作成するフローを作ってみましょう。年齢早見表とは生年から年齢を調べる表のことですが、毎年新たに作成するのは面倒なので自動生成してみましょう。

ここで学ぶこと

- 今年を調べて計算式で使う

- 年齢早見表を自動で作成しよう

ここで作るもの

- 年齢早見表を自動生成するフロー（ch4/年齢早見表.txt）

年齢早見表を作ろう

Excelワークシートに連続で値を書き込む例の1つとして「年齢早見表」を作ってみましょう。年齢早見表というのは、西暦何年生まれの人が今年何歳かを調べるのに便利な下のような一覧表のことです。履歴書を書いたり確認するのに便利な表です。

	A	B
1	2024年	0歳
2	2023年	1歳
3	2022年	2歳
4	2021年	3歳
5	2020年	4歳
6	2019年	5歳
7	2018年	6歳
8	2017年	7歳
9	2016年	8歳
10	2015年	9歳
11	2014年	10歳

	A	B
41	1984年	40歳
42	1983年	41歳
43	1982年	42歳
44	1981年	43歳
45	1980年	44歳
46	1979年	45歳
47	1978年	46歳
48	1977年	47歳
49	1976年	48歳
50	1975年	49歳
51	1974年	50歳

図4-3-1　今年何歳になるかをすぐに確認できる、年齢早見表を作ろう

年齢早見表を作るフロー

年齢早見表を作るには、まず最初に今年が西暦何年かを調べます。

そして、「Loop」アクションを使って繰り返し満年齢を計算して、Excelシートに書き込みます。

ここでは51年分の表を作ってみましょう。右のようなフローを組み立てます。

図 4-3-2　ここで作成する年齢早見表の自動作成フロー

1 「Excelの起動」を貼り付ける

新しいフローを作成しましょう。フローを作成したら、最初に「Excelの起動」アクションをキャンバスに貼り付けましょう。

図 4-3-3　「Excelの起動」を貼り付けよう

設定ダイアログが表示されたら「Excelの起動」で「空のドキュメント」を選び「保存」ボタンを押しましょう。

図 4-3-4　「空のドキュメント」を作成しよう

2 現在の日時から西暦年を取得する

今年の西暦年を取得します。そのために、アクション一覧から「日時 > 現在の日時を取得」と「テキスト > datetime をテキストに変換」の2つのアクションをキャンバスに貼り付けましょう。

図4-3-5 西暦年を取得するようアクションを2つ貼り付けよう

設定ダイアログでは右のように設定しましょう。このアクションでは、「現在の日時」が生成された変数「CurrentDateTime」に設定されることを確認しましょう。

図4-3-6 現在の日時が変数「CurrentDateTime」に設定されることを確認しよう

続いて、「datetime をテキストに変換」アクションでは、現在の日時から西暦年だけを取り出すように、右のように設定しましょう。

ここで指定する値

項目	指定する値
変換するdatetime	%CurrentDateTime%
使用する形式	カスタム
カスタム形式	yyyy

「カスタム形式」に「yyyy」を指定すると4桁の西暦年を取り出します。そして、変数「Y」に設定されるように、生成された変数の名前を変更しましょう。

図4-3-7 西暦年だけを取り出すよう設定

3 繰り返し西暦と年齢を書き込もう

次に、繰り返し西暦と年齢をシートに書き込むようにしましょう。ここでは0から50まで合計51年分の繰り返しを行うように設定しましょう。それで、以下の3つのアクションを貼り付けましょう。

- 「ループ > Loop」アクション
- 「Excel > Excelワークシートに書き込む」アクションを2つ

ここでは、図4-3-8のように、LoopからEndの間に「Excel > Excelワークシートに書き込む」アクションを2つ配置するようにしましょう。

図 4-3-8　Loopアクションと、「Excelワークシートに書き込む」アクションを2つ、貼り付けよう

「Loop」アクションの設定ダイアログが出たら、右のように設定をしましょう。開始値「0」、終了「50」、増分「1」を指定します。これによって、0から50まで繰り返しのたびに数字を1つずつ大きくしながら、LoopからEndまでに設定されたアクションを繰り返すようになります。

図 4-3-9　Loopで0から50まで繰り返すように設定しよう

3-1　繰り返しの中でA列に西暦を書き込もう

次に、「Loop」アクションの中で繰り返し実行されるアクションを設定しましょう。1つ目の「Excelワークシートに書き込む」アクションでは、Excelのワークシートの A 列目に西暦を書き込むように設定します。

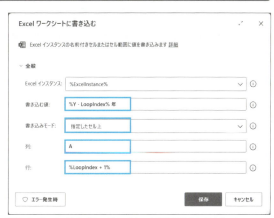

ここで指定する値

項目	指定する値
書き込む値	%Y - LoopIndex% 年
書き込みモード	指定したセル上
列	A
行	%LoopIndex + 1%

図 4-3-10　1つ目の「Excelワークシートに書き込み」アクション

A列の「書き込む値」に指定するのは西暦です。変数「Y」には今年が何年かが入っています。そこから、Loopの繰り返し回数を表す変数「LoopIndex」を引きます。ですので「% Y - LoopIndex %」と書きます。そして、計算した西暦を「% LoopIndex+1 %」行目に書き込むように指定することで、今年から西暦年が順に一年ずつ小さくなる列を作成できます。

3-2 繰り返しの中でB列に満年齢を書き込もう

続けて、2つ目の「Excelワークシートに書き込む」アクションの設定ダイアログでは、B列目に満年齢を書き込みます。

ここで指定する値

項目	指定する値
書き込む値	%LoopIndex % 歳
書き込みモード	指定したセル上
列	B
行	%LoopIndex + 1%

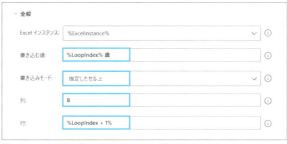

図 4-3-11 2つ目の「Excelワークシートに書き込み」アクション

B列の「書き込む値」に指定するのは満年齢です。Loopの繰り返し回数を表す変数「LoopIndex」が満年齢となります。それで「書き込む値」に「%LoopIndex% 歳」と書きます。また、書き込み先の行の指定ですが、「%LoopIndex + 1%」を指定することで、Excelのワークシートの B列の上から0歳、1歳、2歳…と順に満年齢の列を書き込めます。

> **HINT**
>
> ### Excelシートの行番号は1から始まるので注意
>
> なお、Excelシートの行は1行目、2行目、3行目…と数えます。Power AutomateでExcelの行番号を指定する場合も、先頭行を1としなければなりません。そのため、Loopアクションなどで、0から繰り返しを始める場合には、繰り返し回数の変数LoopIndexを指定する際、値を「+1」する必要があります。

4 保存してExcelを閉じよう

最後に年齢早見表をデスクトップに保存するようにしましょう。「特別なフォルダーを取得」と「Excelを閉じる」の2つのアクションを貼り付けましょう。

図 4-3-12 「特別なフォルダーを取得」と「Excelを閉じる」を貼り付けよう

設定ダイアログでは次のようにしています。「特別なフォルダーを取得」ではデスクトップを選択して、生成された変数「SpecialFolderPath」に設定されることを確認しましょう。

図 4-3-13 「特別なフォルダーを取得」ではデスクトップのパスが得られるように指定しよう

「Excelを閉じる」では、デスクトップに「年齢早見表.xlsx」という名前で保存するように指定しましょう。

ここで指定する値

項目	指定する値
Excelを閉じる前	名前を付けてドキュメントを保存
ドキュメントパス	%SpecialFolderPath%\年齢早見表.xlsx

図4-3-14　デスクトップに保存してからExcelを閉じるように設定しよう

5 実行してみよう

画面上部の実行ボタンを押して実行してみましょう。すると、空のExcelシートが表示され、そこに西暦と満年齢が次々と書き込まれていきます。そしてデスクトップの「年齢早見表.xlsx」にExcelファイルが保存されます。

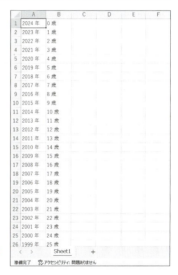

図4-3-15
実行すると年齢早見表が作成される

今年の西暦年から満年齢を計算する際のポイント

ここで作ったフローのポイントは何といっても、手順 2 で今年の「西暦年」を調べて、それを利用して、手順 3 で西暦年と満年齢をシートに書き込むところです。

手順 2 では、「datetimeをテキストに変換」アクションで西暦年を取得して変数「Y」に設定します。そして、手順 3 では、繰り返しの「Loop」アクションと「Excelワークシートに書き込む」アクションを組み合わせます。B列に書き込む満年齢は変数「LoopIndex」の値そのままで、0から50まで1つずつ増えていきます。A列の今年の西暦年から1つずつ減らしていきます。そのため「% Y - LoopIndex % 年」を指定しているのです。

まとめ

ここでは、年齢早見表を自動生成する方法を紹介しました。「Loop」アクションを使って、繰り返し計算をしながら、Excelシートに値を書き込みました。10アクション未満の簡単なフローですが、実際にちょっと役立つフローを作ることができました。本節では、繰り返し値を書き込む例を紹介しましたので、次節では繰り返し読む例を見てみましょう。

Chapter 4-4

Excel名簿をもとに
メールを一括送信しよう

難易度：★★★★☆

Excelで作った名簿をもとにして、何かしらの作業を行うという場面は多いことでしょう。そこで、今回は名簿内のデータを読み取り、メールを送信するフローを組み立ててみましょう。

ここで学ぶこと

- Excel名簿の活用方法

- メールの一括送信に挑戦

ここで作るもの

- Excel名簿をもとにメール送信（ch4/Excel名簿をもとにメール送信.txt）

Excel名簿を活用した自動処理について

イベントに興味のある顧客が記載された名簿を元にして案内メールを一括送信したり、毎月の売上データを集計して取引先にメールするなど、**名簿を元にしてメールを送信する業務**というのは、意外にも多いものです。そこで、Power Automateを使って作業を自動化しましょう。
自動化のメリットは単純に作業が自動化できて時間短縮になるだけではありません。メールの送り間違いをするという致命的なミスも防ぐことができます。人間が手作業で処理すると、どうしてもうっかりミスが生じてしまいます。しかし、Power Automateで自動化するなら、そうしたうっかりミスを防ぐことにもつながります。

Excel名簿を利用したメールの一括送信ツール

ここで作るのは、Excel名簿から送信対象となるメールアドレスと顧客名を読み取り、Outlookを利用してメールを送信するツールです。OutlookとExcelをPCにインストールしておく必要があります。なお、Outlookに関する設定については、Chapter 2-4（p.053）も参考にしてください。
まず、デスクトップに「名簿.xlsx」というファイルを作成して配置しておきましょう。図4-4-1のように、A列には顧客名、B列にメールアドレスを記述します。本書のサンプルにも「名簿.xlsx」という名前で収録していますので利用できます。ただし、このExcelシートにはダミーのメールアドレスが記載されています。メールアドレスの部分をご自身のメールアドレスに変更しておきましょう（そうしないと、メールが実際に送信できたか分かりませんので）。

	A	B
1	名前	メールアドレス
2	クジラ太郎	test1@aoikujira.com
3	クジラ次郎	test2@aoikujira.com
4	クジラ三郎	test3@aoikujira.com
5	クジラ史郎	test1@aoikujira.com
6	クジラ五郎	test2@aoikujira.com
7		
8		

図4-4-1　名簿を用意しよう(ご自分のメールアドレスに変更してください)

そして、Power Automateで次のようなフローを組み立てましょう。これは、Excelシートを読み取って、順にメールを送信するというフローです。

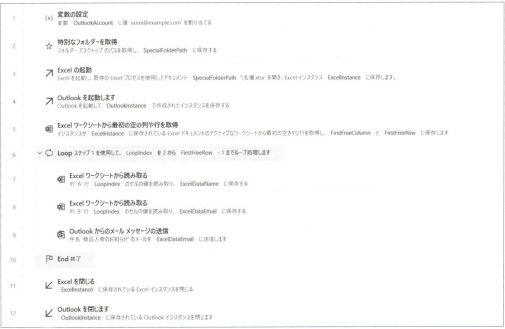

図4-4-2　ここで組み立てるフロー。Excel名簿をもとにメールを送信

それでは、フローを組み立てていきましょう。

1 Outlookのアカウント名を変数に指定しよう

まずは、新しいフローを作成しましょう。そして、フローの最初にOutlookのアカウント名を変数に指定することにします。

というのも、Outlookに設定しているアカウント名は、Outlookを使う人ごとに異なります。そこで、アカウント名をフローの最初で設定することにします。フローの冒頭に設定項目があれば修正が容易だからです。

それで、アクション一覧より「変数 > 変数の設定」をキャンバスに貼り付けましょう(**図4-4-3**)。

図 4-4-3 「変数の設定」を貼り付けよう

「変数の設定」を貼り付けると設定ダイアログが出ます。Outlookのアカウント名というのが分かりやすいように、変数名に「OutlookAccount」と指定しましょう。値にはOutlookのアカウント名を設定します。

図 4-4-4 Outlookのアカウント名を指定しよう

TIPS

Outlookのアカウント名とは？

なお、Outlookのアカウント名とは、Outlookにアカウントを追加する際に設定した名称のことです。Outlookを起動して［ファイル > 情報］と表示すると確認できます。

図 4-4-5 アカウント名の確認

2 デスクトップのパスを取得する

次にデスクトップに配置した「名簿.xlsx」を得るために、アクション一覧から「フォルダー > 特別なフォルダーを取得」をキャンバスに貼り付けましょう。

図 4-4-6 「特別なフォルダーを取得」を貼り付けよう

そして、設定ダイアログが出たら、「デスクトップ」のパスを得るように指定しましょう。そして、変数「SpecialFolderPath」に結果が設定されることを確認します。

図 4-4-7 「デスクトップ」を得るように指定

3 Excelを起動して名簿ブックを読む

次に、Excelを起動して、デスクトップに配置した「名簿.xlsx」を読み込みましょう。そのために、アクション一覧から「Excel > Excelの起動」アクションを貼り付けましょう。

図4-4-8 「Excelの起動」をキャンバスに貼り付けよう

デスクトップの「名簿.xlsx」を読み込むように、設定ダイアログが出たら、次の値を指定しましょう。

ここで指定する値

項目	指定する値
Excelの起動	次のドキュメントを開く
ドキュメントパス	%SpecialFolderPath%\名簿.xlsx

生成された変数として、操作対象のExcelを表す値「ExcelInstance」が生成されることを確認しましょう。そして「保存」ボタンをクリックします。

図4-4-9 Excelの起動時に「名簿.xlsx」を開くように指定

4 「Outlookを起動」を貼り付ける

Excelに続いてOutlookを起動するよう設定しましょう。「Outlook > Outlookを起動します」アクションを貼り付けましょう。

図4-4-10 「Outlookを起動します」アクションを貼り付けよう

Outlookを表す変数「OutlookInstance」が設定されることを確認して「保存」ボタンを押しましょう。

図4-4-11 変数「OutlookInstance」が設定される

5 Excelの最下行を取得

そして、Excel名簿の最初の空行を取得しましょう。アクション一覧から「Excel > Excelワークシートから最初の空の列や行を取得」を探して貼り付けましょう。

図4-4-12 最初の空行を取得するアクションを貼り付けよう

設定ダイアログが出たら、生成された変数として「FirstFreeRow」が設定されることを確認しましょう。変数「FirstFreeRow」には最初に空行のある行番号（つまり、表の末尾行+1の値）が得られます。

図4-4-13 生成された変数「FirstFreeRow」を確認しよう

6 Loopアクションを貼り付ける

Excel名簿の各行を読んでいくために、繰り返し処理を行う「Loop」アクションをキャンバスに貼り付けましょう。

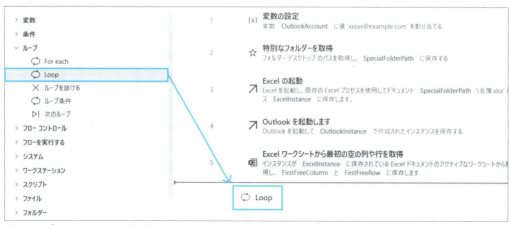

図4-4-14 「Loop」アクションを貼り付けよう

名簿の1行目は実際のデータでなくヘッダ行です。
そこで2行目から空行の1つ上までを順に繰り返す
ようにしましょう。右のように値を入力します。

ここで指定する値

項目	指定する値
開始値	2
終了	%FirstFreeRow - 1%
増分	1

図 4-4-15　2行目から空行の1つ上までを順に繰り返すよう指定しよう

そして、現在何行目なのかを表す変数「LoopIndex」が生成されることを確認して「保存」ボタンを押しましょう。
なお、パラメーターの「終了」ですが、変数「FirstFreeRow」は空行のある行番号（表の末尾行+1の値）が得られる
ため、「-1」を指定します。

7　ワークシートから名前とメールアドレスを取得

Excelのワークシートからセルの値を取得しましょう。「Excelワークシートから読み取る」アクションを2つ貼り付け
ましょう。この2つのアクションをLoopからEndまでの間に配置します。

図 4-4-16　「Excelワークシートから読み取る」を貼り付けよう

なお、1つ目は、A列の名前を読み取るもの、2つ
目は、B列のメールアドレスを読み取るものです。
1つ目の設定ダイアログでは、A列の名前を読み取
るように指定し、読んだ値を変数「ExcelData
Name」に設定するように変数名を変更します。

1つ目のダイアログで指定する値

項目	指定する値
Excelインスタンス	%ExcelInstance%
取得	単一セルの値
先頭列	A
先頭行	%LoopIndex%
生成された変数	ExcelDataName

図 4-4-17　A列の名前を読み取るように指定しよう

2つ目の設定ダイアログでは、B列のメールアドレスを読み取るように指定し、読んだ値を変数「ExcelDataEmail」に設定するように変数名を変更します。

2つ目のダイアログで指定する値

項目	指定する値
Excelインスタンス	%ExcelInstance%
取得	単一セルの値
先頭列	B
先頭行	%LoopIndex%
生成された変数	ExcelDataEmail

図 4-4-18　B列のメールアドレスを読み取るように指定しよう

値を指定したら「保存」ボタンを押しましょう。

8 Outlookでメールを送信

Outlookでメールを送信しましょう。アクション一覧から「Outlook > Outlookからのメール メッセージの送信」をキャンバスに貼り付けましょう。

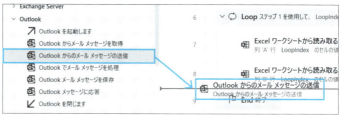

図 4-4-19　メールの送信アクションを貼り付けよう

設定ダイアログが出たら、メールの送信設定を記入しましょう。次のような値を指定しましょう。

ここで指定する値

項目	指定する値	備考
Outlookインスタンス	%OutlookInstance%	手順 4 で得た値
アカウント	%OutlookAccount%	手順 1 で指定したアカウント名
メール メッセージの送信元	アカウント	
宛先	%ExcelDataEmail%	手順 7 で得た値
件名	商品入荷のお知らせ	
本文	%ExcelDataName%さま 商品が入荷されました。ご来店ください。	手順 7 で得た値を利用

指定したら「保存」ボタンをクリックしましょう。

図 4-4-20　送信設定を指定しよう

9 ExcelとOutlookを閉じる

アクション一覧から「Excelを閉じる」と「Outlookを閉じます」のアクションを貼り付けましょう。

図4-4-21 「Excelを閉じる」と「Outlookを閉じる」を貼り付けよう

10 実行してみよう

以上でフローの組み立てが完了です。画面上部の[実行ボタン]をクリックしましょう。すると、デスクトップに配置した「名簿.xlsx」を読み取って、Outlookでメールを送信します。

メールが送信されたら、正しく受信できたかどうか確認してみましょう。正しく受信できることを確認しましょう。

図4-4-22 送信したメールを受信したところ

HINT

セキュリティのダイアログが表示されたら?

フローの実行中、Outlookを起動する際にセキュリティのダイアログが表示された場合は、「許可」ボタンを押して進めましょう。メール1通ごとに「許可」のボタンが表示される場合は、その都度押してください。

図4-4-23 セキュリティのダイアログが出たら「許可」ボタンを押そう

なお、Gmailでは送信側と受信側のメールアドレスが同じ場合、受信トレイに表示されない仕様となっています。フリーメールなど異なるメールアドレスを取得して、実際に送信できることを確認してみてください。

TIPS

名簿が何行あるかを調べる方法

Excel名簿は顧客が増えるごとに行数が増えていきます。行数が増えるごとに繰り返し回数を変更するのは面倒です。そこで、自動的に名簿の行数を確認することにしましょう。
それが、手順 5 で指定したアクション「Excelワークシートから最初の空の列や行を取得」です。このアクションが実行されると、変数「FirstFreeRow」と「FirstFreeColumn」が設定されます。

図 4-4-24 変数「FirstFreeRow」と変数「FirstFreeColumn」が得られる

そして、先の手順 6 のように、「Loop」アクションにて、空の行を表す変数「FirstFreeRow」の1つ上を指定すれば名簿の先頭から末尾まで順に処理できます。

TIPS

Excelで1つ上の行を指定する場合

なお、上記の手順 6 で変数「FirstFreeRow」の1つ上の行を指定する部分で、「%FirstFreeRow - 1%」と指定します。
ありがちな間違いとしては「%FirstFreeRow% - 1」と指定してしまうことです。Power Automateでは「%...%」のように「%」で囲われた範囲に変数や計算式を書くことになっています。間違えないようにしましょう。

まとめ

以上、ここではExcel名簿を1つずつ読みながら、メールを送信するフローを作りました。複数のデータを読む場合には「Loop」アクションなどを利用して繰り返し処理を行うように指定する必要があります。分からない部分があれば、Chapter 3に戻って復習しながら進めて行くとよいでしょう。

Chapter 4-5

シート間のデータコピーを自動化しよう

難易度：★★★☆☆

Excelで行う作業でもよくあるのが、あるシートにある内容を別のシートにコピーするという作業です。このコピー＆ペーストの作業を自動化できたら便利です。ここでは、シートのデータを別のシートにコピーする方法を紹介します。

ここで学ぶこと

- シート内のデータを別のシートにコピーする

ここで作るもの

- シート間コピー（ch4/Excelシート間コピー.txt）

Excelシートの内容を別のシートにコピーしよう

シート内のデータを、1つずつ値を確認しながら、別のシートに貼り付けることって意外と多いものです。
たとえば、顧客名簿の中から東京都在住の人だけ別のシートにコピーしたい場合があります。目を皿のようにしてデータを探してコピーして、別のシートを開き貼り付ける、そしてまた名簿シートを開いてデータを探して…。
手作業でやったら大変な作業です。もちろん、Excelのフィルタ機能を使えば、比較的簡単にデータの絞り込みが可能ですが、条件がもっと複雑な場合もあるので簡単ではありません。しかも、定期的に発生する仕事だとしたら、Power Automateで自動化するとよいでしょう。

そこで、本節では「顧客名簿」のシートから住所が東京都の人だけを探して、「対象顧客」というシートにコピーするというフローを作ってみましょう。

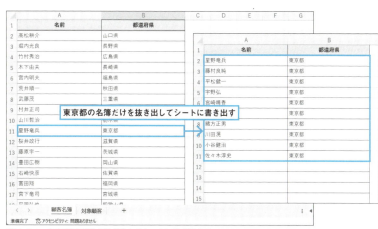

図 4-5-1　東京都の顧客を抜き出してシートに書き込もう

［下準備］Excelブックを準備しよう

下準備として「住所名簿.xlsx」というExcelブックを作成して、デスクトップにコピーしておきましょう。そして、「顧客名簿」と「対象顧客」というシートを作り、「顧客名簿」シートのA列に名前、B列に住所都道府県を書き込んでおきましょう。ここでは「東京都」の名簿だけが「対象顧客」のシートに転記されるようなフローを作りますので、対象顧客のシートは空にしておきます（本書のサンプル「ch4/住所名簿.xlsx」にサンプルを収録していますので利用してください）。

	A	B
1	名前	都道府県
2	高松耕介	山口県
3	堀内光良	長野県
4	竹村秀治	広島県
5	木下由夫	長崎県

図4-5-2 「顧客名簿」シート

	A	B
1	名前	都道府県
2		
3		
4		
5		

図4-5-3 「対象顧客」シート

ここで作るフローを概観しよう

それでは、最初にここで作るフローの動きを確認してみましょう。今回作るフローは、シート内のデータを選んで別のシートにコピーするというものです。

そのために、まず「顧客名簿」のシートに書かれている顧客データ全体を読み取って変数「ExcelData」に保存します。そして、「対象顧客」のシートをアクティブにした上で、ExcelDataの内容を一行ずつ確認します。東京都の顧客がいれば、Excelのシートに書き込みます。

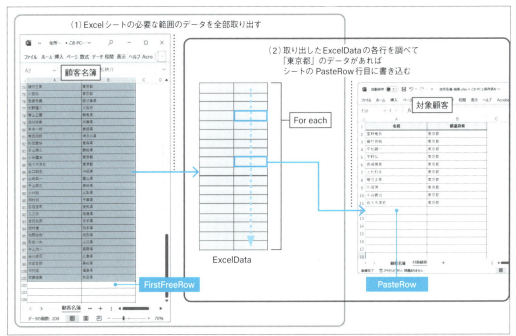

図4-5-4 シートのデータを選んで別のシートにコピーする仕組み

なお、顧客名簿のデータのどこまでを取り出すかを調べるために、「Excelワークシートから最初の空の列や行を取得」アクションを利用します。最初の空行が変数「FirstFreeRow」に入りますので、これを利用して顧客データ全体を取り出して変数「ExcelData」に保存します。

そして、「For each」アクションを使って、「ExcelData」の内容を一行ずつ確認しますが、「東京都」の顧客が見つかったら、変数「PasteRow」が指す行にデータを書き込みます。変数「PasteRow」の値は書き込みがあるたびに+1します。これにより上から順に顧客データを転記できます。

仕組みが分かったところで、今回作るフロー全体を確認してみましょう。

図 4-5-5　ここで作るフロー

1 Excelを起動してブックを開こう

まずは新しいフローを作りましょう。ここでは「シート間コピー」という名前をつけます。

最初にExcelを起動して、デスクトップに配置したExcelファイル「住所名簿.xlsx」を読み込みましょう。そのために、「フォルダー > 特別なフォルダーを取得」アクションと「Excel > Excelを起動」アクションを貼り付けましょう。

図 4-5-6　Excelを起動してブックを開こう

169

まず「特別なフォルダーを取得」アクションの設定ダイアログでは、「デスクトップ」を取得し、ここで生成された変数が「SpecialFolderPath」に設定されるのを確認しましょう。

図 4-5-7　デスクトップのパスを得よう

次いで、「Excelの起動」アクションの設定ダイアログでは、「住所名簿.xlsx」を読み込むようにします。以下の設定を指定しましょう。

ここで指定する値

項目	指定する値
Excelの起動	次のドキュメントを開く
ドキュメントパス	%SpecialFolderPath%\住所名簿.xlsx

以上の項目を入力したら「保存」ボタンを押しましょう。

図 4-5-8　住所名簿.xlsx を読み込もう

2　シート「顧客名簿」から必要なデータ全体を取り出す

Excelワークシート「顧客名簿」にあるデータの全体を読み込んで、変数「ExcelData」に保存しましょう。そのために次のステップが必要です。

- 手順 2-1 「顧客名簿」のシートをアクティブに設定
- 手順 2-2 データが書かれている最終行を取得して、変数 FirstFreeRow を得る
- 手順 2-3 必要なデータ全体を取得して、変数 ExcelData に入れる

2-1　「顧客名簿」のシートをアクティブにする

最初のステップとして「顧客名簿」のシートをアクティブに設定しましょう。「Excel > アクティブな Excel ワークシートの設定」アクションをキャンバスに貼り付けましょう。

図 4-5-9　「アクティブなExcelワークシートの設定」を貼り付けよう

170　Chapter 4　Excelを徹底活用してみよう

設定ダイアログが出たら以下の項目を入力しましょう。入力したら「保存」ボタンを押しましょう。

ここで指定する値

項目	ここで指定する値
次と共にワークシートをアクティブ化	名前
ワークシート名	顧客名簿

図 4-5-10 「顧客名簿」のシートをアクティブになるよう設定

2-2 シート内にある最初の空行を調べる

そして、アクション一覧から「Excel > Excelワークシートから最初の空の列や行を取得」アクションを貼り付けましょう。

図 4-5-11 「Excelワークシートから最初の空の列や行を取得」を貼り付け

設定ダイアログが表示されたら、最初の空行が変数「FirstFreeRow」に設定されることを確認して「保存」ボタンを押しましょう。

図 4-5-12 最初の空行が「FirstFreeRow」に設定されることを確認

2-3 シートの必要な部分を読み取ろう

そして、アクション一覧から「Excel > Excelワークシートから読み取る」のアクションを貼り付けましょう。

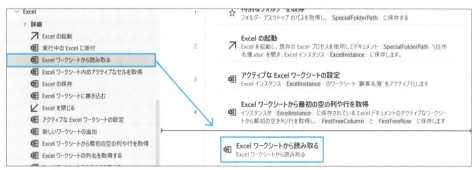

図 4-5-13 「Excelワークシートから読み取る」を貼り付け

設定ダイアログが出たら、シートの必要な範囲である、シートの左上「A2」（A列の2行目）からB列のデータ末尾までのデータを読み取るように設定しましょう。なぜ2行目なのかと言うと、1行目はヘッダ行なので不要だからです。

ここで指定する値

項目	指定する値
取得	セル範囲の値
先頭列	A
先頭行	2
最終列	B
最終行	%FirstFreeRow - 1%

図 4-5-14　すべてのデータを読み取るように設定しよう

上記の値を指定し、生成された変数に「ExcelData」が設定されることを確認したら、保存ボタンを押しましょう。

3　シート「対象顧客」をアクティブにする

続いて、データが空っぽのワークシート「対象顧客」をアクティブに切り替えましょう。「Excel > アクティブなExcelワークシートの設定」アクションをキャンバスに貼り付けましょう。

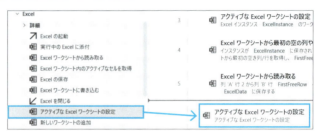

図 4-5-15　「アクティブなExcelワークシートの設定」を貼り付けよう

そして、「対象顧客」がアクティブになるように右のように設定ダイアログを指定して「保存」ボタンを押します。

図 4-5-16　「対象顧客」シートをアクティブにしよう

4　貼り付け用の変数PasteRowを初期化

次に、該当データを2行目から順番に「対象顧客」のシートに書き込むことができるようにします。何行目にデータを書き込むのかを表す変数を「PasteRow」という名前で利用することにしましょう。アクション一覧から「変数 > 変数の設定」を貼り付けましょう。

図 4-5-17　「変数の設定」を貼り付けよう

設定ダイアログが出たら、変数名を「PasteRow」に変更し、値を2にしましょう。1ではなく2を指定するのは、1行目にはヘッダ行があるためです。2行目の空白行から順に書き込むようにします。

図 4-5-18　変数「PasteRow」の値を2で初期化する

5 「For each」で読み取ったデータを繰り返す

先ほど手順 2 で読み取った変数「ExcelData」のデータを繰り返し確認しましょう。そのために、繰り返しを行うアクション「For each」を使いましょう。アクション一覧から「ループ > For each」を貼り付けます。

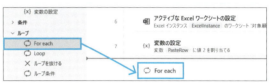

図 4-5-19　「For each」を貼り付けよう

設定ダイアログが出たら、「反復処理を行う値」として「%ExcelData%」を指定しましょう。そして、反復処理で取得するデータが変数「CurrentItem」に保存されることを確認したら「保存」ボタンを押します。

図 4-5-20　変数「ExcelData」を繰り返すように指定

6 「If」で東京都のときだけ処理するよう指定

次に、繰り返し確認するデータが「東京都」かどうかを確認しましょう。アクション一覧から「条件 > If」アクションを貼り付けましょう。このとき、アクションをドラッグして「For each」から「End」の間に配置しましょう。

図 4-5-21　「If」アクションを貼り付けよう

設定ダイアログが出たら、以下のように指定しましょう。これによって、B列（2列目）が東京都かどうかを判定します。後ほど詳しく紹介しますが、「%CurrentItem[0]%」でA列、「%CurrentItem[1]%」でB列を確認できます。

ここで指定する値

項目	設定する値
最初のオペランド	%CurrentItem[1]%
演算子	と等しい(=)
2場面目のオペランド	東京都

図 4-5-22 B列[2列目]が東京都かどうか確認しよう

設定したら「保存」ボタンを押しましょう。

7 シートにデータを書き込んで変数を1増やそう

そして、東京都のデータが見つかった場合、シートに書き込みを行って、書き込み先を表す変数「PasteRow」の値を1増やしましょう。そのために、アクションの一覧から「Excel > Excelワークシートに書き込む」と「変数 > 変数を大きくする」の2つのアクションを貼り付けましょう。このとき、「If」から「End」の間に配置されるようアクションをドラッグしましょう。

図 4-5-23 「Excelワークシートに書き込む」と「変数を大きくする」を貼り付けよう

「Excelワークシートに書き込む」アクションの設定ダイアログでは、A列の「%PasteRow%」行目に「%CurrentItem%」を書き込むように設定します。

ここで指定する値

項目	指定する値
書き込む値	%CurrentItem%
書き込みモード	指定したセル上
列	A
行	%PasteRow%

上記の値を指定したら「保存」ボタンを押します。それから「変数を大きくする」アクションでは、右のように変数「%PasteRow%」を1大きくするように指定したら「保存」ボタンをします。これにより、次回、次の行に書き込むようになります。

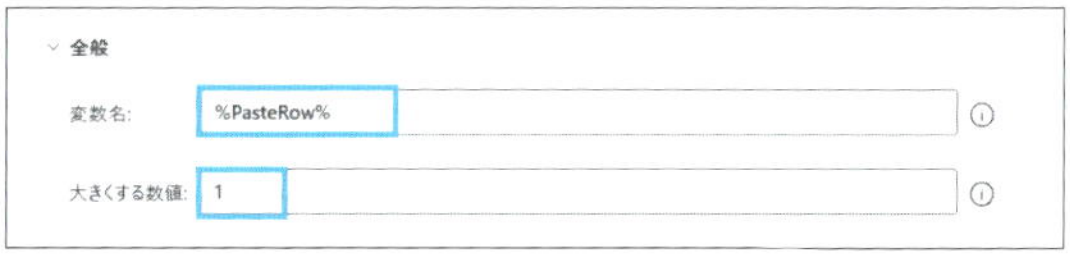

図 4-5-24 「ワークシートに書き込み」の設定ダイアログ

図 4-5-25 「変数を大きくする」の設定ダイアログ

8 Excelブックに名前をつけて保存して閉じよう

最後に、Excelブックに名前を付けて保存し、Excelが終了するようにします。アクション一覧から「Excel > Excelを閉じる」をキャンバスに貼り付けましょう。

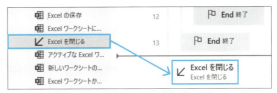

図4-5-26 「Excelを閉じる」アクションを貼り付けよう

設定ダイアログが出たら「住所名簿-結果.xlsx」というブックへ保存するように設定します。なお、自動処理を行う場合、設定ミスでファイルが壊れてしまうのを防ぐため、ファイルは上書きしないで「元ファイル名-結果」などの別名で保存するようにするとよいでしょう。指定を設定したら「保存」ボタンをクリックしましょう。

図4-5-27 別名で保存するように設定しよう

ここ指定する値

項目	指定する値
Excelを閉じる前	名前を付けてドキュメントを保存
ドキュメント形式	規定
ドキュメントパス	%SpecialFolderPath%\住所名簿-結果.xlsx

9 フローを実行しよう

フローが完成したら、画面上部の[実行ボタン]を押してみましょう。フローの実行には時間がかかります。Power AutomateがExcelを起動し、東京都の顧客だけを選んでシート「対象顧客」に転記します。

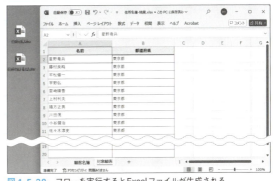

なお、Power Automateではわざとフローの動作速度を遅くしています。そのため、一度実行してみて、問題なく実行されたのを確認できたら、画面下部にある「実行遅延」の数値を少なくすると、高速にフローが動作するようになります。

図4-5-28 フローを実行するとExcelファイルが生成される

図4-5-29 Power Automateはわざと実行速度が遅くなるよう設定している

また、大量のデータを処理しないと行けない場合、最初はわざと少ないデータで試しておいて、問題なく実行できることを確認できたら、実行遅延を少なくして、大量のデータで試すとよいでしょう。

Excelシートを読み取り「For each」でデータを取り出すポイント

さて、ここで作成したフローのポイントは、何と言ってもExcelワークシートを読み取り、「For each」で順にデータを確認する部分です。For eachを使うことで、ワークシートから一行ずつ取り出して、順に処理していきます。

まず、手順 2 にある処理の通り、「アクティブなExcelワークシートの設定」アクションを実行して、読み取りを行うシートをアクティブにします。そして「Excelワークシートから読み取り」でシートを読み取ります。すると、変数「ExcelData」にデータテーブル型のデータが入ります。データテーブルは、二次元（行×列）のデータであり、Excelのシートに対応したデータが得られます。

そして「For each」アクションを使うと、データテーブルからデータを一行ずつ取り出すことができます。つまり、手順 5 で貼り付けた「For each」において、パラメーターに「%ExcelData%」を指定すると、「%CurrentItem%」には、シート内の各行のデータが得られます。

なお、このとき、「%CurrentItem%」は一行全部ですが、手順 6 で設定したように、「%CurrentItem[0]%」と記述するとA列のデータ、「%CurrentItem[1]%」でB列のデータ、「%CurrentItem[2]%」でC列のデータ…と各列の個別データを取り出すことができます。なお、データテーブルについてはp.151を、For eachと[ ]を使った指定については、p.121もご覧ください。

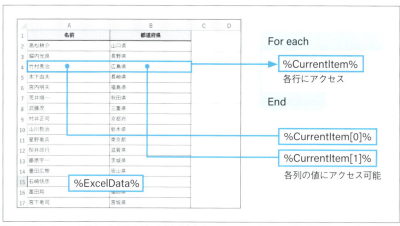

図4-5-30　For eachにシート全体のデータを与えたとき

まとめ

以上、本節では、条件に応じて必要なデータのみを別のシートにコピーする方法について解説しました。シート全体を読み込んで、「For each」と「If」アクションを組み合わせることで、必要なデータのみをコピーすることが可能です。シート間のコピーは応用範囲が広いので、改良して実際に役立ててみてください。

Chapter 4-6

ブック間のデータコピーを自動化しよう

| 難易度：★★★★☆ |

次にシート間のコピーではなく、異なるブック間のコピー＆ペーストを自動化する方法を確認しましょう。Excelブックを2つ開いておいて、必要な部分を選んでコピペすることもよくあるので覚えると便利です。

ここで学ぶこと

- 異なるExcelワークブックを開いてコピペしよう

ここで作るもの

- 商品カタログを元に値段を自動的に埋める（ch4/Excelブック商品照合.txt）

- Excelブックに含まれるワークシート一覧を得る（ch4/Excelワークシート一覧表示.txt）

複数のブックを開いて作業する例

異なる2つのExcelブックを開いておいて、前者のデータを確認しながら、もう1つの後者のブックにデータを移すという作業は頻繁に発生するものです。
たとえば、商品コードと値段が記載されたExcelブック「商品カタログ.xlsx」と、実際お客さんが購入した商品コードの一覧「購入品.xlsx」という2つのブックがあるとします。このとき、商品コードのみが記載された「購入品.xlsx」のブックに対して、商品の値段を書き込みたいとします。
そのような場合に、商品の値段を調べるために「商品カタログ.xlsx」を開いて、該当商品を探して値段を調べて「購入品.xlsx」に貼り付けるという作業を繰り返すことになります。

複数のExcelブックを開く2つの手法

上記の場合のように、複数のExcelブックを開く必要がある場合に、取れる戦略は2つです。まず、1つ目の方法ですが、単純に「Excelの起動」アクションを2つキャンバスに貼り付ける方法です。「Excelの起動」は一度に1つしか使えないわけではありません。一度に複数個貼り付けて使うことが可能です。このようにすると、複数のExcelブックを起動して、自由に操作することが可能です。

図4-6-1　2つのブックを開いて操作できる

もう1つの方法は、1つのブックを開いて、必要となるデータを読み取っておきます。そして、ブックを閉じたあとで、もう1つのブックを開くという方法です。たとえば、上記の例であれば、最初に商品カタログのブックを開いて必要なデータを全部読み取ります。そして、ブックを閉じます。そして、購入品のブックを開いて、すでに読み取ったデータを元にブックに書き込みを行います。

図 4-6-2　1つずつブックを開いていく

この前者と後者の違いですが、もう少し抽象化して考えるとよく分かります。次の図を確認してみてください。前者（図の左側）ではExcelを2つ起動して処理しますが、後者（図の右側）ではExcelを1つずつ起動して処理して閉じます。

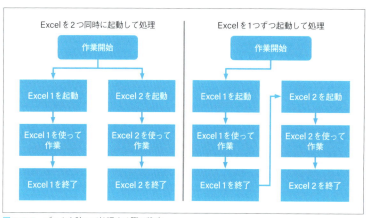

図 4-6-3　ブックを跨いで処理する際の戦略

どちらの手法がよいかはケースバイケースですが、前者の2つのExcelブックを開く方が、**使用メモリが多くなります**。メモリが少ない環境ではたくさんExcelブックを開くと動作が不安定になる可能性があります。しかし、この場合、直感的にExcelを操作できるというメリットがあります。

とはいえ、多くの場合では、後者のようにブックを開いて必要なデータだけ最初に読み取ったらブックを閉じて、別のブックを開くという方法でも問題なく動かすことができます。そこで、本節では**必要なデータだけ最初に読み取る**というこちらの方法を採用してみます。

商品カタログにある値段を購入品に追記しよう

ここでは、次のような2つのExcelブック「商品カタログ.xlsx」と「購入品.xlsx」を用意します。このファイルはサンプルに収録しています。デスクトップに配置しておきましょう。

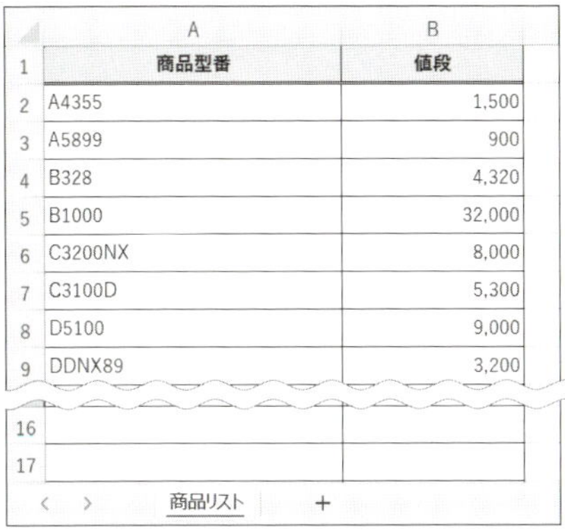

	A	B
1	商品型番	値段
2	A4355	1,500
3	A5899	900
4	B328	4,320
5	B1000	32,000
6	C3200NX	8,000
7	C3100D	5,300
8	D5100	9,000
9	DDNX89	3,200
16		
17		

図4-6-4 「商品カタログ.xlsx」の内容

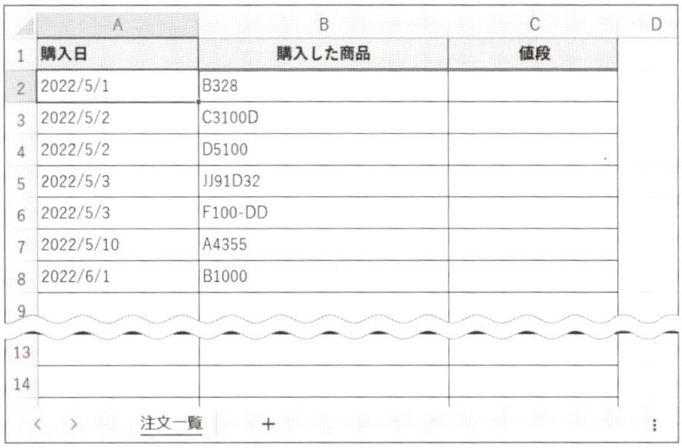

	A	B	C	D
1	購入日	購入した商品	値段	
2	2022/5/1	B328		
3	2022/5/2	C3100D		
4	2022/5/2	D5100		
5	2022/5/3	JJ91D32		
6	2022/5/3	F100-DD		
7	2022/5/10	A4355		
8	2022/6/1	B1000		
9				
13				
14				

図4-6-5 「購入品.xlsx」の内容 ――「値段」が空になっている

そして、「購入品.xlsx」のブックを見ると、「値段」のところが空になっています。そこで、商品カタログを見て、値段を埋める必要があります。項目が少ないうちはよいのですが、この作業が頻繁に生じると大変です。Power Automateで自動化してみましょう。

ここで作成するフローは以下のようなものです。

図4-6-6 作成するフロー

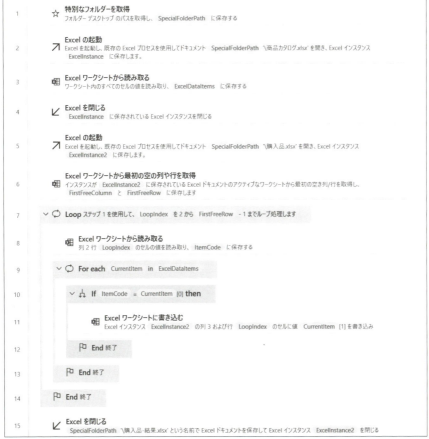

1 新規フローを作成してデスクトップフォルダーを得る

新しいフローを作成しましょう。名前は任意でつけてください。今回、操作対象となるExcelブックはデスクトップに配置します。そこで、デスクトップのフォルダーパスを取得します。「フォルダー > 特別なフォルダーを取得」アクションを貼り付けましょう。そして、変数「SpecialFolderPath」に設定されるようにします。

図 4-6-7 デスクトップフォルダーのパスを取得するよう設定

2 Excelを起動して商品カタログのシートを全部読み取る

最初に商品カタログのブックを開いて全部の値を読み取っておきましょう。ここでは以下の3つのアクションをキャンバスに貼り付けましょう。貼り付けたときに開く設定ダイアログはいったん閉じて、アクションを先に並べるとよいでしょう。

- 「Excel > Excelの起動」
- 「Excel > Excelワークシートから読み取る」
- 「Excel > Excelを閉じる」

図 4-6-8 3つのアクションをキャンバスに貼り付けよう

ここで、「Excelの起動」アクションでは「商品カタログ.xlsx」を読むように設定します。「Excelの起動」を「次のドキュメントを開く」にし、「ドキュメントパス」に「%SpecialFolderPath%\商品カタログ.xlsx」と記入します。

図 4-6-9 「商品カタログ.xlsx」を読むように設定しよう

そして、「Excelワークシートから読み取る」アクションでは、すべてのセルを読み取り、変数に保存されるように設定します。「取得」に「ワークシートに含まれる使用可能なすべての値」を指定しましょう。また、生成された変数を分かりやすい名前「ExcelDataItems」に変更します（**図4-6-10**）。

それから「Excelを閉じる」ですが、ここでは情報を読み取っただけなので、保存の必要はありません。何も設定せず「保存」ボタンを押して設定ダイアログを閉じます。

図4-6-10　シートを全部読み込むように設定しよう

3　Excelを起動して「購入品.xlsx」を読んで最初の空行を取得しよう

上記の手順で商品カタログのデータは読み取ったので、次にお客さんが購入した商品の一覧「購入品.xlsx」を開いて最初の空行がある位置を調べましょう。ここでは「Excel > Excelを起動」と「Excel > Excelワークシートから最初の空の列や行を取得」アクションを貼り付けましょう。

図4-6-11　「Excelを起動」と「最初の空の列や行を取得」アクションを貼り付けよう

「Excelを起動」の設定ダイアログが出たら右のように設定しましょう。「次のドキュメントを開く」を選び、「ドキュメントパス」に「%SpecialFolderPath%\購入品.xlsx」を指定しましょう。そして、生成された変数が「ExcelInstance2」に保存されることを確認しましょう。

図4-6-12　「購入品.xlsx」を開くように設定しよう

「Excelワークシートから最初の空の列や行を取得」アクションの設定ダイアログでは「Excelインスタンス」に「%ExcelInstance2%」を指定しましょう。これは新しく起動したExcelを表す値が入っています。そして最初の空行が変数「FirstFreeRow」に保存されることを確認したら「保存」ボタンを押します。

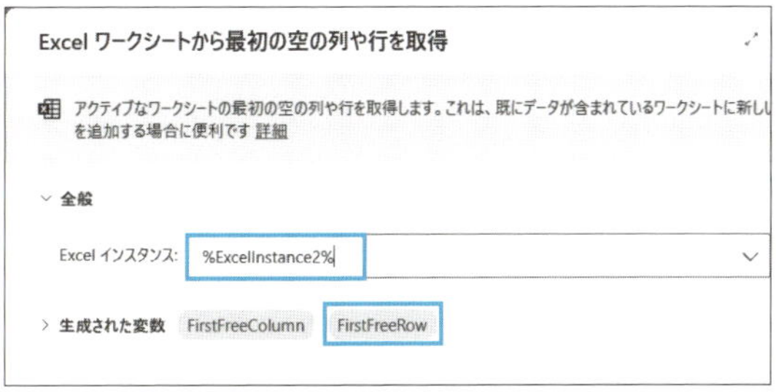

図4-6-13　「ExcelIntance2」の空行が得られるように設定しよう

4 購入した商品を繰り返すようにLoopを貼り付けよう

そして、購入した商品を一行ずつ確認するように、繰り返しを行う「ループ > Loop」アクションを貼り付けましょう。

図 4-6-14 「Loop」アクションを貼り付けよう

設定ダイアログが出たら次のように設定しましょう。「購入品.xlsx」を開くと1行目はヘッダ行なので、2行目から最初の空行の1つ上までを繰り返すように設定します。そのため、**開始値**を「2」に、**終了**を「%FirstFreeRow - 1%」、**増分**を「1」に指定します。また、生成された変数が「LoopIndex」（Loopの繰り返し回数を表す変数）となっていることを確認して「保存」ボタンを押します。

図 4-6-15 Loopアクションを設定しよう

5 シートから商品コードを読み取ろう

そして、LoopからEndまでの間に、アクション「Excel > Excelワークシートから読み取る」を貼り付けましょう。これで、シートから**毎行の商品コードを読み取る**ようになります。

図 4-6-16 「Excelワークシートから読み取り」を貼り付けよう

設定ダイアログが出たら次のように設定しましょう。「Excel インスタンス」に「%ExcelInstance2%」選択して、「取得」に「単一セルの値」を選択します。そして、「先頭列」を「2」（商品コードのある列）に、「先頭行」を「%LoopIndex%」を指定します。そして、生成された変数を「ItemCode」に**変更**して「保存」ボタンを押します。

図 4-6-17 商品コードを読み取るように設定しよう

6 商品カタログを順に検索して値段を書き込もう

お客さんの購入した商品コードを読み取ったので、次に**商品カタログ内を検索して商品の値段をシートに書き込み**ましょう。そのために、次の3つのアクションをキャンバスに貼り付けましょう。貼り付けたときに開く設定ダイアログはいったん閉じて、アクションを先に並べるとよいでしょう。

- 手順 6-1 「ループ > For each」アクション
- 手順 6-2 「条件 > If」アクション
- 手順 6-3 「Excel > Excelワークシートに書き込む」アクション

これらのアクションを次の図のように入れ子状に配置しましょう。

図4-6-18　「For each」、「If」、「シートに書き込み」のアクションを貼り付けよう

6-1 「For each」で商品カタログを毎行処理

まず、「For each」アクションです。このフローでは商品カタログのデータを繰り返し検索します。そのために、For Eachの設定ダイアログで、反復を行う値として、手順 2 で読み取った変数の「%ExcelDataItems%」を指定します。この値は、**データテーブル型**です。そして、反復して処理するデータの保存先が「CurrentItem」になっていることを確認しましょう。

図4-6-19　商品カタログのデータを1つずつ繰り返すように設定しよう

6-2 「If」で商品コードが合致するか判定

次に「If」アクションです。「For each」で商品カタログを1つずつ確認する中で、**商品コードが合致する**かを判定します。そのために、Ifの設定ダイアログでは右のように指定します。
最初のオペランドに手順 5 で読み取った商品コード「%ItemCode%」を指定します。演算子は「と等しい(=)」を選択し、2番目のオペランドに商品コードである「%CurrentItem[0]%」を指定します。ここで「%CurrentItem[0]%」というのは、商品カタログのA列にある商品コードを指しています。

図4-6-20　「if」アクションの設定

6-3 「Excelワークシートに書き込む」で値段を書き込む

「Excelワークシートに書き込む」アクションで、商品の値段をシートに書き込みます。ここでは、次のように指定します。

183

ここで指定する値

項目	記入する値
Excelインスタンス	%ExcelInstance2%
書き込む値	%CurrentItem[1]%
書き込みモード	指定したセル上
列	3
行	%LoopIndex%

なお、「**%CurrentItem[1]%**」というのは、**商品の値段**を指しており、列の「3」というのは、ExcelシートのC列目を意味しており、「C」と書くこともできます。

図4-6-21 商品の値段をシートに書き込むように指定

7 Excelを保存して閉じよう

Excelブックを保存して閉じるようにしましょう。本来、ブックを上書き保存してもよいのですが、処理前と処理後のブックが比較できるよう、ここでは「**購入品-結果.xlsx**」という名前で保存するようにします。「Excelを閉じる」アクションを貼り付けましょう。

そして、結果をデスクトップに保存するために、次のように設定しましょう。

図4-6-22 「Excelを閉じる」を貼り付けよう

ここで指定する値

項目	記入する値
Excelインスタンス	%ExcelInstance2%
Excelを閉じる前	名前を付けてドキュメントを保存
ドキュメント形式	規定
ドキュメントパス	%SpecialFolderPath%\購入品-結果.xlsx

図4-6-23 ブックを保存するように設定しよう

8 実行してみよう

以上で完成です。画面上部の[実行ボタン]を押してフローを実行してみましょう。すると、右のような「購入品-結果.xlsx」というExcelブックが保存されます。値段を見ると正しく商品コードに応じた値段が設定されていることを確認しましょう。

図4-6-24 実行すると「購入品-結果.xlsx」というファイルが生成される

なお、フローの実行には時間が掛かります。一度実行してみて、問題なく動いているようなら、一度停止しExcelブックを閉じます。それから、「実行遅延」(p.175参照)の値を小さくしてから、再度実行してみるとよいでしょう。

図 4-6-25　正しく動くようなら実行遅延を小さくしよう

シートから値を読み取る方法の違いに注意

さて、ここでは複数のExcelワークブックを処理するフローを見ましたが、ちょっと難しく感じる点があったでしょうか。Chapter 4-5と同じく、ここでも「Excelワークシートから読み取り」アクションの使い方が鍵となってきます。

まずは、基本から確認してみましょう。Excelのワークシートからセルを取得する方法には主に「単一セルの値」を得る方法と、「ワークシートに含まれる使用可能なすべての値」を得る方法があります。

図 4-6-26　Excelワークシートから読み取りの使い方が鍵

ここで取得方法として「単一セルの値」を指定したとき、Excelの指定の列、指定の行を取得できます。このとき、A列を1、B列を2、C列を3・・・と数えた値を先頭列に指定します。

しかし、今回の手順 6 を振り返ってみると分かりますが、取得方法で「ワークシートに含まれる使用可能なすべての値」でシート全体を取得したあと、そこから任意の列の値を取り出したい場合、先頭の列から0、1、2・・・と0起点で指定しなくてはなりません。

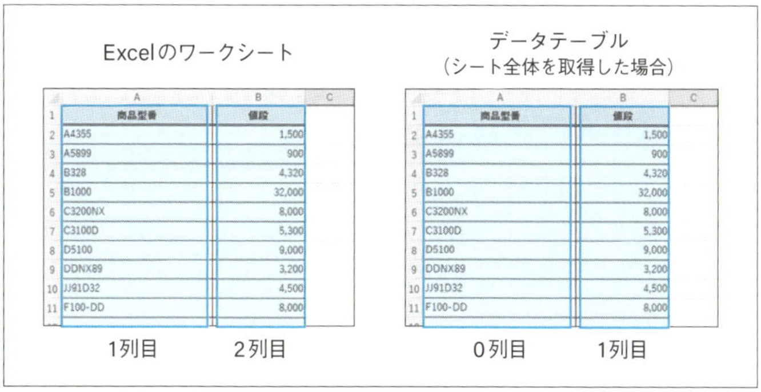

実は、ワークシート上の複数の値を読み取ると「データテーブル型」のデータに変換されるのですが、データテーブル型のデータは0起点なのです。Excelのシートは1起点なのに、ちょっとややこしいですね。Excelの行列の数え方と、シートを読み取ったデータテーブル型のデータは数え方が異なるということを覚えておきましょう。

図 4-6-27　行列の数え方の違い

185

複数のワークシートを含む場合のポイント

「Excelワークシートから読み取り」アクションを使えば、シート全体が取り出せます。そのため、1枚のワークシートしかない本節のフローでは、手軽にブックにある全部のデータを取り出せました。もし、複数のシートにデータが分かれていた場合、どのようにすればよいでしょうか。

なお、Chapter 4-5では複数のワークシートを切り替えて作業をする方法を紹介しました。もし、複数のシートを含むブックを扱う場合には、Chapter 4-5と同じように処理を行います。つまり、「アクティブなExcelワークシートの設定」アクションを使って、アクティブなシートを切り替えながら、シートを1枚ずつ切り替えながらデータを処理していきます。

もし、何枚のシートがあるのか不明な場合には、「Excel > 詳細 > すべてのワークシートの取得」アクションを使います。すると、シート名の一覧が得られますので、「For each」を使って連続でシートを読み取ることが可能です。

以下は、Excelファイルを選択すると、そのファイルに含まれるシートを1つずつメッセージボックスで表示するというフローです(サンプルファイルに「ch4/Excelワークシート一覧表示.txt」という名前で保存しています)。

図 4-6-28　Excelのシート一覧を列挙するフロー

まとめ

ここでは、複数のExcelブックを開いて、作業する方法を紹介しました。手作業でコピー&ペーストするのは面倒な上に、うっかり間違いも多くなります。できる限り自動化しておくと便利です。ここで見たように、Power Automateなら十数個のアクションを貼り付けるだけで簡単な自動化が実現できます。

Chapter 4-7

Excel名簿の名前の列を姓と名に分離しよう

難易度：★★★☆☆

Excelの各行を処理する際、セルのデータに基づいて何かしらの処理をして別のセルに貼り付けたい場合があります。ここでは、Excel名簿にある名前を姓と名に分割して別のセルに入れてみましょう。

ここで学ぶこと

- スペースで文字列を分割する

- 1つのセルの値を2つに分ける

ここで作るもの

- Excel名簿の名前列を姓と名の列に分ける（ch4/Excel名簿で姓と名に分割.txt）

- 「テキストの分割」アクションの使用例（ch4/テキスト分割の例.txt）

Excel名簿を姓と名前に分割しよう

Excelで名簿を作るとき、姓と名を別々の列に配置して作ることがあります。しかし、名前を1つの列にまとめて入力してしまい、後から別々の列にすればよかったと後悔することもあります。もしも、名前の姓と名をスペースで区切ってあるなら、簡単なフローを作って気軽に分割が可能です。
ここでは、ExcelのA列に記入した名前を半角スペースで区切ってB列とC列に分割するフローを作ってみましょう。ここで作るフローは右のようなものです。

図4-7-1 名前の列を姓と名に分割するフロー

[準備] 名前一覧を入力したExcelブックを用意

最初に右のようなExcelブックを用意しましょう。A列に名前を入力しておきます。このとき、姓と名の間にスペースを入れておきます。本書のサンプルにも収録しています。このブックを「名簿-姓名.xlsx」という名前で保存して、デスクトップにコピーしましょう。

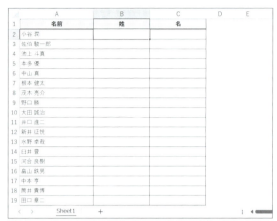

図 4-7-2　デスクトップに「名簿-姓名.xlsx」という名前で保存しよう

1　Excelを起動して名簿を読み込もう

デスクトップに配置したExcelファイル「名簿-姓名.xlsx」を読み取るように設定しましょう。「フォルダー > 特別なフォルダーを取得」と「Excel > Excelの起動」アクションをキャンバスに貼り付けましょう。

図 4-7-3　「特別なフォルダーを取得」と「Excelの起動」を貼り付けよう

設定ダイアログが出たら右のように設定しましょう。「特別なフォルダーを取得」ではデスクトップのパスを得て変数「SpcialFolderPath」に保存するように指定して「保存」ボタンを押しましょう。

図 4-7-4　デスクトップのパスを取得しよう

続いて「Excelの起動」の設定では、ファイル「名簿-姓名.xlsx」を開くように設定しましょう。

ここで指定する値

項目	指定した値
Excelの起動	次のドキュメントを開く
ドキュメントパス	%SpecialFolderPath%\名簿-姓名.xlsx

図 4-7-5　Excelブックを開くようにしよう

2 ワークシートの最下行を調べよう

Excelを起動させたら、次にシートの最下行を調べるようにしましょう。アクション一覧から「Excel > Excelワークシートから最初の空の列や行を取得」を貼り付けましょう。

図 4-7-6 「Excelワークシートから最初の空の列や行を取得」を貼り付けよう

設定ダイアログが表示されたら、最初の空行が変数「FirstFreeRow」に保存されることを確認して「保存」ボタンをクリックしましょう。

図 4-7-7 設定ダイアログで変数名を確認して保存ボタンを押そう

3 繰り返しシートから名前を読み取ろう

続いて、Excelシートの各行を順に読み取るように、アクションを貼り付けましょう。「ループ > Loop」と「Excel > Excelワークシートから読み取る」のアクションをキャンバスに貼り付けましょう。読み取りのアクションは、「Loop」から「End」までの間に配置しましょう。

図 4-7-8 Loopと読み取りのアクションを貼り付けよう

設定ダイアログが表示されたら右のように設定しましょう。まず、「Loop」アクションでは、開始値を「2」、終了を「%FirstFreeRow - 1%」（シートの最下行）、増分を「1」に指定します。生成された変数が「LoopIndex」に保存されることを確認して「保存」ボタンを押しましょう。

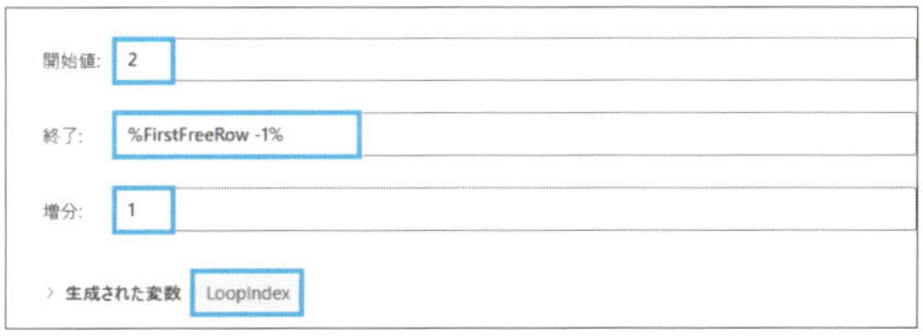

図 4-7-9 「Loop」アクションを設定しよう

続いて「Excelワークシートから読み取る」アクションで右のように設定しましょう。Excelワークシートの1列目（名前の列）を毎行読むように指定しましょう。取得方法を「単一セルの値」、先頭列を「1」、先頭行を「%LoopIndex%」に設定します。そして、生成された変数が「FullName」に保存されるように変更して「保存」ボタンをクリックしましょう。

図 4-7-10 名前の列を読み取るように設定しよう

189

4 テキストをスペースで分割しよう

次に読み取った値について、スペースで分割します。「テキスト > テキストの分割」アクションをキャンバスに貼り付けましょう。「Excelワークシートから読み取る」のすぐ下、「Loop」内に貼り付けてください。

図 4-7-11 「テキストの分割」アクションを貼り付けよう

そして、設定ダイアログが出たら、右のように手順 3 で読み取った名前を分割するようにします。そこで、分割するテキストを「%FullName%」、区切り記号の種類「標準」、区切り記号「スペース」、回数を1とします。生成された変数が「TextList」に保存されることを確認して「保存」ボタンをクリックします。

図 4-7-12 「テキストの分割」のアクションを設定しよう

ここで指定した値

項目	指定する値
分割するテキスト	%FullName%
区切り記号の種類	標準
標準の区切り記号	スペース
回数	1

5 ワークシートに書き込もう

アクション一覧から「Excelワークシートに書き込む」アクションを2つキャンバスに貼り付けましょう。手順 4 で区切った変数「TextList」の値をそれぞれセルに書き込むようにします。

図 4-7-13 「Excelワークシートに書き込む」アクションを2つ貼り付けよう

190　Chapter 4　Excelを徹底活用してみよう

それで、「Excelワークシートに書き込む」アクションで次のように指定しましょう。

ここで指定する値

項目	1つ目のアクションに指定する値	2つ目のアクションに指定する値
書き込む値	%TextList[0]%	%TextList[1]%
書き込みモード	指定したセル上	指定したセル上
列	2	3
行	%LoopIndex%	%LoopIndex%

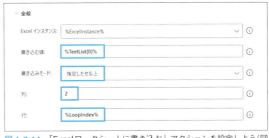

図4-7-14 「Excelワークシートに書き込む」アクションを設定しよう(図は1つ目のアクションの設定値)

6 Excelを保存して閉じよう

最後にアクション一覧から「Excelを閉じる」アクションを貼り付けましょう。そして編集した結果を「名簿-姓名-結果.xlsx」に保存するようにしましょう。

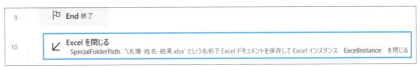

図4-7-15 「Excelを閉じる」アクションを貼り付けよう

設定ダイアログが出たら次のように指定しましょう。

ここでは指定する値

項目	指定する値
Excelを閉じる前	名前を付けてドキュメントを保存
ドキュメント形式	既定
ドキュメントパス	%SpecialFolderPath%\名簿-姓名-結果.xlsx

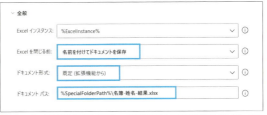

図4-7-16 設定ダイアログでExcelが閉じるときに保存するようにしよう

設定したら「保存」ボタンを押しましょう。

7 実行してみよう

画面上部の[実行ボタン]を押してみましょう。名前の列を元にして、姓と名に分割して設定しましょう。実行が完了すると「名簿-姓名-結果.xlsx」に結果を保存します。このExcelファイルを開くと次のように表示されます。

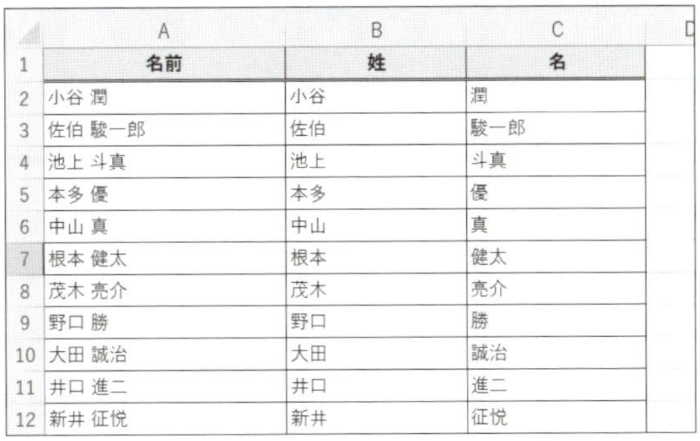

	A	B	C
1	名前	姓	名
2	小谷 潤	小谷	潤
3	佐伯 駿一郎	佐伯	駿一郎
4	池上 斗真	池上	斗真
5	本多 優	本多	優
6	中山 真	中山	真
7	根本 健太	根本	健太
8	茂木 亮介	茂木	亮介
9	野口 勝	野口	勝
10	大田 誠治	大田	誠治
11	井口 進二	井口	進二
12	新井 征悦	新井	征悦

図4-7-17 実行したところ

テキストを分割する方法を確認しよう

さて、今回のフローのポイントを確認してみましょう。ここでのポイントは、テキストの分割です。テキストを分割するとリスト型になります。

もう少し簡単なフローで試してみましょう。ここでは、「知恵＋勇気＋愛」という文字列を記号「＋」で分割してメッセージボックスに表示する例を作ってみましょう。

以下のように「テキスト＞テキストの分割」と「テキスト＞テキストの結合」と「メッセージボックス＞メッセージを表示」の3つのアクションを貼り付けます。

図 4-7-18　テキスト分割と結合の例を作ってみよう

「テキストの分割」アクションは次のように設定しましょう。区切り記号の種類を「カスタム」にして記号に「＋」を指定します。分割した変数が「TextList」に保存されることを確認しましょう。

図 4-7-19　テキストを分割しよう

ここでは、ついでに「テキストの結合」アクションも試してみましょう。「結合するリストを指定」に先ほど分割した「%TextList%」を指定します。そして、「リスト項目を区切る記号」を「カスタム」とし、カスタム区切り記号に「と」を指定します。結合結果が変数「JoinedText」に設定されることを確認しましょう。

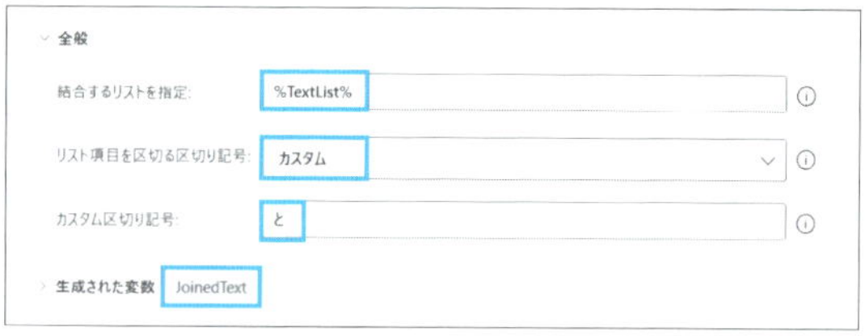

図 4-7-20　分割したテキストを結合しよう

次に「メッセージを表示」アクションでは、テキストの分割と結合の結果を表示するようにしましょう。次のテキストを指定します。

指定する内容

```
%JoinedText%
♪ %TextList[0]% ♪
♪ %TextList[1]% ♪
♪ %TextList[2]% ♪
```

図 4-7-21　分割したテキストを一行ずつ表示するように設定しよう

そして、フローを実行してみると、右のように表示されます。

テキストの分割と結合をうまく活用すると、いろいろな処理をスマートに扱えます。覚えておきましょう。

図 4-7-22
テキストを分割して一行ずつに
表示してみたところ

[改造のヒント] 全角スペースで区切ってある場合は？

なお、本節で紹介したフローは、半角スペースで区切られていることを想定しています。そのため、名字と名前が全角スペースで区切られている場合には正しく動作しません。このような場合はどうすればよいでしょうか。

1つの方法は、「テキストの分割」アクションで、カスタム記号の全角スペースを指定することです。**図4-7-23**のように、区切り記号の種類を「カスタム」にすると任意の記号を使ってテキストを分割できます。ただし、カスタム区切り記号に全角スペースを直接指定することはできません。計算式が展開されることを利用して「%'　'%」のように記述します。なお、「'」の記号はシングルクォートと言って、一般的なJISキーボードでは、[Shift]＋[7]で入力できます。

もう1つの方法は、全角スペースを半角スペースに置換してからテキスト分割する方法です。この方法なら、全角スペース、半角スペースのどちらで区切られていても、同じように区切ることができるので、より実用的になります。

この場合、手順 3 の「Excelワークシートから読み取り」アクションと手順 4 の「テキストの分割」アクションの間に、「テキスト > テキストを置換する」アクションを挿入します。そして、全角スペースを半角スペースに置換する次の設定を入力します（**図4-7-24**）。

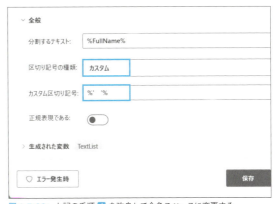

図 4-7-23　上記の手順 4 を改良して全角スペースに変更する

ここで指定する値

項目	指定する値
解析するテキスト	%FullName%
検索するテキスト	%' '% (空白部分は全角スペース)
置き換え先のテキスト	%' '% (空白部分は半角スペース)
生成された変数	%FullName%

> **HINT**
>
> なお、もう一点、この設定ダイアログで注目したいのは、解析するテキストに変数「FullName」を指定しているのですが、生成された変数の部分にも、FullNameを指定しています。このように、生成された変数には、既存の変数名を指定することもできます。

図4-7-24 「テキストの置換」アクションを使う方法

まとめ

ここでは「テキストの分割」アクションを利用して、Excelの一列を二列に分割する方法を紹介しました。このように、Loopアクションを使うことで、複数行のデータを一気に処理できます。一連の手順をしっかり覚えておきましょう。

COLUMN

Power AutomateがExcelマクロを駆逐する?

ここで改めて言うまでもなく、Excelマクロはとても便利です。Excelマクロを使うと、Excelの操作を記録したり、自動で実行したりすることができます。

しかし、Power AutomateにはExcelのためのアクションがたくさん用意されており、一覧からアクションを貼り付けていくことで、Excelを自動操作できます。これによって、これまでExcelマクロ(VBA)が担っていた部分を自動化できます。

Power Automateの登場で、Excelマクロの出番も今後は少なくなっていきそうな勢いです。その理由の一つが、マウスで手軽に自動化できるので、より多くのユーザーがExcel自動化に携われるようになることです。そして、もう一つの理由がセキュリティ上の理由です。Excelマクロの実態は、VBAと呼ばれるプログラミング言語です。Windowsのさまざまな機能にアクセスできるため、VBAを使って多くのウィルスが作られました。これに対して、現在のところ、Power Automateで作ったフローは、容易に他人に配布できないようになっているため、メールやWebサイトを通じての感染を心配する必要はないでしょう。

もちろん、マイクロソフトはこれまで互換性を大切にしています。また、すでにVBAのセキュリティに配慮した機構も取り入れられています。そのため、Excelマクロがいきなり使えなくなることは当分ないでしょう。しかし、上記の理由からExcelマクロよりも、Power Automateを採用する場面も増えていくことでしょう。

Chapter 4-8
シャッフルを利用して自動で Excel当番表を作ろう

難易度：★★★☆☆

何かしらの当番や割当を決めるのは面倒なものです。公平に当番を決めないとクレームが出る場合もあります。ここでは公平に「リストのシャッフル」を利用して当番表を作成してみましょう。

ここで学ぶこと

- 複数シートの扱い
- 「リストのシャッフル」アクションの使い道

ここで作るもの

- 当番表を自動的に作成（ch4/当番表を自動で作成.txt）

勤務シフトの作成業務を自動化しよう

本章を通して、Excelの操作にはだいぶ慣れたでしょうか。ここでは、「シャッフル」アクションを活用して、ランダムに当番表を作成してみましょう。

本節で作成するのは、日々の掃除当番表です。毎回、同じ掃除場所、同じメンバーで担当すると、みんな飽きてしまうので、公平にランダムに当番を割り当てようと思います。

ここで作成するフローは右の通りです。

図4-8-1 ここで作成するフロー

[前準備] 名簿と仕事の2つのシートを準備しよう

最初に、Excelで「当番表.xlsx」というワークブックを作成しましょう。まず「名簿」と「当番表」という2つのシートを作成します。

まず「名簿」シートを作成しましょう。フローを簡単にするため、掃除に参加するのは9人の固定メンバーとします。「名簿」シートには、9人の名前を記述します（**図4-8-2**）。

続けて「当番表」というシートを作りましょう。A列には日付、B、C、D列が廊下、E、F、G列がトイレ、H、I、J列が教室の掃除に割り当てられるようにします（**図4-8-3**）。

図 4-8-2　掃除に参加するメンバーを名簿シートに記述

図 4-8-3　空の当番表のシートを作ろう

そして、作成したExcelブック「当番表.xlsx」を**デスクトップにコピー**しましょう。

1　Excelを起動して当番表を読み込もう

最初にExcelを起動して当番表を読み込みましょう。「フォルダー > 特別なフォルダーを取得」と「Excel > Excelの起動」をキャンバスに貼り付けましょう。

図 4-8-4　Excelを起動して当番表を読み込むようアクションを貼り付けよう

「特別なフォルダーを取得」アクションの設定ダイアログが出たら「デスクトップ」を選択しましょう。そして、デスクトップのパスが変数「SpecialFolderPath」に設定されることを確認して「保存」ボタンを押しましょう。

図 4-8-5　デスクトップのパスが得られるように設定

続いて、「Excelの起動」アクションでは、デスクトップに配置した「当番表.xlsx」を読み込むように設定しましょう。次のように設定したら「保存」ボタンを押しましょう。

ここで指定する値

項目	指定する値
Excelの起動	次のドキュメントを開く
ドキュメントパス	%SpecialFolderPath%\当番表.xlsx

図4-8-6　当番表を開くように設定しよう

2 名簿のシートから名簿データを取り出そう

次に「名簿」のシートをアクティブにして、シートから値を読み取ります。「Excel > アクティブなExcelワークシートの設定」と「Excel > Excelワークシートから読み取る」の2つのアクションをキャンバスに貼り付けましょう。

図4-8-7　Excelシートの選択と読み取るのアクションを貼り付けよう

「アクティブなExcelワークシートの設定」の設定ダイアログが出たら、「次と共にワークシートをアクティブ化」に「名前」を選択し、「ワークシート名」に「名簿」を指定しましょう（**図4-8-8**）。

今回、名簿に記載されているのは9人と決まっているので、A列（1番目）の2行目から10行目まで9人分の名前を一度に読み取ることにします。次のように設定しましょう（**図4-8-9**）。

ここで指定する値

項目	指定する値
取得	セル範囲の値
先頭列	1
先頭行	2
最終列	1
最終行	10

そして、生成された変数として、「ExcelData」に読み取った値が設定されることを確認したら「保存」ボタンを押しましょう。

図4-8-8　「名簿」のシートをアクティブにしよう

図4-8-9　「Excelワークシートから読み取る」では9人の名前を一覧から読み取ろう

3 名簿データをリストとして取得しよう

上記の手順 2 で読み取ったデータは、データテーブル型（二次元のデータ）です。そこで、名前が書かれている先頭列をリストとして取り出すと扱い易くなります。アクション一覧から「変数 > データテーブル列をリストに取得」アクションを貼り付けましょう。

図 4-8-10　「データテーブル列をリストに取得」アクションを貼り付けよう

設定ダイアログが出たら、0 列名を取り出すように、データテーブルに「%ExcelData%」を、列名またはインデックスに「0」を指定しましょう。そして、取り出したリストが変数「Names」に設定されるように、生成された変数を書き換えます。指定したら「保存」ボタンを押しましょう。

図 4-8-11　データテーブルから名前の一覧を取り出して変数「Names」に設定しよう

4 当番表をアクティブにして空行を調べよう

次に、当番表のシートをアクティブにして、当番表が何行あるのかを調べます。アクションの一覧から「Excel > アクティブな Excel ワークシートの設定」と「Excel > Excel ワークシートから最初の空の列や行を取得」アクションを貼り付けましょう。

図 4-8-12　「Excel ワークシートから最初の空の列や行を取得」アクションを貼り付ける

「アクティブな Excel ワークシートの設定」のダイアログが出たら、「次と共にワークシートをアクティブ化」で「名前」を選び、「ワークシート名」で「当番表」と入力して、これがアクティブになるように指定しましょう。そして「保存」ボタンを押しましょう。

図 4-8-13　「当番表」をアクティブにするように設定しよう

次に「Excelワークシートから最初の空の列や行を取得」の設定ダイアログでは、最初の空行が変数「FirstFreeRow」に保存されることを確認して「保存」ボタンを押しましょう。

図 4-8-14　空行を取得して変数「FirstFreeRow」に結果が設定されることを確認しよう

5　名簿をシャッフルして当番表を埋めよう

次に、繰り返しシャッフルを行って、当番表に名簿を書き込んで行きましょう。「ループ > Loop」アクションを貼り付け、その内側に「変数 > リストのシャッフル」を貼り付けましょう。また、その下に「ループ > Loop」アクションと「Excel > Excelワークシートに書き込み」アクションを貼り付けます。次の図のような配置になるようアクションの位置に注意しましょう。貼り付けたときに開く設定ダイアログはいったん閉じて、アクションを先に並べるとよいでしょう。

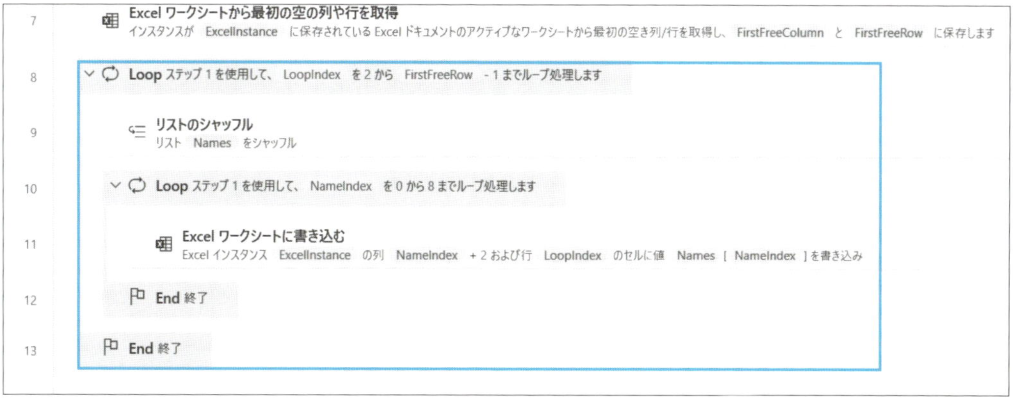

図 4-8-15　当番表を順に埋めるようアクションを配置しよう

まず、最初の「Loop」アクションの設定ダイアログでは、当番表の「2」行目から最終行「%FirstFreeRow-1%」まで、1行ずつ順に繰り返すように値を指定します。

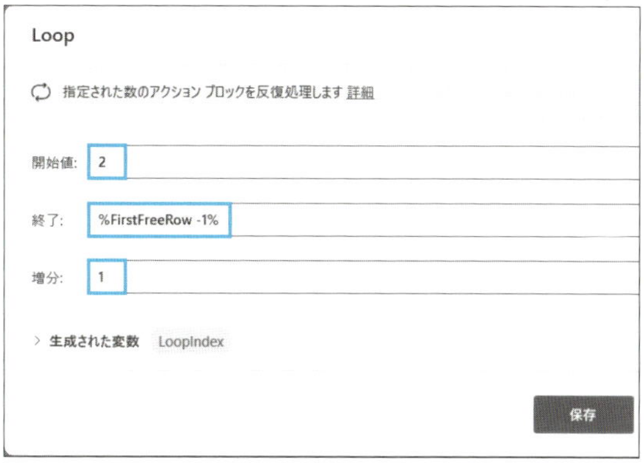

図 4-8-16　当番表の各行を処理するように「Loop」アクションを指定しよう

そして、名簿をシャッフルします。「リストのシャッフル」の設定ダイアログが出たら手順 3 で取得した「%Names%」を指定して「保存」ボタンを押しましょう。

図 4-8-17　名簿リストの「%Names%」がシャッフルされるように指定

2つ目の「Loop」アクションは、シャッフルされた名簿（9人分）をシートの一行分に書き込むために使います。開始値「0」、終了「8」、増分「1」を指定しましょう。なお、繰り返し回数が分かりやすくなるように、生成された変数の名前を「NameIndex」に変更しましょう。

図 4-8-18　名簿を書き込むために「Loop」アクションを設定

そして「Excelワークシートに書き込み」アクションの設定ダイアログでは右のように設定しましょう。これにより、当番表に名簿が書き込まれます。

ここで指定する値

項目	指定する値
書き込む値	%Names[NameIndex]%
書き込みモード	指定したセル上
列	%NameIndex + 2%
行	%LoopIndex%

図 4-8-19　シートに名簿を書き込むよう設定しよう

6　名前を付けてExcelを閉じよう

最後に「Excelを閉じる」アクションを貼り付けましょう。

図 4-8-20　「Excelを閉じる」アクションを貼り付けよう

ここでは、デスクトップの「当番表-結果.xlsx」に結果が保存されるようにします。右のように設定しましょう。

ここで指定する値

項目	指定する値
Excelを閉じる前	名前を付けてドキュメントを保存
ドキュメント形式	既定
ドキュメントパス	%SpecialFolderPath%\当番表-結果.xlsx

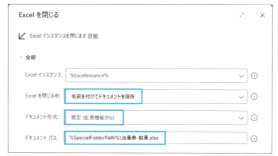

図4-8-21　結果がブックに保存されるよう設定しよう

7 実行してみよう

以上で完成です。[実行ボタン] を押してフローを動かしてみましょう。軽く動かして問題がなければ、一度途中で止めて、画面最下行にある「実行遅延」(p.175参照)に小さな値(30など)を指定して、改めて実行してみましょう。最後まで実行されると、デスクトップに「当番表-結果.xlsx」というExcelブックが保存されます。開いてみると、次のように当番表が完成しています。

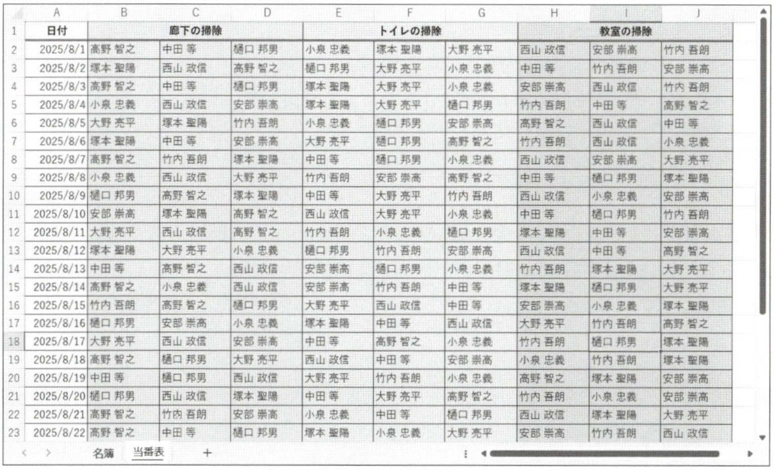

	A	B	C	D	E	F	G	H	I	J
1	日付	廊下の掃除			トイレの掃除			教室の掃除		
2	2025/8/1	高野 智之	中田 等	樋口 邦男	小泉 忠義	塚本 聖陽	大野 亮平	西山 政信	安部 崇高	竹内 吾朗
3	2025/8/2	塚本 聖陽	西山 政信	高野 智之	樋口 邦男	大野 亮平	小泉 忠義	中田 等	竹内 吾朗	安部 崇高
4	2025/8/3	高野 智之	中田 等	樋口 邦男	塚本 聖陽	大野 亮平	小泉 忠義	安部 崇高	西山 政信	竹内 吾朗
5	2025/8/4	小泉 忠義	西山 政信	安部 崇高	塚本 聖陽	大野 亮平	樋口 邦男	竹内 吾朗	中田 等	高野 智之
6	2025/8/5	大野 亮平	塚本 聖陽	竹内 吾朗	小泉 忠義	樋口 邦男	安部 崇高	高野 智之	西山 政信	中田 等
7	2025/8/6	塚本 聖陽	中田 等	安部 崇高	大野 亮平	樋口 邦男	高野 智之	竹内 吾朗	西山 政信	小泉 忠義
8	2025/8/7	高野 智之	竹内 吾朗	塚本 聖陽	中田 等	樋口 邦男	小泉 忠義	西山 政信	安部 崇高	大野 亮平
9	2025/8/8	小泉 忠義	西山 政信	大野 亮平	竹内 吾朗	安部 崇高	高野 智之	中田 等	樋口 邦男	塚本 聖陽
10	2025/8/9	樋口 邦男	高野 智之	塚本 聖陽	中田 等	大野 亮平	竹内 吾朗	西山 政信	小泉 忠義	安部 崇高
11	2025/8/10	安部 崇高	塚本 聖陽	高野 智之	西山 政信	大野 亮平	小泉 忠義	中田 等	樋口 邦男	竹内 吾朗
12	2025/8/11	大野 亮平	西山 政信	高野 智之	竹内 吾朗	小泉 忠義	樋口 邦男	塚本 聖陽	中田 等	安部 崇高
13	2025/8/12	塚本 聖陽	大野 亮平	小泉 忠義	樋口 邦男	竹内 吾朗	安部 崇高	西山 政信	中田 等	高野 智之
14	2025/8/13	中田 等	高野 智之	西山 政信	安部 崇高	樋口 邦男	小泉 忠義	竹内 吾朗	塚本 聖陽	大野 亮平
15	2025/8/14	高野 智之	小泉 忠義	西山 政信	安部 崇高	竹内 吾朗	中田 等	塚本 聖陽	樋口 邦男	大野 亮平
16	2025/8/15	竹内 吾朗	高野 智之	樋口 邦男	大野 亮平	西山 政信	中田 等	安部 崇高	小泉 忠義	塚本 聖陽
17	2025/8/16	樋口 邦男	安部 崇高	小泉 忠義	塚本 聖陽	中田 等	西山 政信	大野 亮平	竹内 吾朗	高野 智之
18	2025/8/17	大野 亮平	西山 政信	安部 崇高	中田 等	高野 智之	小泉 忠義	竹内 吾朗	樋口 邦男	塚本 聖陽
19	2025/8/18	高野 智之	樋口 邦男	大野 亮平	西山 政信	中田 等	安部 崇高	小泉 忠義	竹内 吾朗	塚本 聖陽
20	2025/8/19	中田 等	樋口 邦男	西山 政信	大野 亮平	竹内 吾朗	小泉 忠義	高野 智之	塚本 聖陽	安部 崇高
21	2025/8/20	樋口 邦男	西山 政信	塚本 聖陽	中田 等	大野 亮平	高野 智之	竹内 吾朗	小泉 忠義	安部 崇高
22	2025/8/21	高野 智之	竹内 吾朗	安部 崇高	小泉 忠義	中田 等	樋口 邦男	西山 政信	塚本 聖陽	大野 亮平
23	2025/8/22	高野 智之	中田 等	樋口 邦男	塚本 聖陽	小泉 忠義	大野 亮平	安部 崇高	竹内 吾朗	西山 政信

図4-8-22　実行したところ

まとめ

以上、本節では、当番表を自動で作成するフローを作ってみました。シフト作成や当番表の作成というのは、定期的に行う必要があります。その際、さまざまな条件を盛り込んで、自動的に作成するようにするなら、短時間で表を作成できるだけでなく、条件を考慮するのを忘れるという間違いも少なくなります。複雑なシフト表の自動生成は、大変かもしれませんが、本節を参考にして挑戦してみるとよいでしょう。

COLUMN

Excel関連のアクションでエラーが出る場合

Power Automateを使っていると、あまりエラーを見ることがありません。それでも、何か問題があると出るのがエラー画面です。たとえば、以下のような画面が表示されます。

図4-8-23　Excel関連のエラーが出た場合

なんだか見慣れない英単語が並んでいるので、エラー画面が怖く感じる方もいるでしょうか。それでも、こうしたエラー画面は、トラブル解決に役立つものです。ポイントを押さえて確認しましょう。

エラーの場所とエラーメッセージを確認するのがポイント

このようなエラーが表示された場合、まずは、どのアクションでエラーが出たのかを確認してください。上記のエラーでは「アクション:5、アクション名: Excelワークシートに書き込み」（❶）とあります。これは、フローの5行目にある「Excelワークシートに書き込み」というアクションでエラーが出たことを伝えるものです。
そして「Excelに書き込めませんでした。」というエラーメッセージです（❷）。つまり、何かしらの原因で、Excelのシートに値が書き込めなかったことからエラーが表示されました。

「Excelに書き込めない」エラーの原因について

Excelのシートに書き込めない理由は、Excelが読み込み専用モードだったり、シートが保護されていたりして、書き込み自体が禁止されていたという場合があります。この場合、読み込んだExcelブックのシートを確認します。
もう1つの理由は、書き込み先の列や行が範囲外だった場合があります。実は、上記のエラーが表示されたときの設定を確認すると、0行目に書き込もうとしていました。Excelのシートは1行目または1列目以降の値を指定する必要があります。0行目を指定すると範囲外なのでこのようなエラーが表示されたのです。
ちなみに、もしアクションの設定を見直してもエラーの原因が分からない場合があります。そんなときは、エラーメッセージをコピーしてインターネット検索してみるとよいでしょう。エラーの原因が見つかる可能性があります。

Chapter 5 アプリを自動操作してみよう

Power Automateではキーボードの操作やマウス操作を自動化できます。レコーダーを使って操作を記録したり、任意キーやマウスの操作を送信したり、とても便利です。そこで、Chapter 5では既存アプリを自動操作する方法を紹介します。

Chapter 5-1	レコーダーを使ってアプリを自動操作しよう	204
Chapter 5-2	UI要素を利用したアプリの自動化	210
Chapter 5-3	ToDoアプリにタスクを自動入力	217
Chapter 5-4	アプリ自動操縦 ―― Excelデータを会計ソフトに自動入力	222
Chapter 5-5	見積もりソフトの結果をExcelに自動入力	231

Chapter 5-1

レコーダーを使って
アプリを自動操作しよう

難易度：★★☆☆☆

Power Automateにはレコーダーと呼ばれるツールがあり、これを使うことで手軽にアプリ操作を自動化できます。自動処理の練習としてレコーダーを使った自動操作に挑戦してみましょう。

ここで学ぶこと

● レコーダーの使い方

● UI操作

ここで作るもの

● 電卓を自動化するフロー（ch5/電卓自動操作.txt）

レコーダーを活用しよう

Power Automateの魅力は、Power Automateに用意された自動化のアクションだけではなく、**普段利用している外部アプリを手軽に自動操作できる**ようになっている点にあります。
特に、レコーダーの機能は強力です。これはExcelのマクロ記録に似た機能を提供するもので、レコーディングを開始した後、アプリを操作すると操作した内容をアクションに変換してくれます。

図 5-1-1　レコーダーでアプリの操作を記録できる

操作を記録し編集して使うのが理想

なお、Excelのマクロ記録の機能もうまく使いこなすためには、記録したマクロに手を加えて編集する必要があります。操作を記録しただけでは再利用が難しい場合が多いからです。
Power Automateでも同じです。自動的に記録したアクションの流れに少し手を加えることで、より利便性が高めることができ、多くの作業を自動化できます。

基本を押さえよう —— 電卓を自動化してみよう

最初に、レコーダーを使った基本を確認してみましょう。ここでは、Windowsに搭載されている「電卓」を自動操縦してみましょう。ここでは簡単に5×8のような計算を自動処理してみましょう。

1 最初に電卓を起動しておこう

最初にWindows標準の電卓を起動しておきましょう。スタートメニューから「すべてのアプリ > 電卓」を起動しましょう（**図5-1-2**）。

なお、電卓には、関数電卓や日付計算モードなどいろいろありますが、ここでは「標準」モードにしておきましょう（**図5-1-3**）。

図5-1-2　電卓を起動しよう

図5-1-3　画面左上の≡からモードを変更しよう

2 レコーダーを起動して記録を開始しよう

新しいフローを作成したら、レコーダーを起動しましょう。画面上部の◉のボタンを押します。

図5-1-4　レコーダーを起動しよう

レコーダーが起動したら画面の左上にある「記録」ボタンを押して記録を開始しましょう。

図5-1-5
「記録」をクリックしよう

3 電卓を操作しよう

次に電卓を操作しましょう。電卓のウィンドウをクリックしてアクティブにしてから、リセットボタンの「C」に続いて、「5」「×」「8」「=」とボタンを押してみましょう。ボタンを押した後でレコーダーの「終了」ボタンを押します。

図 5-1-6　電卓を操作して最後に「終了」ボタンを押そう

4 自動生成されたアクションを確認しよう

終了ボタンを押すと、Power Automateの画面がアクティブになり、電卓を操作するアクションが自動生成されます（図5-1-7）。なお、うまく記録されていればよいのですが、押し間違いがあったりするとうまく要素が記録されていないことがあります。上記の画面を見て、不要な要素が記録されていれば、アクションを削除してください。アクションを右クリックするとポップアップメニューが表示されるので「削除」をクリックします（図5-1-8）。

図 5-1-7　自動生成されたアクションを確認しよう

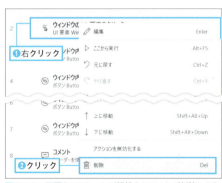

図 5-1-8　不要なアクションが記録されていれば削除しよう

5 フローを実行してみよう

アクションが正しく記録されたのか確認するために、画面上部の［実行ボタン］を押してフローを実行してみましょう。

正しく電卓が自動操作されると、5×8の結果である40が表示されます。

図 5-1-9　フローを実行したところ

UI要素について

レコーダーを使って操作を記録すると、自動的に電卓のウィンドウ上に配置されている「UI要素」を読み取ります。メニューの［表示＞UI要素］をクリックするか、画面右側にある「UI要素」のアイコン◙をクリックして「UI要素ペイン」を開いてみましょう。

すると、電卓のウィンドウ、およびその上に配置されているボタンの一覧が追加されているのを確認できます（**図5-1-10**）。

図5-1-10　UI要素ペインを表示したところ

HINT

ボタンやエディタを認識するとUI要素に登録される

ここまで見たように、レコーダーを使うと、Power AutomateのUI要素のペインに、ボタンやエディタなどのパーツが登録されます。レコーダーのほか、「UI要素ペイン」にある［UI要素の追加］ボタンを押すことでも登録できますが、詳しくは後述します（p.213参照）。

なお、Power Automateから自動処理をする場合、UI要素にパーツが登録されている必要があります。
どうもうまく自動化できないと感じるときは、ここに登録されているUI要素のパネルを確認し、正しく対象が登録されているかを確認するとよいでしょう。

UI要素を一歩進んで理解するポイント

UI要素の特定がどのように行われているのか一歩進んで確認してみましょう。「UI要素ペイン」のUI要素の一覧から適当なパーツを選んでダブルクリックします。そして、パーツの右側にある鉛筆型のアイコンをクリックします。

図 5-1-11　パーツをダブルクリック

図 5-1-12　パーツの右端のマークをクリックして［編集］をクリック

すると図 5-1-13のような詳細なクエリー画面が表示されます。

図 5-1-13　UI要素はウィンドウのクエリーで構成される

Windowsのデスクトップアプリというのは、単にボタンなどのパーツがウィンドウ上に配置されているのではありません。たとえば、ウィンドウ上にグループパネルが配置されて、そのグループパネルの上にさらに別のグループパネルが配置されます。そして、その上にボタンが配置されます。このような階層構造の上にパーツが配置されているため、ボタン1つを識別するにも、複雑なパーツ特定の条件の組み合わせが必要になります（図 5-1-14）。

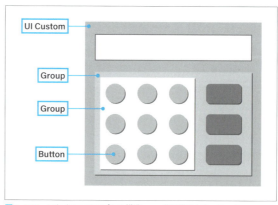

図 5-1-14　Windowsのアプリの構造 —— 階層構造となっている

あらゆるアプリで正しく記録されるわけではない

レコーダーを使って操作を記録すると、ウィンドウ上の階層構造を自動的に認識してUI要素を作成するようになっています。大抵のデスクトップアプリでは問題なくボタンなどのパーツを認識してくれます。

しかし、さまざまな構成のWindowsアプリがあり、いつも完全に正しい値が生成されるわけではありません。うまく認識されなかったときは、レコーダーを使うのではなく、UI要素ペインから「UI要素の追加」ボタンをクリックして、ウィンドウ上の任意の要素を追加します。

図 5-1-15 「UI要素の追加」で任意のパーツを追加するところ

この方法に関しては、次節以降で改めて確認します（p.213参照）。とはいえ、レコーダーの記録が完全ではないこと、そして、Windowsのアプリがさまざまなグループパネルを重ねることで、構成されていることを覚えておきましょう。

HINT
ブラウザの自動化は次章で詳しく解説

アプリの中でもWebブラウザは利用頻度が高いものです。ブラウザを利用した、Webアプリの自動化やインターネットのデータ抽出については、Chapter 6で詳しく解説します。

まとめ

本節では、外部アプリの簡単な自動操作の例として、電卓アプリを操作してみました。Power Automateのレコーダーは非常に便利です。フローの中でうまくこの操作を記録する機能を活用することで、幅広いアプリの自動化が可能になるでしょう。

Chapter 5-2

UI要素を利用したアプリの自動化

難易度：★★☆☆☆

レコーダーの記録は便利ですが、記録したものをカスタマイズして使えると便利です。ここでは、アクションを利用して自動処理を実行する方法を確認しましょう。

ここで学ぶこと

- UI要素
- アプリケーションの実行

ここで作るもの

- 起動と終了（ch5/電卓の起動と終了.txt）
- 電卓を実行して計算する（ch5/電卓起動計算.txt）

アプリケーションの実行と終了

さて、Chapter 5-1ではレコーダーを使って、Windows標準の電卓を操作しました。その際、最初から電卓を起動した状態で操作しました。しかし、理想を言えば、アプリの起動から全部自動化できたら便利です。Power Automateを使えば、任意のアプリを起動したり、終了させたりできます。

アプリを自動的に実行するには、「システム > アプリケーションの実行」アクションを使います。このアクションを使えば、任意のアプリを実行できます。また、アプリを閉じるには「UIオートメーション > Windows > ウィンドウを閉じる」アクションを使います。

電卓を実行して10秒後に閉じるフローの作成

それでは、簡単に電卓を起動して10秒後に電卓を閉じるフローを作ってみましょう。以下のようなフローを作成します。

1	▷	**アプリケーションの実行** 引数 を使用してアプリケーション 'calc' を実行し、そのプロセス ID を AppProcessId に格納します
2	⏳	**待機** 10 秒を待機します
3	✕	**ウィンドウを閉じる** タイトルが '電卓' でクラスが 'ApplicationFrameWindow' のウィンドウを閉じる

図 5-2-1　電卓を実行して10秒後に閉じるフロー

1 電卓を起動する

電卓を実行する場合、アクションの一覧から「システム > アプリケーションの実行」をキャンバスに貼り付けます。設定ダイアログが出たら、アプリケーションのパスに「calc」と入力しましょう。これは電卓を起動するWindowsのコマンドです。

図 5-2-2　電卓を起動するコマンドを入力しよう

TIPS

電卓以外のアプリを起動するには?

電卓を起動するには「calc」、メモ帳を起動するには「notepad」、ペイントを起動するには「mspaint」と書けば、Windowsの標準アプリを起動できます。

とはいえ、それ以外のアプリを起動したい場合も多いことでしょう。その場合「アプリケーションパス」のテキストボックスを選択すると右側に表示されるアイコン📄をクリックして、ファイルの選択ダイアログから起動したいアプリを選択できます。この点に関しては、p.213の「任意アプリを起動させたい場合のポイント」も参考にしてください。

なお、アプリが見当たらない場合には、一度、デスクトップなどにショートカットを作っておいて、それを選ぶとよいでしょう。ショートカットを選ぶと自動的にリンク先の実行ファイルのパスが挿入されます。

また、ショートカットからアプリケーションパスを調べる方法を、この後のポイントで紹介しています。

2 10秒待機する

電卓を起動してすぐに閉じてしまうと、本当に起動したかどうか分かりません。アクションの一覧から「フローコントロール > 待機」をキャンバスに貼り付けます。設定ダイアログが表示されたら「10」を入力しましょう。

図 5-2-3　10秒待機するように指定しよう

3 ウィンドウを閉じる

最後に電卓のウィンドウを閉じましょう。アクション一覧から「UI オートメーション > ウィンドウ > ウィンドウを閉じる」を貼り付けましょう。設定ダイアログが出たら次のように指定しましょう。なお、電卓が起動した状態で設定をしてください。

ここで指定する値

項目	指定する値
ウィンドウの検索モード	タイトルやクラスごと
ウィンドウタイトル	電卓
ウィンドウクラス	ApplicationFrameWindow

図 5-2-4 「ウィンドウを閉じる」ダイアログを設定する

HINT

どうやってパラメーターを指定すればよいのか?

ここで「ウィンドウタイトル」に「電卓」、「ウィンドウクラス」に「ApplicationFrameWindow」を指定しています。しかし、当然ながら、終了したいアプリに応じて、この値は変わります。
何を指定したら良いのかと迷うかもしれませんが、テキストボックスの右端にある ☑ のアイコンをクリックすると、一覧から選ぶことができるので、アプリのタイトルを選びましょう。
あるいは、設定ダイアログの下方に「ウィンドウの選択」というボタンがあるので、このボタンを押して、実際のウィンドウを [Ctrl] キーを押しながらクリックすると、自動的に値が指定されます。

4 実行してみよう

画面上部の [実行ボタン] を押して、フローを実行してみましょう。すると、電卓が起動して、10秒後に電卓が閉じられます。

図 5-2-5 フローを実行して電卓が起動したところ

任意アプリを起動させたい場合のポイント

今回、Windows標準の電卓に関して起動と終了の方法を確認しました。しかし、任意のアプリを起動したい場合には、手順 1 で異なるパラメーターを指定する必要があります。

任意のアプリを起動したい場合、「アプリケーションの実行」アクションの設定ダイアログで、「アプリケーションパス」の部分にアプリケーションの実行ファイルのパスを指定する必要があります。

次の手順で、実行ファイルのパスが調べられます。例えば、Google Chromeの場合を例に確認してみましょう。まず、Windowsメニューの「すべてのアプリ」から該当アプリを探して、右クリックして「詳細 > ファイルの場所を開く」をクリックします（**図5-2-6**）。するとショートカットのあるフォルダが表示されるので、アイコンを右クリックして「プロパティ」を選択します。そして、プロパティのダイアログの「ショートカット」タブでリンク先をコピーしましょう。これが「**アプリケーションパス**」です（**図5-2-7**）。

図 5-2-6 任意のアプリのアプリケーションパスの調べ方

図 5-2-7 リンク先をコピーする

レコーダーを使わずUI要素で電卓を自動処理しよう

それでは、レコーダーを使わない方法、UI要素を使う方法で、電卓の操作を自動化してみましょう。

1 電卓のボタンをUI要素に追加しよう

最初に「UI要素」のペインに操作対象となる電卓のボタン群を追加しましょう。最初に、スタートメニューからWindows標準の電卓を起動しましょう。そして、電卓を起動したままの状態で、Power Automateの画面右側の「UI要素」を表示します。そして「UI要素の追加」をクリックしましょう。

図 5-2-8 「UI要素の追加」ボタンをクリックしよう

続いて、電卓のボタンをUI要素に追加しましょう。[Ctrl] キーを押しながら、電卓ボタンをクリックすると、UI要素が追加されます。ここでは最低限[C]と［3］［+］［4］［=］で5つのキーを追加しましょう。追加したら［完了］ボタンをクリックします。

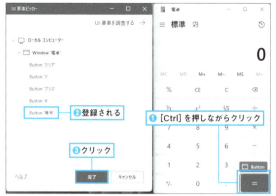

図 5-2-9　電卓ボタンをUI要素に追加しよう

すると、次のように「UI要素ペイン」にUI要素の一覧が追加されます。

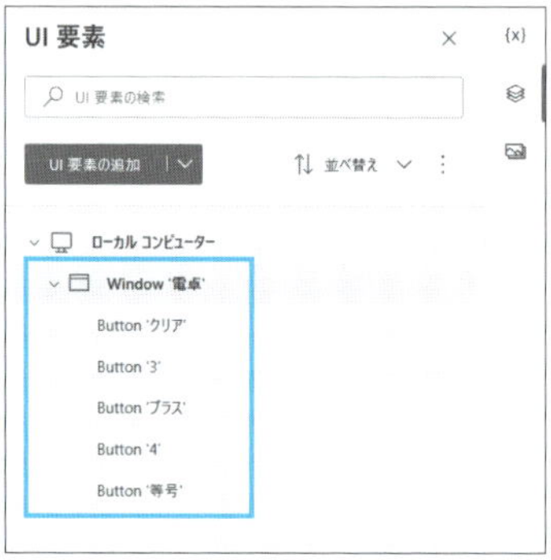

> **HINT**
> 利用している状況によって、図のようにアプリの所在（ここでは「ローカルコンピューター」）が表示される場合があります。その場合、次ページで選択する「ウィンドウ」や「UI要素」の名前にも所在が表示されます。

図 5-2-10　UI要素を追加したところ

2 電卓を起動しよう

アクション一覧から「システム > アプリケーションの実行」アクションをキャンバスに貼り付けましょう。そして、Windows標準の電卓が起動するように、アプリケーションパスに「calc」と入力します。

図 5-2-11　電卓ボタンをUI要素に追加しよう

3 電卓が開くまで待機しよう

次に、電卓が完全に起動するまで待機するようにしましょう。アクションの一覧から「UIオートメーション > ウィンドウを待機する」アクションを貼り付けましょう。そして、設定ダイアログが出たら、次のように指定しましょう。

ここで指定する値:

項目	指定する値
ウィンドウの検索	ウィンドウのUI要素ごと
ウィンドウ	Window '電卓'
ウィンドウが次の状態になるまで待機	開く

図 5-2-12　電卓ボタンをUI要素に追加しよう

4 ボタンをクリックしよう

次にアクション一覧から「UIオートメーション > ウィンドウのUI要素をクリック」を連続で貼り付けていきましょう。設定ダイアログが出たら、UI要素の項目をクリックすると一覧から選ぶことができます。
ここでは、[C（クリア）]、[3]、[＋（プラス）]、[4]、[＝（等号）]のボタンをクリックするように、アクションを5個配置しましょう。

図 5-2-13　1つめの［クリア］のボタンを押すアクションを指定

図 5-2-14　2つめの［3］のボタンを押すアクションを指定

5 実行してみよう

画面上部の［実行ボタン］を押してフローを実行してみましょう。電卓が起動して、3＋4の計算が行われて、電卓に結果が表示されます。

図 5-2-15　電卓を自動で操作して計算したところ

UIオートメーションのアクションを活用しよう

今回は、電卓を操作するだけだったので、「ウィンドウのUI要素をクリック」アクションのみを利用しました。ボタンをクリックするだけであれば、このアクションで事足ります。

しかし、エディタにテキストを入力したり、チェックボックスの状態を設定するなど、より詳細な動作を実行したいときもあります。その場合に、アクションペインから「UIオートメーション > フォーム入力」のグループにある「ウィンドウ内のテキストフィールドに入力する」アクションや「ウィンドウのチェックボックスの状態を設定」などのアクションを利用できます。

図 5-2-16　UIオートメーションのアクション一覧

まとめ

ここでは、レコーダーを使わず、UI要素を利用した自動化の手法を紹介しました。UIオートメーションのグループにあるアクションは、アプリのUI要素をあらかじめ追加しておくことで、要素を確実にクリックすることができるので、とても便利です。また、レコーダーで記録したアクション群を編集する上でも本節の方法が役立つでしょう。

Chapter 5-3

ToDoアプリにタスクを自動入力

難易度：★★☆☆☆

ToDoアプリの操作を自動化してみましょう。連続で入力が必要な場面もPower Automateを使うことで、自動でデータ入力させることができます。繰り返しの行う作業は自動化すると便利です。

ここで学ぶこと

- ToDoアプリに連続でタスク項目を入力する

ここで作るもの

- ToDoアプリに項目を連続で入力（ch5/ToDo自動追加.txt）

Microsoft To Doに項目を連続入力しよう

前節では電卓のボタンを自動的にクリックする方法を紹介しました。本節では、Windowsに最初からインストールされている「Microsoft To Do」に連続で項目を入力するフローを作ってみましょう。

なお、Microsoft To DoはWindowsに最初からインストールされていますが、入っていなければ、Microsoft Storeからインストールできます。Storeアプリの右上の検索ボックスで「Microsoft To Do」を検索してください。

図 5-3-1　Microsoft To DoはWindowsに最初からインストールされているアプリ

想定する場面 ── 50個のTo Doタスクを追加したい

たとえば、新人研修で実地するカリキュラムが50個あったとして、そのカリキュラムのための資料作りをやらないといけないとします。カリキュラムの何番を作り終えたのか分からなくなってしまうのを防ぐため、To Doタスクに「カリキュラム1」「カリキュラム2」「カリキュラム3」・・・「カリキュラム50」のような連番のアイテムを追加したいとします。手作業で入力するのは非常に面倒です。Power Automateで自動化しましょう。

図 5-3-2
50個のタスクを手作業で登録するのは大変なので自動化しよう

繰り返し処理は自動処理の得意とする分野です。作業の手順としては、UI要素にTo Doアプリの入力欄を認識させておいて、そこに値を次々と追記させていきます。

ここでは、右のようなフローを作成します。

図5-3-3　ここで作る連続でTo Doタスクを追加するフロー

1 Microsoft To Doを起動してUI要素を追加

最初に、Microsoft To Doを起動しましょう。アプリを起動するには、Windowsメニューを開き「すべてのアプリ > Microsoft To Do」をクリックします。アプリを起動したら、新規リストを作成しましょう。画面左下にある「＋新しいリスト」のボタンを押しましょう。そしてリストに「カリキュラム」という名前をつけます。

図5-3-4　To Doアプリを開いたら新規リスト「カリキュラム」を作成しよう

そして、Power Automateに戻り、新しいフローを作成しましょう。メニューの「表示 > UI要素」をクリックして、「UI要素ペイン」を表示します。それから「UI要素の追加」ボタンをクリックします。

図5-3-5
UI要素ペインを表示して「UI要素の追加」ボタンをクリック

続いて、Microsoft To Doのアプリを表示します。そして、[Ctrl]キーを押しながら、タスクの追加のテキストボックス部分をクリックします。「完了」ボタンを押すとUI要素に追加されます（なお、To Doアプリのウィンドウの幅を小さくすると、右の図のように画面左側メニューが隠れるので押し間違いを防げるでしょう）。

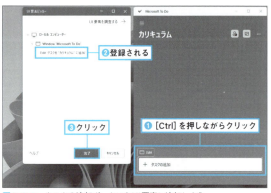

図5-3-6　タスクの追加ボックスをUI要素に追加しよう

218　Chapter 5　アプリを自動操作してみよう

2 To Doアプリをアクティブにしよう

まずは、To Doアプリがアクティブ（画面が前面に来る）ように設定しましょう。アクション一覧から「UIオートメーション > ウィンドウ > ウィンドウにフォーカスする」を貼り付けましょう。そして「Window 'Microsoft To Do'」を選択します。

図 5-3-7　To Doアプリがアクティブになるように設定しよう

3 繰り返しタスクを作成しよう

繰り返しタスクを作成するために、アクション一覧から「ループ > Loop」アクションを貼り付けましょう。ここでは、1から50まで1ずつ増やすように設定します。

以後、アクションを貼り付けるときは、「Loop」から「End」の間に配置するようにしましょう。

図 5-3-8　1から50まで繰り返し実行するように設定しよう

4 テキストを入力しよう

続いてアクション一覧から「UIオートメーション > フォーム入力 > ウィンドウ内のテキストフィールドに入力する」を貼り付けましょう。そして変数「LoopIndex」の値をテキストの中に埋め込むようにします。ここでは、次のように設定します。

ここで設定する値

項目	指定する値
テキストボックス	Edit 'タスクを"カリキュラム"に追加'（一覧から選択）
入力するテキスト	カリキュラム %LoopIndex% の準備

図 5-3-9　1から50まで繰り返し実行するように設定しよう

5 キーの送信

テキストを入力した後、[Enter]キーを押すとタスクが追加されます。そこで、アクション一覧から「マウスとキーボード > キーの送信」アクションを貼り付けましょう。そして、次のように設定します。

ここで指定する値

項目	指定する値
キーの送信先	UI要素
UI要素	Edit 'タスクを"カリキュラム"に追加'（一覧から選択）
送信するテキスト	{Enter}

図 5-3-10　[Enter]キーを送信するように設定しよう

6 実行しよう

以上でフローが完成です。Microsoft To Do を起動し、カリキュラムのリストを選択した状態でフローを実行しましょう。なお、タスクを追加するテキストボックスでIME（漢字入力）がオンの状態だと、うまくテキストが設定できません。IMEをオフにした状態で、Power Automateの［実行ボタン］を押しましょう。

図 5-3-11　タスクが自動的に追加される

図 5-3-12　次々と新規タスクが追加されていくのを眺めるのは圧巻！

なお、正しく追加されるのを確認したら、Power Automateの画面下部にある「実行遅延」（p.175参照）の値を10など小さな値にしてみましょう。より早くタスクが追加されるようになります。

テキストボックスへの自動入力のポイント

本節で作成したフローのポイントは、テキストボックスへの自動入力を行うことです。先の手順 4 で解説していますが、特定のテキストを設定するには、アクション一覧にある「UIオートメーション > フォーム入力 > ウィンドウ内のテキストフィールドに入力」を使います。日本語のテキストを貼り付けることもできますし、「%変数名%」と書くことで、変数の値をテキストに埋め込んで表示することもできます。

部分的に自動化するのも自動化戦略の1つ

もし、アプリを起動していないと、次のようなエラーが表示されます。前節ではアプリの起動方法を紹介しましたので、もちろん、本節で作ったフローを改良して「Microsoft To Do」アプリを起動させることも可能です。

図 5-3-13　To Doアプリが起動していないとエラーが出る

しかし、あえて本節では最初からアプリを起動してあることを前提でフローを作成しました。というのも、上記の手順 6 で紹介しているように、アプリを起動した上でカリキュラムのリストに切り替えたり、IMEをオフにするなど前処理が必要なので、すべてアクションとして登録するのは少し面倒です。

もちろん、全部を自動化するのが理想ですが、時には手を抜くのもやり方の1つです。今回の自動化の目標は、とにかく50個の連番タスクを自動入力することです。途中まで手動でやっておいて、**繰り返しが必要な部分だけ**Power Automateにやってもらうというのも1つの戦略なのです。

できるだけ短時間でフローを作成して仕事時間を短縮しようと思っていたのに、実際やってみたら何度も試行錯誤が必要で、手動でやった方が早かったなんて失敗もよくあるものです。フローの制作に時間がかかりそうと分かった時点で、戦略を変更するのも1つの方法なのです。

なお、どうしても本節のフローを起動から終了まで全自動化したい方もいるでしょうか。前節で紹介したアプリの起動方法に加えて、本章の最初で紹介したレコーダーを使って手順を記録すると、リストを切り替える処理なども容易に自動化できます。余力があれば挑戦してみるとよいでしょう。

まとめ

本節では、To Doアプリにタスクを連続で自動入力する方法を紹介しました。アプリの自動化において、連続で似たデータの入力を連続で行う場面はよくあるものです。参考にしてみてください。なお、次節では、Excelブックのデータを読み取って、別のアプリに連続入力する手法を紹介します。

Chapter 5-4

アプリ自動操縦 ——
Excelデータを会計ソフトに自動入力

難易度：★★★★☆

前節までの部分でアプリの自動操作の基本的な方法を紹介しました。本節ではより実践的な場面を想定して、Excelのデータを会計ソフトに自動入力する方法を見てみましょう。

ここで学ぶこと

- Excelデータを専用アプリに自動入力する方法

ここで作るもの

- Excelデータを会計ソフトに入力するフロー（ch5/Excelから会計ソフト.txt）

会計ソフトの操作を自動化しよう

本節ではもう少し実際にありそうな自動化の例を考えてみましょう。よくある自動化の例に、**あるアプリで作成したデータを元にして、別のアプリを操作したい**という場面があります。ここでは、Excelデータを元にして、会計ソフトにデータを自動入力してみましょう。

なお、会計ソフトは、実際にいろいろなものがありますし有料のものがほとんどです。そこで、本書では、自動化の手法を学ぶために、会計ソフトの画面を模した「**ダミー会計ソフト**」を用意しました。

図 5-4-1　ダミーの会計ソフト

以下のURLより「ダミー会計ソフト」をダウンロードしましょう。以下のURLにアクセスし「VirtualKaikei.zip」というZIPファイルをダウンロードしてください。

- **ダミー会計ソフト**
  [URL] https://github.com/kujirahand/VirtualKaikei/releases

ZIPファイルを解凍すると、「net6.0-windows」というフォルダーが作成されます。それを開くと「VirtualKaikei.exe」という実行ファイルがあります。これをダブルクリックするとアプリが起動します。
なお初回実行時には、Windowsの保護機能「Defender」の警告画面が出ます。[詳細情報]をクリックすると、発行元が不明とでますが、[実行]ボタンをクリックすると、アプリが実行されます。二度目以降の実行では表示されません（このサンプルアプリは、オープンソースで公開しているものでソースコードもすべて確認できます。安心して実行してください）。

図 5-4-2 「詳細情報」をクリック

図 5-4-3 「実行」をクリック

> **MEMO**
>
> ## 「ダミー会計ソフト」について
>
> 初回実行時、Defenderの警告に加えて、「.NET6.0のランタイムのダウンロードが必要」と表示されることがあります。.NET6.0のランタイムがインストールされていない場合には、指示に従ってダウンロードサイトを開き、「デスクトップ アプリ」用のランタイムをダウンロードしてインストールしてください。

Excelデータを読み込んで会計ソフトに入力しよう

それでは、Excelのデータを読み込んで、会計ソフトに自動的にデータを入力するフローを作ってみましょう。
なお、ここで作成するフローは**図 5-4-4**のようなものです。

図 5-4-4
ここで作成するフロー

1 Excelブックを用意しよう

まずは、会計ソフトに入力するデータをExcelで作成しましょう。次のように「日付、勘定科目、補助科目、収入金額、支出金額」の並びのデータを作成しましょう(本書のサンプルに「keihi.xlsx」を同梱しています)。作成したブックを、デスクトップに「keihi.xlsx」という名前で保存します。

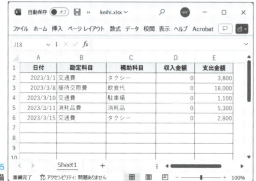

図 5-4-5
経費を入力したExcelブックを準備

2 ダミー会計ソフトを起動してUI要素に追加

Power Automateで新しいフローを作成しましょう。画面右側にある「UI要素ペイン」を開きます。それから「UI要素の追加」ボタンを押します。

また、本節冒頭で紹介したダミー会計ソフトを起動しましょう。そして、入力項目の「取引日」から「勘定科目」「補助科目」…と順番にテキストボックスを追加しましょう。キーボードの［Ctrl］ボタンを押しながらテキストボックスをクリックすると追加されます。また「追加」と「保存」「初期化」のボタンも追加しましょう（図5-5-6）。

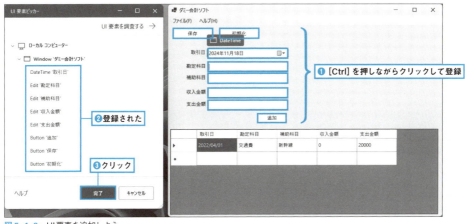

図5-4-6　UI要素を追加しよう

3 Excelブックからデータを読み出そう

最初にExcelブックから経理データを取得しましょう。ここではシートに書かれている全部のデータを取得するようにします。ここでは、「フォルダー > 特別なフォルダーを取得」「Excel > Excelの起動」「Excel > Excelワークシートから読み取る」「Excel > Excelを閉じる」のアクションを貼り付けましょう。コメントのアクションは省略しても大丈夫です。

図5-4-7　Excelブックからデータを読み出すアクションを追加しよう

設定ダイアログでは、次のように設定しましょう。

アクション	設定内容
特別なフォルダーを取得	特別なフォルダーの名前を「デスクトップ」に設定
Excelの起動	Excelの起動を「次のドキュメントを開く」に設定。ドキュメントパスを「%SpecialFolderPath%\keihi.xlsx」に設定
Excelワークシートから読み取る	取得を「ワークシートに含まれる使用可能なすべての値」、「詳細」の「範囲の最初の行に列名が含まれています」をオンに設定
Excelを閉じる	Excelを閉じる前を「ドキュメントを保存しない」に設定

4 会計ソフトの初期化ボタンを押す

自動的に起動している会計ソフトの「初期化」ボタンを押すようにしましょう。アクション一覧から「UIオートメーション > ウィンドウのUI要素をクリック」をキャンバスに貼り付けます。そして、「UI要素」に「Button '初期化'」を選んで「左クリック」するように指定して「保存」ボタンをクリックしましょう。

図5-4-8 自動でアプリの初期化ボタンを押すように設定

5 繰り返しデータを会計ソフトに入力するようにしよう

次に、Excelから読み出したExcelDataを繰り返し会計ソフトに自動入力するようにしましょう。アクション一覧から「ループ > For each」を貼り付けましょう。設定ダイアログが出たら、反復処理を行う値に「%ExcelData%」を設定します。そして、繰り返すデータが変数「CurrentItem」に得られることを確認しましょう。

図5-4-9 「For each」ループを貼り付けて設定しよう

なお、これ以後に貼り付けるアクションは「For each」から「End」の間に貼り付けるようにします。

6 会計ソフトの取引日を設定しよう

会計ソフトを実際に操作してみると分かるのですが、取引日の入力欄にデータを差し込むには、「(4桁の数字)/(2桁の数字)/(2桁の数字)」と規則正しくキーを打たなくてはならないことが分かるでしょう。
Chapter 5-3で紹介したように、通常のテキストボックスであれば「ウィンドウ内のテキストフィールドに入力する」アクションを使えば簡単にデータを設定できます。しかし、取引日の入力欄に日付を入力するには、ちょっとコツが必要です。西暦欄をクリックした後「キー送信」アクションを使って少しずつ月日を入力します。

ここでは、次のような手順で日付データを設定します。ちょっと複雑なので、1ステップずつ確認していきましょう。

- 手順 6-1 会計ソフトの日付入力欄をクリックしてアクティブにする
- 手順 6-2 日付を「年/月/日」のようなデータに整形する
- 手順 6-3 日付データをキー送信で送出する

6-1 会計ソフトの日付入力欄をクリックしてアクティブにする

「UIオートメーション > ウィンドウのUI要素をクリック」アクションを貼り付けて、設定ダイアログで次のように設定しましょう。
「UI要素」に「DateTime '取引日'」を指定します。そして「詳細」を開いて、「UI要素に対するマウスの相対位置」を左上に指定、オフセットXに「4」を、オフセットYに「4」を設定します。

図 5-4-10　西暦の欄をクリックするように設定

なお「オフセット」というのは、UI要素の左上からの距離を意味します。というのも、ボタンやエディタの境界ギリギリをクリックすると、うまくクリックできないことがあります。そのためオフセットを指定して、要素のちょうどよい位置をクリックするようにします（そのため、もしも正しく西暦欄がクリックされなければ、このオフセットの値を増減させて位置を調整しましょう）。

6-2 日付を「年/月/日」のようなデータに整形する

Excelから取り出した日付データを正しく「yyyy/MM/dd」形式にするために次のアクションを利用します。

- 「テキスト > テキストをdatetimeに変換」アクション
- 「テキスト > datetimeをテキストに変換」アクション

図 5-4-11　日付データを「yyyy/MM/dd」形式に変換するアクション

アクションを貼り付けたときに出る設定ダイアログで、以下の指定を行いましょう。なお、変数「CurrentItem」にはExcelシートから取り出したデータの一行分が入っています。それで「%CurrentItem[0]%」を指定すると、表の一番左側にある日付データが取り出せます。

アクション	設定する項目
テキストをdatetimeに変換	変換するテキストに「%CurrentItem[0]%」を設定
datetimeをテキストに変換	変換するdatetimeに「%TextAsDateTime%」を設定。使用する形式に「カスタム」、カスタム形式に「yyyy/MM/dd」を設定

6-3 日付データをキー送信で送出する

それから、アクション「マウスとキーボード > キーの送信」を貼り付けましょう。設定ダイアログには次のように指定します。

ここで指定する値

項目	指定する値
キーの送信先	UI要素
UI要素	DateTime '取引日'
送信するテキスト	%FormattedDateTime%
キー入力の間隔の遅延	10
テキストをハードウェアキーとして送信	オン

なお、「テキストをハードウェアキーとして送信」をオンに設定していますが、これをオンにすると、テキスト全体を送信するときに、キーボード上の実際のキーストロークをエミュレートします。うまくキーが送信できない場合に、この設定をオンにすると、うまく送信できることがあります。

図 5-4-12　キーの送信を設定しよう

7 各種フィールドにデータを入力しよう

取引日の設定は面倒でしたが、その他の項目はただのテキストボックスなので、順にテキストを入力するようにしましょう。アクション「UIオートメーション > フォーム入力 > ウィンドウ内のテキストフィールドに入力する」を4つ貼り付けましょう。そして、それぞれ次のように値を設定しましょう。

アクション	テキストボックス	入力するテキスト
1番目	Edit '勘定科目'	%CurrentItem[1]%
2番目	Edit '補助科目'	%CurrentItem[2]%
3番目	Edit '収入金額'	%CurrentItem[3]%
4番目	Edit '支出金額'	%CurrentItem[4]%

図 5-4-13　Excelから読み出したデータを入力するように設定しよう（図は1番目の設定ダイアログ）

8 追加ボタンを押すように設定

繰り返しの最後に、会計ソフトの「追加」ボタンを押すように設定しましょう。アクション「UIオートメーション > ウィンドウのUI要素をクリック」を追加して、「UI要素」に「Button '追加'」を選択し、クリックの種類に「左クリック」を選んだら「保存」ボタンを押しましょう。

図 5-4-14　追加ボタンを押すように設定しよう

9 実行してみよう

以上で完成です。デスクトップに「keihi.xlsx」を配置し、会計ソフトを起動した状態で、フローを実行してみます。画面上部の実行ボタンをクリックしましょう。すると次々と会計ソフトにデータが入力されます。

図 5-4-15　実行したところ —— 次々とテキストが入力されていく　　図 5-4-16　実行が完了したところ —— 経費項目が入力された

アプリ自動化の自由度を上げる鍵は「キーの送信」にあり

UIオートメーションのグループに、アプリ自動処理のためのさまざまなアクションが用意されています。それらのアクションを組み合わせることで、基本的な自動処理が可能です。

しかし、上記の手順 6 のように、アプリ内に特殊な入力ボックスがある場合には、簡単にデータを入力ができない場合があります。その場合、クリックやキーの入力を組み合わせることで入力を行います。

手順 6-3 でも簡単に紹介していますが、「キーの送信」アクションの設定にある「テキストをハードウェアキーとして送信します」をオンにすると、テキストデータを送信するのではなく、キーボード入力を再現するようになります。

図 5-4-17　「キーの送信」アクションをうまく使おう

なお、大抵のWindowsアプリは、マウスを使わなくても、[Tab] キーや [Enter] キー、その他のショートカットキーを組み合わせることで、入力が完結するように工夫されています。そのため、「キーの送信」アクションをうまく利用することが、アプリの自動化のポイントといえます。

「キーの送信」アクションを使うと、ファンクションキーや [Tab] キーや [Enter] キーなどの特殊キーや、[Ctrl] や [Alt] などの装飾キーの送信が可能です。

設定ダイアログの「送信するテキスト」テキストボックスの下にある入力補助の選択ボックスを利用すると手軽に入力が可能です。修飾キーを使って、［Ctrl］＋［A］を再現したい場合には「{Control}({A})」と記述します。
よく使う特殊キーは次のように記述します。

キーの組み合わせ	「キーの送信」に指定する値
［Enter］キー	{Return}
［Tab］キー	{Tab}
ファンクションキー［F1］	{F1}
ファンクションキー［F2］	{F2}
カーソルキー［↑］	{Up}
カーソルキー［←］	{Left}
カーソルキー［→］	{Right}
カーソルキー［↓］	{Down}
［Ctrl］＋［A］キー	{Control}({A})
左［Win］＋［M］キー	{LWin}({M})
［Alt］＋［P］キー	{Alt}({P})

「キー送信」の注意点

UIオートメーションの中にあるアクションでうまく操作できない場合には、「キーの送信」が役立ちます。ただし、「キーの送信」を使う場合、信頼性がそれほど高くないので、確実に送信したい場合には、「キー入力の間隔の遅延」の値を増やしてみたり、キーの送信前に「待機」アクションで少し待機時間を入れてみましょう。敢えて無駄な待ち時間を入れることが、確実にキーを送信するのに役立ちます。

まとめ

以上、本節では、より具体的にアプリを自動操作する方法を紹介しました。ここで利用した会計ソフトは実際に役立つアプリではありませんが、紹介した手法は役立つものです。ちなみに、多くの業務アプリはキーボードだけでも快適に操作できるように工夫されていることが多いようです。そのため、本節で紹介した「キー送信」アクションをうまく使うことで手軽に自動化できます。本節で紹介したテクニックは、実際にアプリを自動操作したい場面で役立ちますので参考にしてみてください。

Chapter 5-5

見積もりソフトの結果を Excelに自動入力

難易度：★★★★★

Chapter 5-5ではExcelデータを専用のアプリに入力しましたが、本節では前回とは逆に専用アプリで計算したデータをExcelシートに書き込んでみましょう。ここでは連続で見積もりソフトに値を入力してその結果をExcelに出力します。

ここで学ぶこと

- 見積もりアプリのデータをExcelに出力する方法

ここで作るもの

- 見積もりソフトを操作するフロー（ch5/見積もりソフト操作してExcel作成.txt）

インポート・エクスポート機能の欠如を自動処理で補完しよう

汎用性を意識した業務ソフトであれば、Excelなどのツールを使ってデータを編集できるように、インポート・エクスポート機能が備わっています。しかし、そうした気の利いた機能のないツールも多いものです。インポート・エクスポート機能がない場合、Power Automateを使ってデータを連続で読み取ることで、専用アプリのデータを取り込むことができるでしょう。インポート・エクスポート機能の欠如を自動処理で補うのです。

融通の利かない見積もりソフトの例

さて、本節で利用を想定するのは、ある材料の寸法AとBを入力すると、見積もり金額を出力するという簡単なツールです。なお、どのように見積もりが計算されるのかは全く分からず、必ずこのツールを使わないといけないという前提とします。そして、このツールにはエクスポート機能はついていません。

図 5-5-1　仮想見積もりツール

この見積もりツールは、次のURLよりダウンロードできます。こちらも、前節と同じようにオープンソースで公開している仮想的なツールです。

- **仮想見積もりソフト > ダウンロード**
  [URL] https://github.com/kujirahand/VirtualMitumori/releases

上記より「mitumori.zip」をダウンロードした後、ZIPファイルを解凍して「VirtualMitumori.exe」を実行すると見積もりツールが起動します。

見積もりツールの出力結果の一覧表を作ろう

そして、お客さんが指定できるサイズの範囲が決まっているとします。Aの値が20から25mm、Bの値が10から15mmの間で、1mm間隔で指定できます。この範囲のすべての見積もり金額の表をExcelに出力する以下のようなフローを作りましょう。

ここで自動作成したい見積もり金額の表は右のようなものです。

作成するフローは**図5-5-3**の通りです。

	A	B	C	D	E	F	G
1		A: 20mm	A: 21mm	A: 22mm	A: 23mm	A: 24mm	A: 25mm
2	B: 10 mm	440	450	470	480	500	510
3	B: 11 mm	480	500	510	530	550	570
4	B: 12 mm	520	540	560	580	600	620
5	B: 13 mm	570	590	610	630	650	670
6	B: 14 mm	570	590	610	630	650	670
7	B: 15 mm	610	630	650	680	700	720
8							

図 5-5-2　AとBのサイズを指定した際の金額の表

図 5-5-3
見積もりの表を作るフロー

1 見積もりソフトのUI要素を登録

新しいフローを作ったら、先の見積もりソフトを起動しましょう。フローを組み立てる前にUI要素を登録しましょう。画面右側の圖をクリックして、「UI要素ペイン」を表示します。そして、「UI要素の追加」ボタンをクリックします。

図 5-5-4　UI要素の追加を表示して「UI要素の追加」ボタンを押そう

ここでは、見積もりソフトの「A」と「B」、「計算」ボタン、「結果」のフィールドを上から順に登録します。要素を[Ctrl]キーを押しながらクリックします。

図 5-5-5　操作したい要素を追加しよう

2 Excelを起動しよう

最初に、アクション一覧から「Excel > Excelの起動」をキャンバスに貼り付けます。設定ダイアログが出たら、ここでは、Excelの起動で「空のドキュメントを使用」を選択しましょう。

図 5-5-6　Excelを起動するようにアクションを貼り付けよう

3 列方向に繰り返そう

今回、Excelに行と列の二次元の表を作ります。まずは列方向の繰り返しを作成しましょう。アクション一覧から「ループ > Loop」アクションを貼り付けましょう。

列方向は、Aの値を次々と変更するものです。今回、Aの値は20から25mmまで1mmずつ変更していきます。そこで、ここで直接20から25まで繰り返すように指定したくなりますが、Excelの表に書き込む際に、列番号が指定しやすいように20を引いて、0から5まで1ずつ増やすように指定します。そして、実際に値を指定する際に、20を足した値を送信します。また、生成された変数を分かりやすくなるよう「A」と変更しましょう。

図5-5-7　Loopアクションの中で次のように値が変化する

実際には、**図5-5-8**のように指定します。
以後、アクションは、「Loop」から「End」までの間に貼り付けましょう。

図5-5-8　列方向の繰り返しを指定しよう

4　列の見出しを書き込もう

表の行ヘッダを書き込みましょう。アクション一覧から「Excel > Excelワークシートに書き込む」アクションを貼り付けましょう。ここでは、ヘッダ行（1行目）にAの値を書き込むために、次のように値を設定しましょう。

ここで指定する値

項目	指定する値
書き込む値	A: %A + 20%mm
書き込みモード	指定したセル上
列	%2 + A%
行	1

図5-5-9　ヘッダ行にAの値をExcelシートに書き込もう

5　行方向に繰り返そう

次に、行方向の繰り返しを行うように「ループ > Loop」アクションを貼り付けましょう。なお、「Loop」アクションは列方向と行方向と2つを入れ子状に配置します。

行方向はBの値で10から15mmに増やしていきます。それでも、手順 3 と同じようにExcelシートへの書き込みが分かりやすくなるように、**0から5まで1ずつ増やす**ように設定しましょう。また、生成された変数も分かりやすくなるよう「**B**」と変更しましょう。

そして、以後のアクションは、内側にある「Loop」から「End」の間に配置しましょう。

図 5-5-10　行方向に繰り返すよう指定しよう

6 列ヘッダをシートに書き込もう

各行の1列目（Bの値のヘッダ）をExcelシートに書き込みましょう。「Excel > Excelワークシートに書き込む」アクションをキャンバスに貼り付けましょう。Bの値が各行の1列目に書き込まれるように指定します。次のように設定ダイアログを指定しましょう。

ここで指定する値

項目	指定する値
書き込む値	B: % B + 10 % mm
書き込みモード	指定したセル上
列	1
行	% 2 + B %

図 5-5-11　各行の列ヘッダを書き込むようにしよう

7 見積もりソフトに値を自動入力しよう

続いて、見積もりソフトにAとBの値を書き込んで、計算ボタンを押すようにしましょう。次のようにアクションを貼り付けましょう。なお、2つあるLoopアクションの内側に配置します。

図 5-5-12　見積もりソフトに自動入力するようにアクションを追加

まず、「UIオートメーション > フォーム入力 > ウィンドウ内のテキストフィールドに入力する」アクションを貼り付けて、テキストボックスに「Edit 'A'」を選択し、入力するテキストに「%20 + A%」を指定します。

図 5-5-13　テキストフィールドAを自動入力するように設定

続けて、もう1つ「ウィンドウ内のテキストフィールドに入力する」アクションを貼り付けて、テキストボックスに「Edit 'B'」を選択し、入力するテキストに「%10 + B%」を指定します。

図 5-5-14　テキストフィールドBを自動入力するように設定

AとBのテキストボックスに値を入力したら「計算」ボタンをクリックしましょう。アクション一覧から「UIオートメーション > ウィンドウ内のボタンを押す」アクションを貼り付けて、「Button '計算'」を選択しましょう。

図 5-5-15　「計算」ボタンを押すように指定

8　見積もりソフトから計算結果を取得してExcelに書き込み

テキストボックスに値を入力して計算したら、**計算結果**を取得しExcelシートに書き込むようにしましょう。

アクション一覧から「UIオートメーション > データ抽出 > ウィンドウにあるUI要素の詳細を取得する」を貼り付けましょう。設定ダイアログが出たら、UI要素に「Edit '結果'」を取得するように選択しましょう。そして、生成された変数「AttributeValue」に内容が設定されることを確認します。

そして、アクション一覧から「Excel > Excelワークシートに書き込む」を貼り付けましょう。上記で読み出した値をExcelシートに書き込みます。次のように設定します。

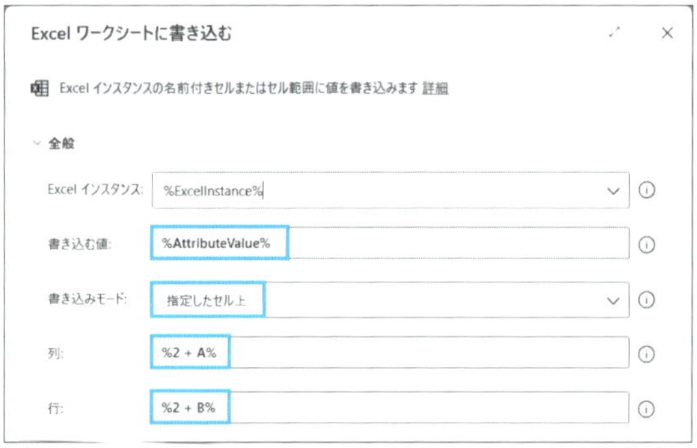

ここで指定する値

項目	指定する値
書き込む値	%AttributeValue%
書き込みモード	指定したセル上
列	%2 + A%
行	%2 + B%

図 5-5-16　計算結果を取得するように設定しよう

図 5-5-17　読み出した値をExcelシートに書き込もう

9 作成した表を保存してExcelを閉じよう

最後に、表を保存してExcelを閉じましょう。ここで表の保存先はデスクトップにします。次のように、アクション一覧から「フォルダー > 特別なフォルダーを取得」と「Excel > Excelを閉じる」アクションを貼り付けましょう。

図 5-5-18　Excelを保存して閉じるようアクションを貼り付けよう

「特別なフォルダーを取得」アクションの設定ダイアログでは、デスクトップのフォルダパスを得るように指定しましょう。ここでフォルダパスが変数「SpecialFolderPath」に設定されるようにします。

図 5-5-19　特別なフォルダーを取得でデスクトップのパスを得るようにしよう

続いて「Excelを閉じる」アクションでは、右のように「名前を付けてドキュメントを保存」を選んで、ドキュメントパスに「%SpecialFolderPath%\見積もり表.xlsx」を設定しましょう。

図 5-5-20　デスクトップに「見積もり表.xlsx」を保存するように設定

10 実行してみよう

ここまででフローの組み立ては完成です。見積もりソフトを起動した状態で、Power Automateの画面上部にある［実行ボタン］を押してフローを実行しましょう。

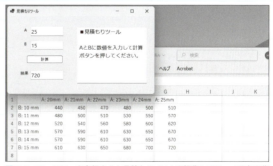

図 5-5-21　フローを実行すると見積もりソフトを操作してExcelの表を作成してくれる

237

最終的に、見積金額の表が完成されると、デスクトップに「見積もり表.xlsx」という名前で表を保存します。実行が終わったら、Excelの表を開いてヘッダに色を付ければ本節の冒頭で紹介したExcelの表が完成します。

アプリのテキストボックスから値を取得する際のポイント

このフローのポイントは、見積もりソフトのテキストボックスから値を取得する部分でしょう。フローの手順 1 で、操作したいUI要素の一覧を登録しました。そして、登録したテキストボックスに値を設定するには手順 7 の「ウィンドウ内のテキストフィールドに入力する」アクションを使います。

そして、表示されているテキストボックスの値を取得するには、手順 8 の「ウィンドウにあるUI要素の詳細を取得する」アクションを使います。テキストボックスから値を取得した場合、生成された変数「AttributeValue」にテキストが得られます。

アクション	用途
ウィンドウ内のテキストフィールドに入力する	テキストボックスに値を設定
ウィンドウにあるUI要素の詳細を取得する	テキストボックスなどの値を取得

もし、今回のフローがちょっと難しいと思ったら、アクションを一通り順に確認した後で、ゆっくりフローを実行して動作を1つずつ確認してみてください。フローの動作をゆっくりにするには、画面下部にあるある「実行遅延」(p.175参照)の値を500ミリなどに設定してから実行します。逆に動作をもっと早くしたい場合には10ミリなどに設定するとよいでしょう。

まとめ

以上、本節ではエクスポート機能のない見積もりソフトなどを想定して、連続でアプリを操作することにより、Excelの表を作成する方法を紹介しました。少し長くなってしまいましたが、基本的には、見積もりソフトを操作、結果を読み取ってExcelシートに書き込みするという基本操作を連続で繰り返しているだけです。ここで紹介している見積もりソフトは仮想的なものですが、実際の自動化の参考になるでしょう。

COLUMN

自動処理をすぐに中止するショートカットキーとホットキー

Power Automateの実行を中止したい場合には、画面上部にある停止ボタンを押せば止まります。しかし、もっと緊急に止めたい場面もあります。たとえば、キー送信やマウスクリックを連続で実行するフローの場合、停止しようにもマウスが停止ボタンまでなかなか動かせない場合もあります。自動処理を始めたものの、想定した通りに動いていない場合には、下記のショートカットキーやホットキーなどのように、キーボードの操作で停止させるとよいでしょう。

フローの編集画面でフローを停止する方法

そんなときのために、ショートカットキーが用意されています。フローの編集画面から実行したのであれば［Shift］+［F5］キーでフローを終了させることができます。ただし、Power Automateの編集画面がアクティブである必要があるので、必要に応じてマウスや［Win］+［Tab］キーなどで画面を切り替えてからキーを押します。

コンソール画面でフローを停止する方法

また、Power Automateを起動した最初の画面（コンソール画面）からフローを実行した場合には、ショートカットキーを利用してフローを停止できます。ショートカットキーを指定するには、Power Automateの上部にある「設定」ボタンをクリックして、設定メニューを出しましょう。この中に「フローの一時停止/再開」という項目があります。

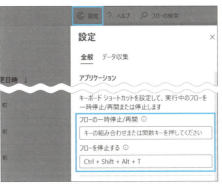

図5-5-22　停止のためのホットキーを指定できる

COLUMN

Power Automateで使えるデータ型まとめ

「データ型」とは、主にプログラミング言語などで、取り扱うデータを用途や特性によって分類したものを言います。ここまで、なんとなく変数や値を使ってきた通り、Power Automateでは、それほど厳密にデータ型を意識しなくても、フローを組むことが可能です。

それでも、少しデータ型を意識すると、すっきりとアクションの動作が分かることもあります。そこで、ここでは、Power Automateで使えるデータ型についてまとめてみました。

テキスト型 - 基本的な文字情報

「テキスト型」は、Power Automateの最も基本的な型です。テキスト型では、「こんにちは」とか「ABC」など、連続する文字情報から構成されるデータ型です。

たとえば、「メッセージを表示」や「入力ダイアログを表示」など、多くのアクションで、テキスト型のデータをパラメーターに指定します。また、多くのアクションの実行結果がテキスト型で得られます。

図5-5-23 「入力ダイアログを表示」アクションのパラメーターはすべてテキスト型で指定する

図5-5-24 ユーザーが入力したデータもテキスト型で得られる

数値型 - さまざまな計算で利用される

そして「数値型」があります。名前の通り、数値を扱うためのデータ型です。金額や重さ、長さなどの数値計算に使うことができます。また、実行回数などを指定するのに使います。

なお、パラメーターの入力ボックスで、数値計算の結果を埋め込みたいときには、変数を指定するときと同じで「%計算式%」のように入力できます。

図5-5-25 計算式を入力したところ

図5-5-26 「%計算式%」の内容は計算されて表示される

ブール型 - True/Falseで指定する型

「ブール型」というのは、値がTrueかFalseの2つだけのデータ型です。Trueが正しいことを表し、Falseが間違っていることを表します。「If」アクションなどで指定する条件式の結果はブール型となります。

リスト型 - 複数のデータをまとめて扱う型

データというのは、1つずつ個別で扱うよりも、まとめて複数を扱った方が便利な場面も多くあります。「リスト型」というのは、複数のデータをまとめて扱うことのできるデータ型です。

リストを使うには、アクションペインにある「変数」グループにある「新しいリストの作成」アクションで新規リストを作成し、「項目をリストに追加」アクションを使って個々の項目を追加します。

図 5-5-27　リストを作成し値を追加したところ

なお、リストの中の個別の要素にアクセスするには「%変数名[要素番号]%」のように記述します。たとえば、変数「List」の先頭にある要素だけを表示するには、「%List[0]%」のように記述します。

図 5-5-28　リストの中の個別の要素にアクセスしたところ

データテーブル型 - 二次元のテーブルデータを扱う

そして、Excelを扱う場面で活躍するのが「データテーブル型」です。これは、上記のリストを発展させたものです。Excelのワークシートのように、行方向・列方向のある二次元のデータです。データテーブルについては、Chapter 4にて詳しく説明しているので、p.151を参照してください。

datetime型 - 日時を表すデータ

フローを組んでいると、日時を扱いたい場面が多くあります。「datetime型」は日時を表すデータ型です。これは単に日時を入力したい場合に使えるだけはありません。本書では、重複のないユニークなファイル名を生成するのにも利用しています。

まず、現在の日時を得るために「現在の日時を取得」アクションを使います。そして、「datetimeをテキストに変換」アクションを使って、任意の形式に変換します。このアクションの使い方については、Chapter 2のp.069に詳しく紹介しています。

図5-5-29 日時を扱うdatetime型を使ったところ

その他特別な用途のための型

上記に加えて、特別な用途のためのデータ型があります。PDFテーブル情報のリスト、WebブラウザやExcel、Outlookのインスタンス、データベースのSQL接続、FTP接続などです。こうした特別なデータ型については、どのように使ったらよいのかと思いますが、適宜関連するアクションを貼り付けると、自動的に設定されるように配慮されています。それほど悩まず使えるよう工夫されているのが、Power Automateのよいところです。

Chapter 6 ブラウザを自動操作してみよう

昨今、自動化したいアプリといって真っ先に思い浮かぶのがWebブラウザです。業務では日々いろいろなWebアプリを使います。そのため「ブラウザ操作の自動化」を身につけるなら大いに業務の効率化に貢献するでしょう。そもそも、デスクトップアプリよりもブラウザを開いて操作する時間の方が長いという方も多いのではないでしょうか。Chapter 6ではブラウザの自動操縦やネットにあるデータの抽出方法について紹介します。

Chapter 6-1　ブラウザを自動操縦しよう …………………………………… 244
Chapter 6-2　指定サイトにアクセスしてスクリーンショットを保存しよう
　　　　　　 ………………………………………………………………………… 252
Chapter 6-3　スクレイピング作業を自動化しよう ……………………… 256
Chapter 6-4　複数ページのスクレイピングに挑戦しよう …………… 262
Chapter 6-5　ログインページからデータをダウンロードしよう ……… 267
Chapter 6-6　Discordにメッセージを送信しよう ……………………… 275

Chapter 6-1

ブラウザを自動操縦しよう

難易度：★★☆☆☆

近年ブラウザの自動操縦は需要の多い熱い分野です。多くのアプリがWebアプリ化されており、Webアプリを使うのはブラウザだからです。Power Automateを使えば、手軽にブラウザの自動操縦が可能です。

ここで学ぶこと

- ブラウザの自動操縦について

- ブラウザ拡張のインストールについて

- レコーダーを使った自動化について

ここで作るもの

- 任意のWebサイトを表示するフロー（ch6/Edgeで検索.txt）

ブラウザ操作の自動化について

すでにChapter 5ではWindowsアプリ（デスクトップアプリ）の自動化の方法について解説しました。Power Automateでアプリを自動操縦することの便利さについては分かったのではないでしょうか。Chapter 6では、ブラウザ操作を自動化したり、インターネットからデータをダウンロードしたり抽出したりする方法を解説します。
とはいえ、ブラウザ操作の自動化は、Chapter 5で見たアプリの自動化と違うのでしょうか。確かに違います。ブラウザの中に描画されるアプリの構造は、既存のWindowsアプリの構造とは異なる独自の構造になっているのです。Power Automateでは両者の違いをできるだけ吸収する仕組みにはなっていますが、やはり利用するアクションが異なります。そこで、本書では章を分けてブラウザの自動化にスポットを当てていきます。

また、ブラウザを自動操縦するのに当たって、利用するブラウザごとに拡張機能のインストールが必要です。最初にブラウザに拡張機能をインストールする方法を確認してみましょう。

ブラウザに拡張機能をインストールしよう

Power Automateのブラウザ操作を利用するには、ブラウザごとに専用の拡張機能をインストールする必要があります。ブラウザごとにインストールが必要になります。

Microsoft Edgeの場合

Windowsに標準でインストールされているブラウザ「Microsoft Edge」を利用する場合も拡張機能のインストールが必要です。

Power Automateでブラウザ自動化の機能を初めて使おうとするときに、自動的にダイアログが表示されストアに誘導されます。インストールして機能をオンにしましょう。なお、自動でダイアログボックスが表示されないときは、Edgeを開いて以下のURLにアクセスしましょう。

- **Edgeアドオン > Microsoft Power Automate**

    ［URL］https://microsoftedge.microsoft.com/addons/detail/microsoft-power-automate/kagpabjoboikccfdghpdlaaopmgpgfdc

図 6-1-1　マイクロソフトのストアで拡張機能をインストールしよう

> **HINT**
>
> 上記のEdgeアドオンが既にインストールされている場合は、「インストールされていますが、無効です」と表示されます。その場合は、「オンにする」を押して拡張機能を有効にしましょう。
> 一方、まだインストールされていない場合は、「インストール」ボタンが表示されるので、クリックしてインストールしてください。
>
> 「このアイテムは無効です」と表示された場合は、すでにインストールされています。「今すぐ有効にする」をクリックして拡張機能を有効にします。「インストール」用のボタンが表示されている場合は、それをクリックしてインストールしてから、拡張機能を有効にしましょう。

次のようなメッセージが表示されたら、「拡張機能をオンにする」をクリックします。すると、Power AutomateからEdgeの自動操作が可能になります。

図 6-1-2　EdgeでPower Automateの拡張機能をインストールする

Google Chromeの場合

Google Chromeの場合もEdgeの場合と同様です。Chromeのウェブストアに誘導されるので拡張機能をインストールします。もしうまく拡張機能のインストールページが開かなければ、Chromeで次のURLにアクセスしましょう。

- **Chromeウェブストア > Microsoft Power Automate**
  [URL] https://chromewebstore.google.com/detail/microsoft-power-automate/ljglajjnnkapghbckkcmodicjhacbfhk?hl=ja

図6-1-3　Chromeウェブストアで、拡張機能をインストールしよう

「このアイテムは無効です」と表示された場合は、すでにインストールされています。「今すぐ有効にする」をクリックして拡張機能を有効にします。「インストール」用のボタンが表示されている場合は、それをクリックしてインストールしてから、拡張機能を有効にしましょう。

Firefoxの場合

Firefoxの場合も上記と同様の手順でインストールが必要です。以下のURLに拡張機能がありますのでインストールしましょう。

- **Firefox ADD-ONS > 拡張機能 > Microsoft Power Automate**
  [URL] https://addons.mozilla.org/ja/firefox/addon/microsoft-power-automate/

図6-1-4　Firefox ADD-ONSで拡張機能をインストールしよう

Firefoxで拡張機能を有効にするには、画面右上のメニューから［アドオンとテーマ > 拡張機能 > Microsoft Power Automate］を開きます。そして、画面上部でアドオンをオンに設定します。

図 6-1-5　Firefoxの拡張機能をオンにしよう

Power Automate拡張機能の追加と削除

間違えて、EdgeやChromeから拡張機能を削除してしまった場合には、それぞれのブラウザの拡張機能のストアから再度インストールすることができます。Edgeアドオン、Chromeウェブストアで「Power Automate」と検索すると見つけることができますし、前述のURLを入力しても拡張機能のページを表示できます。

なお、Power Automateの拡張機能はサイズも小さく追加や削除も簡単です。そのため、ブラウザの自動処理を使わない場合には、普段は削除（または無効）しておいて必要なときにインストールする（有効にする）というのも手です。ブラウザの拡張機能を削除するには、ブラウザ右上にあるアイコンからPower Automateの拡張機能を選んで削除できます。

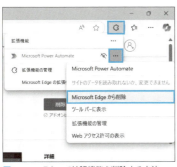  

図 6-1-6　Edgeで拡張機能を削除する方法　　図 6-1-7　Chromeで拡張機能を削除する方法　　図 6-1-8　Firefoxで拡張機能を削除する方法

レコーダーでブラウザ操作を記録しよう

それでは、ブラウザ自動操作の簡単な利用例として、レコーダーを使ってブラウザ操作を自動記録してみましょう。

1 レコーダーを起動しよう

最初に、新しいフローを作成しましょう。そして、画面上部にある「レコーダー」のボタンを押して、レコーダーを起動しましょう。

図 6-1-9　レコーダーを起動しよう

247

2 Edgeを起動して記録を開始しよう

レコーダーが表示されたら、ブラウザのEdgeを起動して検索エンジンのBingのページを表示します。そして、レコーダーの左上にある「記録」のボタンを押して記録を開始しましょう。

- 検索エンジン「Bing」
  [URL] https://www.bing.com/

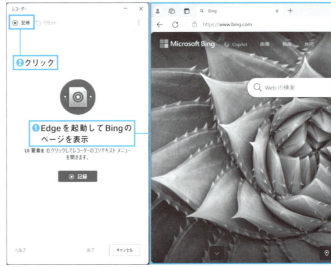

図6-1-10　Edgeを起動してレコーダーの記録を開始しよう

3 EdgeでPower Automateを検索してみよう

Edgeの画面で「Power Automate」について検索してみましょう。検索キーワード「Power Automate」と入力したら[Enter]キーを押すか「検索」ボタンをクリックしましょう。
検索結果が表示されたら、レコーダーの記録を終了しましょう。「終了」ボタンを押します。

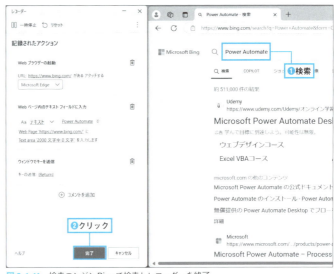

図6-1-11　検索エンジンBingで検索しレコーダーを終了

4 余分なアクションを削除しよう

もしブラウザの操作と関係ない手順まで記録されてしまっていれば、アクションを選んで右クリックし、「削除」をクリックしましょう。

図 6-1-12　余分なアクションを削除しよう

なお、右のようなフローが記録されることを想定していますが、操作のタイミングや順序により異なる動作が記録されることでしょう。それでも、ここではレコーダーを試すことが目的なので、紙面と違っても気にせずに進みましょう。大切なのは、操作した手順がアクションとして記録されるということを確認することです。

図 6-1-13　レコーダーで自動的に記録されたアクション

5 Edgeを起動するように設定を変更しよう

まず、上記の手順で記録したフローを実行してみてください。原稿執筆時のバージョンでは、記録したアクションを実行すると、Edgeに接続できないというエラーが出てうまく実行できませんでした。もしうまく動く場合は、次の手順 6 へ進んでください。

うまくいかない場合は、Edgeの起動方法を修正すると正しく実行できます。まず、キャンバスに挿入されたアクションの中から「新しいMicrosoft Edgeを起動する」アクションを選んでダブルクリックして、設定ダイアログを表示しましょう。「詳細」設定から「タイムアウト」の時間を修正します。60に変更して試してみましょう。

図 6-1-14　タイムアウト時間を変更できる

それでも、うまく起動しない場合、「起動モード」を変更しましょう。「新しいインスタンスを起動する」に変更します。そもそも、変更前の「実行中のインスタンスに接続する」の状態では、Edgeがすでに起動している場合、そのEdgeに接続して自動操縦するという設定です。うまく起動中のEdgeに接続できないのならば、新規でEdgeを起動すればよいのです。

図6-1-15　新しいインスタンスで起動するように変更しよう

6 実行してみよう

Power Automateの画面上部にある[実行ボタン]を押してフローを実行してみましょう。Bingのページが表示され、自動的に「Power Automate」が検索されることでしょう。

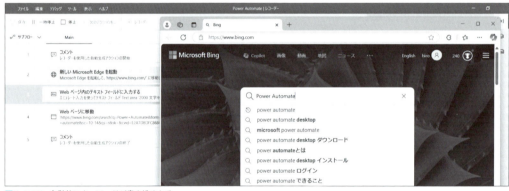

図6-1-16　自動的にキーワードが書き込まれる

図6-1-17　検索結果が表示される

HINT
エラーが出てブラウザに接続できない場合

多くの場合、ブラウザのPower Automate拡張機能が無効だったり、インストールに失敗している場合にエラーが出るようです。本節の内容を最初から確認してみましょう。

次によくある原因として、ブラウザの起動に時間がかかりタイムアウトしてしまう問題です。この場合、先の手順 **5** のように**タイムアウト**時間を長めに設定しましょう。

それでも、うまくいかない場合は、一度、拡張機能を削除した上で改めてインストールしてみましょう。加えて、拡張機能の設定を確認して、サイトアクセスの項目が「すべてのサイト」になっていることを確認しましょう。

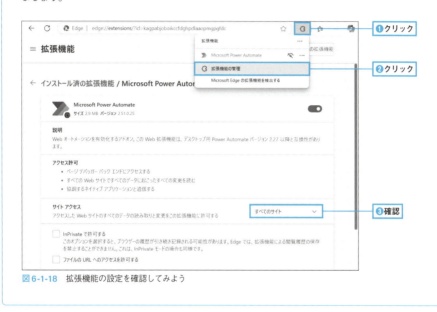

図 6-1-18　拡張機能の設定を確認してみよう

まとめ

以上、本節では、ブラウザ自動操縦の準備として、拡張機能のインストールや、レコーダーによる記録について紹介しました。次節より、もう少し具体的な自動操縦の仕方を紹介します。

Chapter 6-2

指定サイトにアクセスして
スクリーンショットを保存しよう

難易度：★☆☆☆☆

Chapter 6-1ではレコーダーを利用したブラウザ操作を紹介しましたが、本節ではブラウザ自動化のグループにアクションを使って自動化する方法を確認していきましょう。

ここで学ぶこと

- 任意のブラウザの起動

- スクリーンショットの保存

ここで作るもの

- ブラウザを起動してスクリーンショットを保存するフロー（ch6/スクリーンショット保存.txt）

ブラウザ自動操作のアクションについて

Power Automateではブラウザを自動操作するために、たくさんのアクションが用意されています。アクションペインの「ブラウザー自動化」のグループを開いて見てみましょう。このグループ内のアクションを使うことでブラウザの操作ができます。
なお、Excelの操作と同じように、ブラウザを操作するためには、最初に「新しい（ブラウザ名）を起動する」のアクションを使う必要があります。そして、自動操作が終わったら「Webブラウザーを閉じる」アクションを実行してブラウザを終了させます。
まとめると、次のような手順で実行する必要があります。

図6-2-1 「ブラウザー自動化」のグループにあるアクション一覧

(1)「新しい（ブラウザ名）を起動する」アクションを実行してブラウザを起動
(2) 何かしらのブラウザで自動操縦処理を実行
(3)「Webブラウザーを閉じる」アクションを実行してブラウザを終了

なお、「ブラウザー自動化」グループのアクションを見ていくと、リンクをクリックしたり、ダウンロードリンクをクリックしたり、テキストフィールドに入力したりと、いろいろな作業が自動化できることが分かるでしょう。

スクリーンショットを保存しよう

それでは、上記のアクションを利用して簡単なフローを作成しましょう。前回はレコーダーを利用する方法を紹介しましたので、今回は**アクションを貼り付ける方法**でフローを組み立てていきましょう。ここで作成するフローは右のようなものです。

図6-2-2　指定したWebサイトのキャプチャを保存するフロー

1 ブラウザを起動しよう

新しいフローを作成しましょう。そして、アクション一覧から「ブラウザー自動化 > 新しいMicrosoft Edgeを起動」アクションを選んで貼り付けましょう。
設定ダイアログが出たら、次のように指定しましょう。

ここで指定する値

項目	指定する値
起動モード	新しいインスタンスを起動する
初期URL	https://nadesi.com （任意のURLを指定）
ウィンドウの状態	標準

図6-2-3　ブラウザを起動してサイトを開くように指定しよう

2 スクリーンショットを保存しよう

Webサイトのスクリーンショットを撮影したら、デスクトップに保存するようにしましょう。そこで、「フォルダー > 特別なフォルダーを取得」と「ブラウザー自動化 > Webデータ抽出 > Webページのスクリーンショットを取得します」の2つのアクションをキャンバスに貼り付けましょう。
まず、「特別なフォルダーを取得」アクションの設定では、**デスクトップ**のパスを得るように指定します。ここで変数「**SpecialFolderPath**」に設定されることも確認しましょう。

図6-2-4　デスクトップのフォルダパスを得るように設定

253

次に「ブラウザー自動化 > Web データ抽出 >
Web ページのスクリーンショットを取得します」
アクションを貼り付け、設定ダイアログでは、右
のように指定しましょう。

ここで指定する値

項目	指定する値
キャプチャ	Web ページ全体
保存モード	ファイル
画像ファイル	%SpecialFolderPath%\サイトキャプチャ.png
ファイル形式	PNG

図 6-2-5　デスクトップにスクリーンショットを保存しよう

3 ブラウザを閉じよう

最後にブラウザを閉じましょう。アクション一覧か
ら「ブラウザー自動化 > Web ブラウザーを閉じる」
アクションを貼り付けましょう。

図 6-2-6　最後にブラウザを閉じよう

4 実行しよう

以上で完了です。画面上部にある［実行ボタン］をクリックしましょう。すると、ブラウザの Edge が起動して、
nadesi.com のサイトを表示し、**サイト全体のスクリーンショット**を撮影して、デスクトップに PNG 形式の画像を保
存します。

図 6-2-7
自動的に Edge が起動してスクリーンショットを撮影してくれる

1画面に収まらないスクロールの必要なWebサイトも、自動的にスクロールして上から下まで全体のスクリーンショットを撮影してくれます。

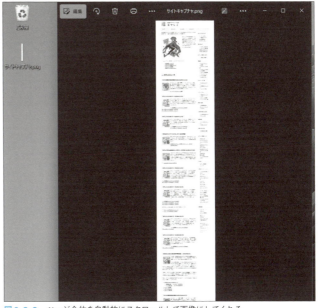

図6-2-8 ページ全体を自動的にスクロールして画像にしてくれる

> **HINT**
> ## エラーが出て動かない場合
>
> Chapter 6-1の末尾に、エラーが出て動かない場合の対処方法をいくつか紹介しています。参考にしてみてください。

ブラウザ操作の流れを押さえておこう

ここでは、ブラウザを起動して、スクリーンショットを撮影して、ブラウザを閉じるという簡単なフローを作りました。この一連のブラウザ操作の流れを覚えておきましょう。

まとめ

以上、ここでは、ブラウザ自動操作の一番簡単な例としてWebサイトのスクリーンショットを撮影する方法を確認しました。ブラウザ操作の流れがよく分かったことでしょう。いろいろなことが自動化できそうという期待を高めて次に進みましょう。

Chapter 6-3

スクレイピング作業を自動化しよう

難易度：★★☆☆☆

ブラウザを自動操縦して実現したいことの1つに、スクレイピングがあります。これは表示したサイトから情報を抽出して保存することを言います。本節ではスクレイピングの基礎を解説します。

ここで学ぶこと
- スクレイピング

ここで作るもの
- 天気予報を取得するフロー（ch6/天気予報取得.txt）

スクレイピングとは？

『スクレイピング（英語：scraping）』とは、インターネットに掲載されている有益な情報を収集したり抽出したりすることです。今ではさまざまな情報がインターネット上に掲載されています。そうした有益な情報を抽出して利用できたらとても役立ちます。
そこで、任意のWebサイトに掲載されている情報を自動的に抽出したりダウンロードしたりしてみましょう。スクレイピングを利用することで、有益な情報を手軽に取り出して活用できます。

Power Automateを使えば簡単にスクレイピングが実現できる

Power Automateが優れている点でもあるのですが、マウスで抽出したい情報の一部を選択することで、情報を一気に取り出すことができます。ブラウザ内に掲載されている情報には一定のパターンがあり、その最初のパターンの一部を指定することで、自動的に認識して情報を取り出してくれます。
情報の抽出場所を指定する処理には、少し慣れが必要ですが、操作に慣れることで、とても簡単にブラウザを自動操縦して、情報を取り出すことができるようになるでしょう。

天気予報を取得しよう

ブラウザを自動操縦して、天気予報のページから情報を抽出するフローを作ってみましょう。Power Automateでは抽出した情報を手軽にExcelファイルへ保存できます。
ここでは、全国天気予報の概況ページから、天気情報を取り出してExcelファイルへ保存するフローを作ってみましょう。なお、この気象情報は、気象庁から定期的に取得しているものです。

- 全国天気予報の概況ページ

  [URL] https://n3s.nadesi.com/widget.php?991&run=1

図 6-3-1 気象情報予報の情報

そこから全国の情報を取り出して、Excelファイルへ保存するフローを作ってみましょう。ここで作るフローは以下のようなものです。

1	新しい Microsoft Edge を起動	Microsoft Edge を起動して、'https://n3s.nadesi.com/widget.php?991&run=1' に移動し、インスタンスを Browser に保存します
2	Web ページからデータを抽出する	Web ページの特定のフィールドからデータを抽出し、仮想テーブルを作成して ExcelInstance の Excel スプレッドシートにストアします
3	特別なフォルダーを取得	フォルダー デスクトップ のパスを取得し、SpecialFolderPath に保存する
4	Excel を閉じる	SpecialFolderPath '\天気予報.xlsx' という名前で Excel ドキュメントを保存して Excel インスタンス ExcelInstance を閉じる
5	Web ブラウザーを閉じる	Web ブラウザー Browser を閉じる

図 6-3-2 ここで作成するフロー

1 ブラウザを起動しよう

最初に、ブラウザを起動しましょう。ここでは、Edgeを起動しましょう。アクション一覧から「ブラウザー自動化 > 新しいMicrosoft Edgeを起動」を貼り付けましょう。そして、設定ダイアログが出たら、全国天気予報の概況ページのURLを指定して表示するようにします。

ここで指定する値

項目	指定する値
起動モード	新しいインスタンスを起動する
初期URL	https://n3s.nadesi.com/widget.php?991&run=1

図 6-3-3 ブラウザを起動するように設定しよう

「保存」ボタンを押した後で、一度[実行ボタン]を押して、ブラウザのEdgeが起動するか確かめてみてください。なお、Edgeは終了させず、そのままにしておきましょう。

2 Webページからデータを抽出しよう

無事にブラウザが起動したら、ページ内のどの部分のデータを抽出するのか指定しましょう。ここが本節一番のポイントです。アクション一覧から「ブラウザー自動化 > Webデータ抽出 > Webページからデータを抽出する」を貼り付けましょう。
設定ダイアログが出たら、「データ保存モード」を「Excelスプレッドシート」に設定します。

図6-3-4　アクション「Webページからデータを抽出する」を設定しよう

そして、この設定ダイアログを表示している状態のまま、Edgeをアクティブにしましょう。すると右の図のような「ライブWebヘルパー」が起動します。このツールはとても賢く便利です。
使い方ですが、ブラウザ画面上の読み取りたい情報にマウスカーソルを合わせ、右クリックして「要素の値を抽出 > テキスト」をクリックします。

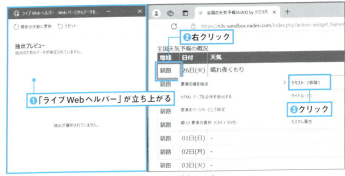

図6-3-5　ライブWebヘルパーを使って要素を追加しよう

なお、ここでは、**地域・日付・天気**の3列を取り込みたいと思います。表のヘッダ部分ではなく、**実際のデータ部分**（次の画像でいうところの「釧路」「26日(火)」「晴れ夜くもり」）を3列分、1つずつ選んでいきます。マウスカーソルを合わせ「Table header cell」と赤いマークが出たら、右クリックして「要素の値を抽出 > テキスト」をクリックします。すると抽出プレビューに追加されます。
なお、左から2列分のデータを追加すると、ライブWebヘルパーが、取り出したい範囲を予測して残りの列も**一気に抽出プレビューに表示**するので、実際には3列目の追加操作は不要です。自動追加されなかった場合のみ追加しましょう。

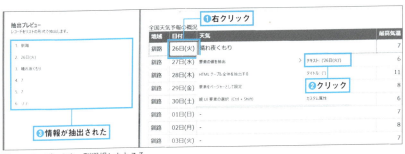

図6-3-6　データを一列選択したところ

しかし、今回取り込みたいのは、一列分だけではなく、**表全体**です。そこで、2行目にあるデータも追加します。次の画像でいうとまずは「釧路」に当たる値を選んで追加します。すると、抽出プレビューの画面が二次元の表に変わり、3行目以降のデータも取り出して表示します。ただし、この時点では2列分のみ（**図6-3-7**でいうと「Value#2」まで）が抽出された状態なので、「雨夕方からくもり所により朝から夕方雷を伴う」（実際の画面ではテキストが異なることがあります）に当たる値を追加します。すると、**図6-3-7**のように「Value#3」も含んだ状態になります。

図6-3-7　2行目にあるデータも追加しよう

改めて確認すると、**図6-3-8**の4カ所を選択して追加することで、左から3列を抽出できます。そうしたら、ライブWebヘルパーで「終了」をクリックして、アクションの設定画面も閉じます。

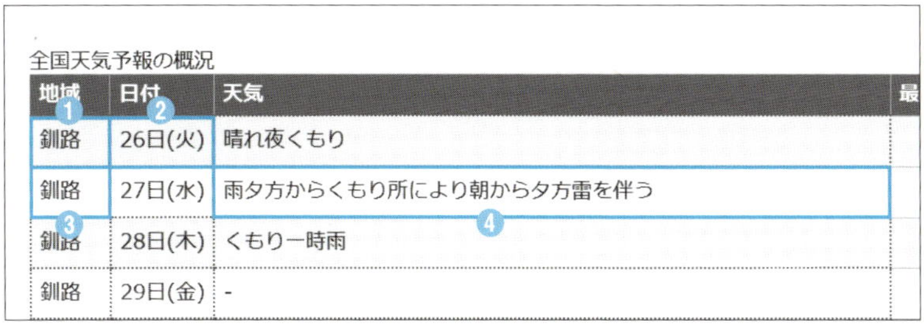

図6-3-8　4カ所のセルを選択する

3　Excelファイルを保存しよう

抽出したデータはExcelのシートに書き込まれます。Excelが自動的に起動した状態になります。そこで、デスクトップにExcelファイルを保存しましょう。アクション一覧から「フォルダー > 特別なフォルダーを取得」と「Excel > Excelを閉じる」を貼り付けましょう。

「特別なフォルダーを取得」の設定ダイアログが出たら、「デスクトップ」を選択しましょう。

図6-3-9　デスクトップのパスを得るように設定

259

そして「Excelを閉じる」の設定ダイアログでは、デスクトップの「天気予報.xlsx」に保存するように設定しましょう。

ここで指定する値

Excelを閉じる前	名前を付けてドキュメントを保存
ドキュメントパス	%SpecialFolderPath%\天気予報.xlsx

図 6-3-10　デスクトップに保存するよう設定

4 ブラウザを閉じよう

最後にブラウザを閉じましょう。「ブラウザー自動化 > Webブラウザーを閉じる」アクションを貼り付けましょう。

図 6-3-11　最後にブラウザを閉じるようにする

5 実行しよう

画面上部の［実行ボタン］を押して、フローを実行してみましょう。すると、Edgeが起動して、天気予報のページが表示された後、すぐにブラウザが閉じます。すると、デスクトップに「天気予報.xlsx」というExcelファイルが生成されます。そこで、このファイルを開いて見ると、天気予報の情報が保存されているのを確認できます。当然ですが、フローを実行すると、ブラウザに表示される最新の天気予報が保存されます。

図 6-3-12　実行してみよう

ライブWebヘルパーを活用するポイント

本節で紹介したフローは、ブラウザでWebサイトにアクセスし、**必要な情報だけを取り出してファイルに保存する**というものでした。フローを実行すると、あっという間に作業が完了するので、ブラウザの自動操縦できる便利さが実感できるでしょう。

最も重要なのが「Webページからデータを抽出する」アクションです。手順 2 では、「ライブWebヘルパー」の起

動方法、そして、基本的なテキストの抽出方法使い方を確認しました。取り出したい部分にマウスカーソルを置き、右クリックして「要素の値を抽出 > テキスト」をクリックするという基本的な作業をマスターしましょう。

まとめ

本節では、簡単なスクレイピングについて紹介しました。わずか5つのアクションで、Webサイトを開いて、ページ内にある表をExcelファイルで保存できました。次節ではもう少し複雑なスクレイピングに挑戦してみましょう。

COLUMN

WebサイトはHTMLで記述されている

なお、WebサイトはHTMLと呼ばれる簡単な専用の記述言語で記述されています。たとえば、文書中の見出しは「<h1>見出し</h1>」のように記述されています。ここで<h1>と言うのがタグと呼ばれるものです。タグは「<タグ>テキスト</タグ>」のような書式で記述します。「<タグ>」で始まり「</タグ>」で閉じることになっています。

気軽にHTMLを確認しよう

こうしたHTMLによるマークアップ情報はブラウザに搭載されている開発者ツールを利用することで、気軽に確認できます。

もちろん、Power Automateを使うと、細かいHTMLの文法を知らなくてもスクレイピングが実現できます。それでも、抽出したい情報がどのような構造で記述されているのか知りたい場面も多いものです。そこで、この開発者ツールを使うなら、HTMLの構造を手軽に確認できます。

開発者ツールを使うには、ブラウザ(Edge/Chrome)でHTMLを確認したいWebサイトを開いた後で、ブラウザ右上のアイコン[…]から［その他のツール > 開発者ツール(デベロッパーツール)］をクリックするか、ショートカットキーの［Ctrl］+［Shift］+［I］キーを押すと確認できます。そして、開発者ツールの上部にある［要素］をクリックするとHTMLが確認できます。対象を右クリックして「開発者ツールで調査する」を選択すると、当該箇所のHTMLが表示されます。

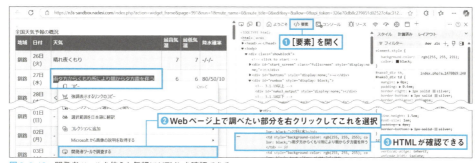

図6-3-13　開発者ツールを使うと気軽にHTMLを確認できる

Chapter 6-4
複数ページのスクレイピングに挑戦しよう

難易度：★★★☆☆

大きなデータを掲載している情報ページではデータが複数ページに分かれて掲載されている場合も珍しくありません。前節では単一ページのみを対象にしましたので、本節では複数ページからのデータ抽出に挑戦しましょう。

ここで学ぶこと
- 複数ページにわたるスクレイピング

ここで作るもの
- 掲示板のログを一括で保存するフロー（ch6/掲示板一括保存.txt）

掲示板のログデータを一括で取得しよう

検索エンジンや掲示板のログなど、1ページに表示する情報量を制限している場合が多くあります。本来は100件のデータがあるのに、現在のページには20件だけを表示しているという場合です。このような複数ページに分かれてデータが掲載されているサイトから一気にデータを取得できたら便利です。そこで、今回は、筆者が運営している開発系の掲示板からログデータの全体をExcelファイルにまとめるフローを作ってみましょう。

ここで抽出の対象とするのは、右図の掲示板に書かれている内容です。掲示板に書き込まれたログを一気に抽出します。それでは見ていきましょう。

- テキスト音楽「サクラ」> バグ報告掲示板
  [URL] https://sakuramml.com/cgi/skr-bug2/

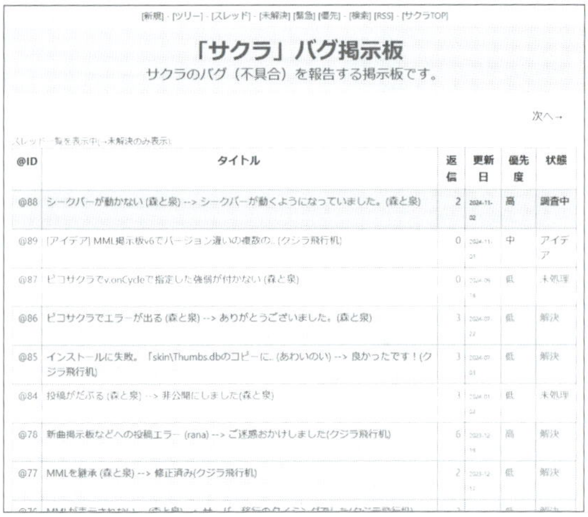

図 6-4-1　開発系の掲示板のログを一括抽出しよう

ここで組み立てるフローは右の通りです。

図 6-4-2　掲示板のログを一気に取得するフローを作ろう

1 ブラウザを起動しよう

最初にブラウザを起動しましょう。アクション一覧より「ブラウザー自動化 > 新しい Microsoft Edge を起動」アクションを貼り付けましょう。そして、次のように設定しましょう。

ここで指定する値

項目	ここで指定する値
起動モード	新しいインスタンスを起動する
初期URL	https://sakuramml.com/cgi/skr-bug2/index.php

図 6-4-3　ブラウザを起動しよう

なお、ここで一度フローを実行して、Edge が起動するか確認しましょう。そして、Edge は起動したままにしておきます。

2 Webページからデータを抽出しよう

次に「ブラウザー自動化 > Web データ抽出 > Web ページからデータを抽出する」アクションを貼り付けましょう。そして、設定ダイアログが表示されている状態で、Edge をアクティブにしましょう。すると、「ライブ Web ヘルパー」が起動するので、抽出範囲を指定していきましょう。

図 6-4-4　ライブ Web ヘルパーを起動したところ

263

まず、ここで指定するのは、右の4列の内容です。

次の画像のように、抽出内容にマウスカーソルを置いて、赤枠が出たら右クリックして抽出内容を指定します。

抽出内容	抽出のための操作
@ID	右クリック > 要素の値を抽出 > テキスト
タイトル	右クリック > 要素の値を抽出 > テキスト
タイトルのリンク	右クリック > 要素の値を抽出 > Href
状態	右クリック > 要素の値を抽出 > テキスト

図6-4-5　テキストの抽出を指定しよう

ここでは、テキストだけでなく、リンク先のURLも一緒に取得してみようと思います。そこで、表からリンクを取得します。リンクを取得するには、右クリックして「要素の値を抽出 > Href」を選んでクリックします。

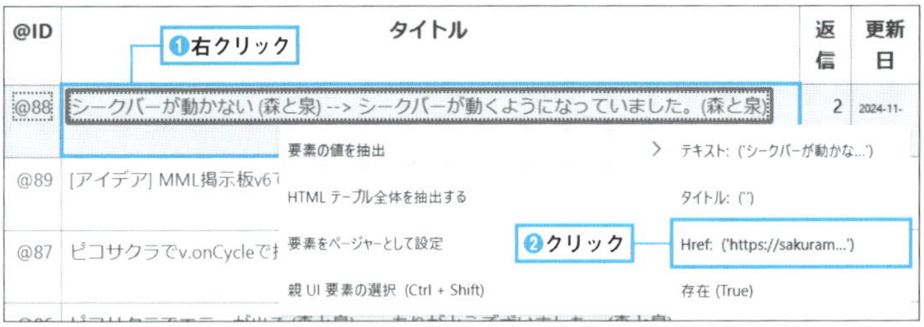

図6-4-6　リンクの抽出を指定

また、今回は、複数ページに渡るデータを抽出します。そこで次のページを表示するボタン（次ページへのリンク）を認識させます。この「次へ→」のボタンは、サイトによって表記が異なります。「>」という記号だったり「→」だったりすることでしょう。この掲示板の場合は右上と右下にあります。そして、ボタンの上で右クリックして「要素をページャーとして設定」をクリックします。

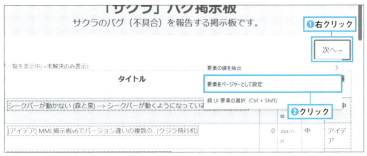

図6-4-7　次へのリンクを認識させよう

なお、手順 2 でライブWebヘルパーに認識させる内容は次の通りです。ちなみに、タイトルを2回認識させていますが、抽出内容が「テキスト」と「リンク」で別のものを認識させます。

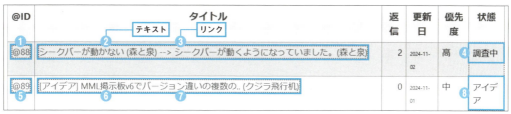

図 6-4-8　図の8点を認識させよう

ライブヘルパーの設定を終えると、「Webページからデータを抽出する」アクションの設定ダイアログに戻ります。そこで、設定ダイアログを以下のように指定しましょう。

ここで指定する値

項目	ここで指定する値
データの抽出元	最初のみ
処理するWebページの最大数	5
データ保存モード	Excelスプレッドシート

図 6-4-9　「Webページからデータを抽出する」アクションを設定しよう

3　抽出したデータをExcelファイルに保存しよう

ここでは、Excelファイルをデスクトップに保存します。そこで「フォルダー > 特別なフォルダーを取得」アクションを貼り付けます。そして、デスクトップを選択して「保存」ボタンをクリックしましょう。

図 6-4-10　デスクトップのパスを得るように設定

続いて、「Excel > Excelを閉じる」アクションを貼り付けましょう。次のように設定しましょう。

ここで指定する値

項目	ここで指定する値
Excelを閉じる前	名前を付けてドキュメントを保存
ドキュメントパス	%SpecialFolderPath%\掲示板ログ.xlsx

図 6-4-11　デスクトップにファイルを保存するように設定

4 Webブラウザを閉じよう

最後にWebブラウザを閉じましょう。「ブラウザー自動化 > Webブラウザーを閉じる」アクションを貼り付けましょう。

図6-4-12　最後にWebブラウザを閉じよう

5 実行してみよう

フローの組み立ては以上です。フローを実行してみましょう。Edgeが起動して掲示板のページが表示されEdgeが閉じます。するとデスクトップに「掲示板ログ.xlsx」というファイルが作成されます。

保存したファイルを開いて、見やすいように、列のサイズを調整したり、セルに枠線をつけたりすると次のようになります。

1	@88	シークバーが動かない (森と泉) --> シークバーが動くようになっていました。(	https://sakuramml.com/cgi/skr-bug2/index.p	調査中
2	@89	[アイデア] MML掲示板v6でバージョン違いの複数の.. (クジラ飛行机)	https://sakuramml.com/cgi/skr-bug2/index.p	アイデア
3	@87	ピコサクラでv.onCycleで指定した強弱が付かない (森と泉)	https://sakuramml.com/cgi/skr-bug2/index.p	未処理
4	@86	ピコサクラでエラーが出る (森と泉) --> ありがとうございました。(森と泉)	https://sakuramml.com/cgi/skr-bug2/index.p	解決
5	@85	インストールに失敗。「skin¥Thumbs.dbのコピーに... (あわいのい) --> 良かっ	https://sakuramml.com/cgi/skr-bug2/index.p	解決
6	@84	投稿がだぶる (森と泉) --> 非公開にしました(森と泉)	https://sakuramml.com/cgi/skr-bug2/index.p	未処理
7	@78	新曲掲示板などへの投稿エラー (rana) --> ご迷惑おかけしました(クジラ飛行机	https://sakuramml.com/cgi/skr-bug2/index.p	解決
8	@77	MMLを継承 (森と泉) --> 修正済み(クジラ飛行机)	https://sakuramml.com/cgi/skr-bug2/index.p	解決
9	@76	MMLが表示されない。(森と泉) --> サーバー移行のタイミングでした(クジラ飛行	https://sakuramml.com/cgi/skr-bug2/index.p	解決
10	@83	マイページの編集ができない (森と泉) --> 修正しました(クジラ飛行机)	https://sakuramml.com/cgi/skr-bug2/index.p	解決
11	@75	新曲掲示板(V6)の投稿ができない (森と泉) --> 修正できました(クジラ飛行机)	https://sakuramml.com/cgi/skr-bug2/index.p	解決
12	@82	タグ検索ができない (森と泉) --> 修正しました(クジラ飛行机)	https://sakuramml.com/cgi/skr-bug2/index.p	解決
13	@81	ピコサクラ、テンポ(value)の反映が1小節遅れる (てれふたる) --> 「音源初期化	https://sakuramml.com/cgi/skr-bug2/index.p	未処理
14	@80	エラーが出て再生されない曲がある (森と泉) --> エラーが出た後に「ピコサク	https://sakuramml.com/cgi/skr-bug2/index.p	未処理
15	@79	key(-1)がエラーになりました (sonny) --> 追記(sonny)	https://sakuramml.com/cgi/skr-bug2/index.p	未処理
16	@74	l.onNoteがうまく働かない(サクラ2.381) (森と泉) --> ステップ指定で上手く行	https://sakuramml.com/cgi/skr-bug2/index.p	未処理

図6-4-13　複数ページにわたる掲示板のログがExcelファイルに保存された

複数ページよりデータを取得するポイント

今回のポイントは、ただ表の内容を取得するだけでなく、**複数ページにあるデータを連続で取得**するという部分でした。そのために手順 2 で確認したように、「ライブWebヘルパー」を使って、要素を**ページャー**（ページめくりのためのボタン）として設定する作業が必要になります。

ただし、注意点ですが、ページをめくった先の表が、めくる前の表と異なる構成になっている場合には正しく動作しません。その場合には、「ブラウザー自動化 > Webページのリンクをクリックします」アクションを使って、リンクを開くように指定した後、改めて開いた先の表に対して抽出範囲を指定するようにします。

まとめ

以上、本節では複数ページにわたる表のスクレイピングに挑戦してみました。ページめくりの「ページャー」の機能を使えば、複数ページの内容も一気に取り出せるので、とても便利です。

266　Chapter 6　ブラウザを自動操作してみよう

Chapter 6-5

ログインページから
データをダウンロードしよう

| 難易度：★★★☆☆ |

> ここまでの部分でPower Automateを使うとWebサイトのデータ抽出が非常に簡単にできることが分かったことでしょう。続いて、ログインが必要な会員制サイトから自動でファイルをダウンロードする方法を紹介します。

ここで学ぶこと

- ログイン処理の自動化について
- ファイルのダウンロードについて

ここで作るもの

- 会員制サイトにログインしてファイルをダウンロードするフロー（ch6/ログインしてダウンロード.txt）

ログインが必要なサイトについて

昨今のWebアプリはログイン（あるいはサインイン）が必要なサイトが増えています。ログインして初めて重要なデータが見られるようになっています。インターネットは世界中に開かれていますが、ログインすることにより、そのユーザーだけが見られる情報、そのユーザーにカスタマイズされた内容になります。ここでは、**ログインが必要なサイトにログインして、サイトからCSVファイルをダウンロードするフロー**を作ってみましょう。

せっかくなので、実際のWebサービスで会員制サイトにログインしてみましょう。ここでは、筆者が趣味で運営している作詞掲示板を例にしてみましょう。この掲示板は見るだけならログインは不要ですが、お気に入りの星を付けたり、作品を投稿するには、ログインが必要です。今回はこのWebサービスにログインするフローを作ります。

- **作詞掲示板 - uta.pw**
  [URL] https://uta.pw/sakusibbs/

図 6-5-1　ログインが必要な会員制のサイト

なお、テスト用にアカウントを1つ作りました。もし新規アカウントの作成が面倒だという方は、右のアカウントを利用してください。

| ユーザー名 | PAD-BOOK |
| パスワード | paD2022#mB |

ここで作成するフローは次の通りです。

図 6-5-2　会員制サイトにログインしてファイルをダウンロードするフローを作ろう

1 ブラウザを起動しよう

最初にブラウザを起動するアクションを貼り付けましょう。アクションの一覧から「ブラウザー自動化 > Microsoft Edge を起動」を貼り付けます。その際、最初からログインページを開くようにします。なお、ログインページとは右のように、**ユーザー名とパスワードの入力フォームのあるページ**です。

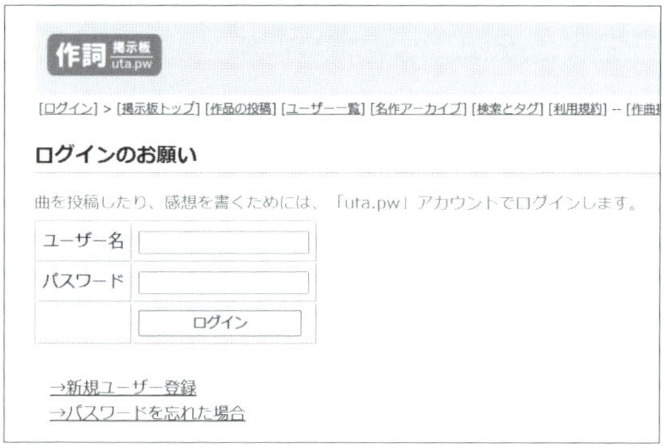

それで「Microsoft Edge を起動する」アクションの設定ダイアログで次の値を指定しましょう。

ここで指定する値

項目	指定する値
起動モード	新しいインスタンスを起動する
初期URL	https://uta.pw/sakusibbs/users.php?action=login

ここで一度フローを実行して、Edge が起動することを確認しておきましょう。なお、Edge は閉じずに起動したままにしておきます。

図 6-5-3　作詞掲示板のログインページ

図 6-5-4　ブラウザを起動するように指定しよう

2 ユーザー名とパスワードを入力しよう

ログインページが開いたら、ユーザー名とパスワードを入力しましょう。ログインフォームに値を自動入力するために、どのUI要素に値を書き込むのかを指定する必要があります。メニューより［表示 > UI要素］をクリックしてUI要素ペインを表示します。そして、「UI要素の追加」ボタンを押しましょう。

すると「UI要素の追加」ウィンドウが出るので、Edgeのウィンドウに切り替えます。そして、ログインフォームの、ユーザー名のテキストボックス、パスワードのテキストボックス、ログインボタンと3つの要素を追加します。要素を追加するには、［Ctrl］キーを押しながら要素を1つずつクリックします。

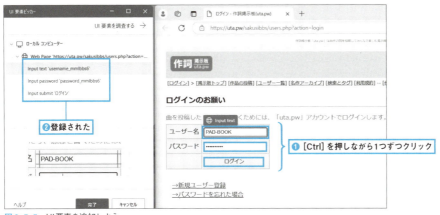

図6-5-5　UI要素を追加しよう

なお、マウスカーソルで、ユーザー名を指定した際、<input:text>というUI要素が追加されることを確認しましょう。そして、パスワードを指定した際に、<input:password>というUI要素が追加されることを確認しましょう。UI要素を追加したら「完了」ボタンを押しましょう。

続いて、アクション一覧から「Webフォーム入力 > Webページ内のテキストフィールドに入力する」アクションを2つ貼り付けます。1つ目のアクションの設定ダイアログでは、ログイン名を指定します。「UI要素」に「... <input:text> 'username_mmlbbs6'」を選択します。そして、テキストには「PAD-BOOK」と入力して「保存」ボタンを押します。

図6-5-6　ユーザー名が自動的に入力されるように指定

次にパスワードを指定しましょう。2つ目の「Webページ内のテキストフィールドに入力する」アクションの設定ダイアログでは、UI要素に「... <input:password> 'password_mmlbbs6'」を選択します。そして、テキストにパスワードの「paD2022#mB」を入力して「保存」ボタンを押します。

図6-5-7　パスワードを自動入力するように設定

3 ログインボタンをクリックしよう

続いて、ログインボタンをクリックするようにしましょう。アクション一覧から「ブラウザー自動化 > Web フォーム入力 > Web ページのボタンを押します」を貼り付けましょう。

設定ダイアログが表示されたら、「UI 要素」のパラメーターの右端にある ▽ をクリックします。すると、上記の手順で追加した UI 要素の一覧が表示されます。ここでは、ログインボタンを押したいので「<input:submit> 'ログイン'」をダブルクリックします。

図 6-5-8 「UI 要素」の一覧から「ログイン」ボタンを選ぼう

4 マイページに移動しよう

ログインすると「マイページ」に移動するリンクが表示されます。マイページの画面を確認するために読者の皆さんもログインしてみてください。

そして、マイページへのリンクを探してクリックしましょう。

そのために、アクション一覧から「ブラウザー自動化 > Web ページのリンクをクリック」を貼り付けましょう。そして、「UI 要素」の右端の ▽ をクリックして、「UI 要素の追加」をクリックしましょう。

図 6-5-9 「UI 要素の追加」を選ぼう

すると、UI 要素の追加ウィンドウが表示されるので、実際に Edge を操作してログインし、画面左上にある「★マイページ」を UI 要素に追加しましょう。[Ctrl] キーを押しながらリンクをクリックします。

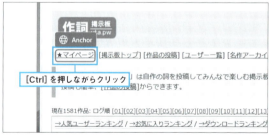

図 6-5-10 マイページへ移動するリンクをクリックするように設定

すると設定ダイアログに戻るので「保存」ボタンを押します。

図 6-5-11 アクションを保存する

5 ダウンロードリンクをクリック

次に「一覧をCSVでダウンロード」のリンクをクリックしましょう。アクションの一覧から「Webページのリンクをクリック」を貼り付けましょう。続いて、手順4と同様に、UI要素から「UI要素の追加」をクリックしましょう。

図6-5-12 「UI要素の追加」を選ぼう

すると、「UI要素の追加」ウィンドウが表示されます。そこで、Edgeでマイページを表示した後、ページの真ん中にある作品一覧の右横にあるリンク「一覧をCSVでダウンロード」を[Ctrl]キーを押しながらクリックします。設定ダイアログに戻るので「保存」ボタンを押しましょう。

図6-5-13 「一覧でCSVをダウンロード」のリンクを登録

6 少し待ってからブラウザを閉じよう

リンクをクリックしてからダウンロードされるまで少し待ってからブラウザを閉じるようにしましょう。そこで、アクション一覧から「フローコントロール > 待機」と「ブラウザー自動化 > ブラウザーを閉じる」を貼り付けましょう。
「待機」の設定では「5」を指定して、5秒待つようにしてしまいましょう。

図6-5-14 5秒待つように指定しよう

続いて「Webブラウザーを閉じる」の設定ダイアログではそのまま「保存」ボタンを押しましょう。

図6-5-15 ブラウザを閉じるアクションを貼り付けよう

7 実行してみよう

フローは以上で完成です。[実行ボタン]を押して、フローを実行してみましょう。すると、ブラウザが起動しログインフォームにユーザー名とパスワードが書き込まれて、ログインします。そして、「一覧をCSVでダウンロード」のリンクがクリックされます。これにより、list.csvというファイルがダウンロードされます。

図 6-5-16　実行したところ

なお、ダウンロードしたファイルは、ブラウザで設定したフォルダ（デフォルトではユーザーごとの「ダウンロード」フォルダ）に保存されます。メモ帳などで開いてみると、作品一覧が記述されていることが分かります。

図 6-5-17　ファイルは「ダウンロード」フォルダに保存される

> **MEMO**
> なお、このCSVファイルをダブルクリックで開くとExcelが開くのですが、文字コードがUTF-8であるため文字化けしてしまいます。メモ帳などでこのファイルを開いてエンコードを ANSI (Shift_JIS) にして保存すると、Excel でも開けます。

ログインフォームをUI要素に登録する際のポイント

Chapter 5でWindowsアプリを自動化するために、UI要素ペインを使いましたが、ブラウザを自動操縦する際にもUI要素が活躍します。「UI要素ペイン」や、今回行ったようにアクションの設定ダイアログから「UI要素の追加」ボタンをクリックして、自動で入力したいアカウント名やパスワードなどのフィールドやボタンを追加することで、それらを操作できます。

図 6-5-18
操作したい「UI要素」を追加しよう

Edgeでダウンロードしたファイルを取得するには？

先の手順では、ダウンロードリンクをクリックすると、Edgeが設定したデフォルトの「ダウンロード」フォルダにファイルがダウンロードされます。しかし、**ダウンロードするファイルの保存先を指定**したり、ダウンロードしたファイルに対して何かしらの処理を行いたいという場面もあります。

そのために、「ブラウザー自動化 > Webページのダウンロードリンクをクリック」アクションが用意されています。このアクションを使えば、**任意のフォルダにファイルを保存**できます。しかし、残念ながら、このアクションは、原稿執筆時点では、一世代前のブラウザである「Internet Explorer」(以下IEと略します)を使った場合にしか使うことができません。すでに多くのWebサイトでIEのサポートは打ち切られてはいるため、正しく動作しない可能性があります。とはいえ、どうしてもダウンロードしたファイルを操作したい必要があるなら、IEで動くかどうか試してみる価値はあるでしょう。

図6-5-19　ダウンロードリンクをクリックのアクションはIEのみが使えるアクション。IE以外ではエラーになる

しかし、ダウンロードしたファイルが保存されるフォルダは、「ダウンロード」フォルダと決まっているわけですから、ダウンロードのリンクをクリックした後、少ししてから**ダウンロードフォルダにファイルが保存されたかどうかを監視**することで、ダウンロードしたファイルを処理することができます。

それでも、ダウンロードしたファイルがどのファイル名で保存されるかを確認する必要があります。また、すでにダウンロードフォルダに同名ファイルがある場合は、「list(1).csv」「list(2).csv」のようにファイル名が変わってしまいます。そのため、ファイルのダウンロード前に、**同名ファイルを別の名前にリネーム**しておくなど、工夫が必要です。

ここから以下のような処理を作るとよいでしょう。

1. ブラウザを自動操縦してサイトにログイン
2. ダウンロードのリンクをクリックする前に、ダウンロードフォルダを確認
3. もし、ダウンロードしたいファイルと同名のファイルがあれば別名にリネーム
4. ダウンロードリンクをクリック
5. ダウンロードフォルダに該当ファイルが保存されたのを確認して、そのファイルを処理する

上記の処理を全部作ると、長いフローになってしまうため、ここでは概略のみ(上記2と3の処理)を紹介します。たとえば、**図6-5-20**のようなフローを作成するとよいでしょう。

273

図6-5-20　ダウンロードフォルダにあるファイルを処理する

まとめ

以上、本節ではブラウザを操縦して、自動的にログインするフローを作ってみました。会員制のWebアプリ・Webサイトでは、ログイン処理が必須となっていますので、本節のフローが参考になるでしょう。

Chapter 6-6

Discordにメッセージを送信しよう

難易度：★★☆☆☆

Power AutomateからDiscordにメッセージを送信する方法を紹介します。Webから情報を取得したり、自動処理で作成したデータを、手軽にDicordに送信できると便利です。

ここで学ぶこと

● Discordのウェブフックを使う方法

ここで作るもの

● Discordを送信するフロー（ch6/Discord送信.txt）

● スクリーンショットを撮影してDiscordに送信するフロー（ch6/スクリーンショットをDicord送信.txt）

Power AutomateからDiscordへ通知を送ろう

Discordとは、テキストチャット、音声通話、ビデオ通話、画面共有などの機能を備えた無料のコミュニケーションツールです。もともとは、オンラインゲームのプレイヤーを中心に人気を集めましたが、ビジネス用途や学校など幅広く利用されるようになりました。

スマートフォンやタブレット、PCで利用できます。リアルタイムにメッセージの送受信ができるので、さまざまな用途で利用されています。

Discordが便利なのは、外部のアプリケーションから気軽にDiscordにメッセージを送信する「ウェブフック」と呼ばれる機能が備わっていることです。さまざまなプログラミング言語から利用できるような汎用的な仕組みになっており、Power Automateからも利用できます。

図6-6-1　DiscordのWebサイト

● DiscordのWebサイト
　[URL]　https://discord.com/

Power AutomateとDiscordウェブフックの活用のアイデア

Power Automateの自動処理フローの中で、このDiscordウェブフックを活用できると便利です。どんなことに使うと便利でしょうか。

実行に時間のかかるフローを実行した時に、実行完了をDiscordに通知することもできます。また、本章で紹介したスクレイピングのフローを実行して、結果を特定の相手に通知することもできます。ほかにも、ファイルを添付して送信することもできます。それで、ファイルを圧縮したり、スクリーンショットを撮ったりと、何かしらの自動処理を行い、その結果を送信するのにも利用できます。

Discordに通知を送信しよう

上述の通り、いろいろな自動処理で活用できるのですが、まずは基本から確認しましょう。ここでは簡単に格言をDiscordに送信するだけのフローを作ってみましょう。

ここで作成するフローは次の通りです。

図6-6-2　Discordに通知を送信するフロー

1 DiscordでウェブフックURLを取得しよう

Discordにメッセージを送信する際、チャンネルごとに「ウェブフックURL」と呼ばれる文字列（URL）を取得する必要があります。これは、Discordのチャンネルの設定から取得を行います。そのため、ブラウザでDiscordにログインしましょう。

ログインしたら、メッセージを送信したいサーバーを選択します。ここでは、テスト用に新規サーバーを作成しましょう。Discordのサーバーとは、メッセージングアプリのグループのようなものです。サーバーに参加したメンバーだけがメッセージを読むことができます。サーバーを作成するには画面左側のパネルの「＋」ボタンを押します。

図6-6-3　画面左側のパネル「＋」ボタンを押して新規サーバーを追加しよう

サーバー名を決めて「新規作成」ボタンを押すと、新規サーバーが作成されます。

図6-6-4 サーバー名を決めて「新規作成」ボタンを押そう

そして、Discordで通知したいチャンネルを選んで「チャンネルの編集」アイコンをクリックしましょう。

図6-6-5 チャンネルの編集アイコンをクリック

そして、画面左から「連携サービス」をクリックします。そして「ウェブフックを作成」ボタンをクリックしましょう。

図6-6-6 連携サービスから「ウェブフック」をクリックしよう

ウェブフックが作成されたら、「ウェブフックURLをコピー」ボタンをクリックして、URLをクリップボードにコピーしましょう。

すると、次のようなウェブフックURLを取得できます。このURLを忘れないように、メモ帳などに貼り付けて保存しておきましょう。

図 6-6-7　ウェブフックURLをコピーして覚えておこう

コピーしたウェブフックURLの文字列の例

```
https://discord.com/api/webhooks/1309502320563851325/82KXSWYga33R1msYq4zxYgJDsTit0D0SrjCQDoV1qpj2pxjUZSPP9ly_HP0-KTNFj6zs
```

2 変数にウェブフックURLを設定しよう

それでは、Power Automateを開いて新しいフロー「Discord送信」を作成しましょう。そして、アクション一覧から「変数 > 変数の設定」を貼り付けます。設定ダイアログが出たら、変数DISCORD_URLに手順 1 で取得したURLを指定しましょう。

ここで設定する値

項目	指定する値
変数	DISCORD_URL
値	（[1] で取得したURL）

図 6-6-8　変数DISCORD_URLに先ほど取得したURLを設定しよう

3 送信したいメッセージを指定

送信したいメッセージを変数に設定しましょう。同じようにアクション「変数の設定」を貼り付けましょう。そして、変数DISCORD_MESSAGEに任意のメッセージを指定します。

図 6-6-9　変数に送信したいメッセージを設定

4 ウェブフックを呼び出すアクションを追加

次に、アクション一覧から「HTTP > Web サービスを呼び出します」を貼り付けましょう。ここで、ウェブフックのパラメーターを指定します。次のように設定しましょう。

ここで設定する値

項目	指定する値
URL	%DISCORD_URL%
メソッド	POST
受け入れる	application/json
コンテンツタイプ	application/json
カスタムヘッダー	（空）
要求本文	{"content": "%DISCORD_MESSAGE%"}

図 6-6-10　Discord を呼び出すパラメーターを指定しよう

さらに、「詳細」を開いて次の設定を変更しましょう。

ここで設定する値

項目	指定する値
要求本文をエンコードします	オフ
エンコード	utf-8: Unicord (UTF-8)

図 6-6-11　詳細設定を変更しよう

279

5 実行してみよう

フローを実行してみましょう。実行してすぐにDiscordアプリにメッセージが届きます。Discordにはスマートフォンのアプリのほか PC 版もあるので、どんな端末でも受信できて便利です。

図 6-6-12
iPhoneのDiscordにメッセージが届いたところ

図 6-6-13　ブラウザのDiscordにメッセージが届いたところ

うまくDiscordにメッセージが届かない場合

なお、実行してもメッセージが届かない場合には、手順 2 の変数DISCORD_URLの末尾に「?wait=true」と追記した上で、改めて実行してみましょう。

図 6-6-14　URLの末尾に「?wait=true」を追記しよう

編集画面右側の「フロー変数」の一覧が更新されて、失敗した理由が表示されます。成功すると、StatusCodeが200になりますが、エラーの場合、異なるエラーコードが表示されます。
このStatusCodeの番号で調べてみると理由が分かる場合があります。

図6-6-15　フロー変数

ウェブフックURLが間違っている場合

Discordから取得したURLの貼り付けミスがあると正しく動きません。変数「StausCode」が401になった場合には、URLの貼り付けミスが原因です。

なお、ウェブフックURLは、何度でも作成し直すことができます。手順 1 を参考にして、新しいウェブフックURLを取得してください。

図6-6-16　URLが間違っている場合のエラー

その他のエラー

変数「WebServiceResponse」の値を確認すると、いろいろな原因が記述されています。すべてのエラーメッセージをここに網羅することはできないので、エラーメッセージを検索してみると原因が分かることが多いです。

図6-6-17　「WebServiceResponse」の値を確認してみよう

スクリーンショットを撮影してDiscordに送信してみよう

次に、スクリーンショットを撮影してDiscordに送信するフローを紹介します。なお、スクリーンショットなどファイルを送信する場合、「Webサービスを呼び出します」アクションではうまく画像ファイルを添付できません。

そこで、「スクリプト > DOSコマンドの実行」アクションを使います。次のようなアクションを作成します。

図6-6-18　スクリーンショットを撮影してDiscordに送信するフロー

1 ウェブフックURLを取得して変数に設定

最初に前項の 1 で紹介したフローと同様の手順で、ウェブフックURLを取得しましょう。そして、変数DISCORD_URLに設定しましょう。アクション「変数 > 変数の設定」を貼り付けましょう。そして、URLを指定します。今回はエラーが分かりやすいように、最初からURLの末尾に「?wait=true」を設定しましょう。

図6-6-19　変数にURLを設定しよう

2 スクリーンショットを撮影してデスクトップに保存

スクリーンショットを撮影しましょう。ここでは画面全体をデスクトップの「test.png」に保存するとします。まず、「フォルダー > 特別なフォルダーを取得」アクションを貼り付けましょう。デスクトップが得られるように選択して「保存」ボタンを押しましょう。

図6-6-20　デスクトップのフォルダパスを得るように設定

次に、「ワークステーション > スクリーンショットを取得」アクションを貼り付けましょう。貼り付けたら次のように設定しましょう。

ここで設定する値

項目	指定する値
キャプチャ	すべての画面
スクリーンショットの保存先	ファイル
画像ファイル	%SpecialFolderPath%\test.png
画像の形式	PNG

図 6-6-21　デスクトップに保存するように設定しよう

3 DOSコマンドを実行しよう

次に、DOSコマンドを実行してDiscordに画像を送信します。アクション一覧から「スクリプト > DOSコマンドを実行」を貼り付けましょう。そして、次のようにDOSコマンドを入力します。

DOSコマンドは次のようなものです。これは、Windows10以降標準で入っているcurlというコマンドラインツールを使って、画像ファイルをDiscordに送信するというものです。

図 6-6-22　DOSコマンドを設定しよう

```
curl -k -F "file=@%SpecialFolderPath%\test.png" "%DISCORD_URL%"
```

上記のコマンドは、curlコマンドを実行するものです。curlコマンドを使うと、手軽にDiscordのサーバーに画像データを送信できます。curlコマンドのオプションの「-F」に続いて、画像ファイルのパスを指定しているところがポイントです。「%SpecialFolderPath%/test.png」という部分が送信するファイルのパスです。必要に応じてこの部分を書き換えると良いでしょう。

4 実行してみよう

フローを実行してみましょう。フローを実行した時点のスクリーンショットが撮影されて、Discordに送信されます。

図6-6-23　スクリーンショットがDiscordに送信されたところ）

まとめ

本節ではDiscordにメッセージを送信する方法、そして、画像を送信する方法の二つの方法を紹介しました。いずれにしても、手軽にDiscordにメッセージを送信できるので便利です。フローに組み込んで使ってみましょう。

Chapter 7 スクリプトを活用してみよう

Power Automateには豊富に機能が用意されていますが、もう少しかゆいところに手が届けばよいのにという場面もあります。そんなときに使えるのが「スクリプト」です。Chapter 7でコピー&ペーストで使える便利なスクリプトを紹介します。

Chapter 7-1	「DOSコマンドの実行」アクションを活用しよう …………… 286
Chapter 7-2	「PowerShellスクリプトの実行」アクションを活用しよう …………………………………………………………………… 290
Chapter 7-3	Windowsトースト通知を表示しよう ……………………… 296
Chapter 7-4	ファイルを削除するときごみ箱に入れよう ……………… 299
Chapter 7-5	選択したExcelファイルをPDFで出力 ……………………… 302
Chapter 7-6	Excelリストを元にしてWord請求書を自動生成しよう … 309

Chapter 7-1

「DOSコマンドの実行」アクションを活用しよう

難易度：★★☆☆☆

DOSコマンドというのは、コマンドラインから使えるツールのことです。Power AutomateからDOSコマンドが実行できます。これにより、OSにインストールされている機能やバッチファイルを実行できます。

ここで学ぶこと

- DOSコマンドについて

- 便利なコマンドをいくつか紹介

ここで作るもの

- IPアドレスを取得するフロー（ch7/IPアドレス表示.txt）

DOSコマンドについて

Windowsの前身となるOSをご存じでしょうか。マイクロソフトがWindows以前、1981年に販売したOSが**MS-DOS**です。そして、MS-DOSはコマンドラインベースのOSであり、簡単なコマンドを実行することで、さまざまな操作が可能でした。
これがとても便利だったので、Windowsになってからも「コマンドプロンプト」という名前で利用することができました。開発から40年以上も経過した現在でも現役で利用できるというのは、凄いことではないでしょうか。

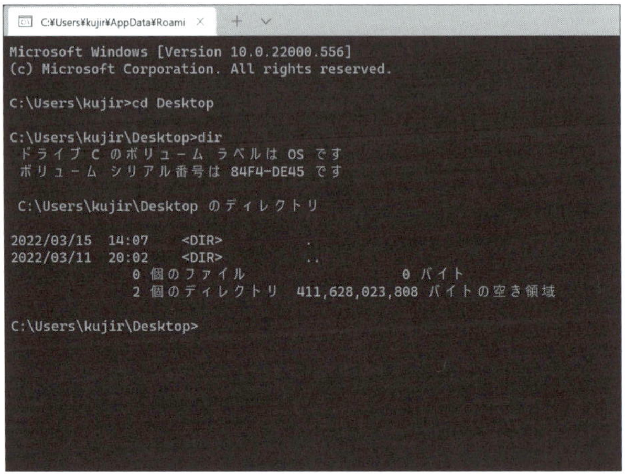

図7-1-1　最新Windowsでも使えるコマンドプロンプト

そして、Power Automateのアクション「スクリプト > DOSコマンドの実行」を使うと、MS-DOSのコマンドを実行できます。Chapter 6-6のDiscordでも画像を送信するのに、このアクションを利用しました（p.283）。

IPアドレスを取得するアクションを作ってみよう

ここでは、利用中のPCのIPアドレスを取得してクリップボードにコピーするツールを作ってみましょう。
ここで作成するフローは次の通りです。

図7-1-2　IPアドレスをコピーするツールを作ろう

1　DOSコマンドを実行してIPアドレスを得よう

新しいフローを作成したら、アクション一覧から「スクリプト > DOSコマンドの実行」を貼り付けましょう。そして、以下のコマンドを記入しましょう。

ここで記入するコマンド
```
ipconfig | find "IPv4"
```

このコマンドは、**ipconfig**というIPアドレスを確認・更新するツールを実行し、IPv4という行が書かれている行だけを取り出すというものです。

図7-1-3　「DOSコマンドの実行」を貼り付けよう

なお、設定ダイアログの下方にある、生成された変数でコマンドの実行結果が変数「CommandOutput」に設定されることを確認しましょう。

2　実行結果を表示しよう

もちろん、実行結果をすぐにクリップボードにコピーすることもできます。それでも、コピーする内容をダイアログで確認できると便利です。アクション一覧から「メッセージボックス > 入力ダイアログを表示」を貼り付けましょう。そして、次ページの表のように設定します。

図7-1-4　「入力ダイアログを表示」アクションを設定しよう

287

ここで設定する値

項目	指定する値
入力ダイアログのタイトル	このPCのIPアドレス
入力ダイアログ メッセージ	以下をクリップボードにコピーしますか？
規定値	%CommandOutput%
入力の種類	複数行

なお、生成された変数で、ユーザーの入力ボックス（コピーする内容）が変数「UserInput」に、ユーザーが押したボタンが変数「ButtonPressed」に設定されることを確認しましょう。

3 クリップボードにIPアドレスを設定しよう

手順 2 のダイアログで「OK」ボタンが押されたときに、クリップボードを書き換えるようにしましょう。まずは、アクション一覧から「条件 > If」アクションを貼り付けましょう。そして、次のような条件を指定します（**図7-1-5**）。

ここで指定する値

項目	指定する値
最初のオペランド	%ButtonPressed%
演算子	と等しい (=)
2番目のオペランド	OK

図7-1-5 「if」アクションを設定しよう

条件を指定したら「保存」ボタンをクリックしましょう。

続いて、アクション一覧から「クリップボード > クリップボード テキストを設定」アクションを貼り付けましょう。その際、「If」から「End」の間に配置します。そして、設定ダイアログが表示されたら「%UserInput%」と入力します（**図7-1-6**）。

図7-1-6 「クリップボード テキストを設定」を貼り付けよう

4 実行してみよう

以上で完成です。フローを実行してみましょう。IPアドレスの一覧を取得して、入力ダイアログに表示します。ここで「OK」を押すと、クリップボードにIPアドレスの一覧がコピーされます。メモ帳を開いて、貼り付けをしてみましょう。IPアドレスの一覧が貼り付けられます。

図7-1-7 実行してみたところ

便利で簡単に使えるDOSコマンド

Windows 10/11には多くのDOSコマンドがインストールされています。そのため、そうしたコマンドを利用すれば、手軽にPower Automateから利用できます。ここで、便利なコマンドをいくつか紹介します。

指定するコマンド	説明
ipconfig | find "IPv4"	IPアドレス（IPv4）の一覧を取得する
tasklist	起動中のプログラムやサービスの一覧とメモリ使用量を得る
getmac /v	Wi-FiやBluetoothなどのMACアドレスを取得する
whoami	ログイン中のユーザーの情報を取得
fc (ファイルA) (ファイルB)	ファイルAとBの相違点を取得
type (ファイル名)	ファイルの内容を取得
tree (フォルダー)	指定のフォルダー以下にあるサブフォルダー一覧をツリー形式で取得する
explorer (フォルダー)	エクスプローラーを指定のフォルダーで起動する
calc	電卓を起動する
mspaint	ペイントを起動する
notepad	メモ帳を起動する
osk	スクリーンキーボードを起動する
sndvol	音量ミキサーの起動

なお、DOSコマンドと言えば、ファイルをコピーする「copy」やフォルダーを作成する「mkdir」などが有名なのですが、Power Automate自身にファイルのコピーやフォルダーの作成機能がついているので省略しています。

任意のアプリやコマンドを実行できる

また、このほかに、自分でインストールしたアプリを実行する場合も、この「DOSコマンドの実行」アクションを利用して実行できます。そのため、もし、Power Automateに足りない機能があっても、外部アプリやコマンドをインストールすれば、フローの中に組み込むことができます。

まとめ

本節では、「DOSコマンドの実行」アクションを使う方法を紹介しました。このアクションを使えば、Windowsに用意されているさまざまなDOSコマンドが実行できるだけでなく、追加でコマンドをインストールすることで、Power Automateの機能を拡張できます。

Chapter 7-2

「PowerShellスクリプトの実行」アクションを活用しよう

| 難易度：★★☆☆☆ |

PowerShellスクリプトを使うとWindowsのいろいろな機能にアクセスできます。そして、DOSコマンドよりも高度な処理が可能なので、Power Automateのフローに組み込むと便利です。

ここで学ぶこと

- PowerShellスクリプトについて

- ショートカットを作成する方法

- PowerShellスクリプトの計算結果を取得する方法

ここで作るもの

- ショートカットを作成するフロー（ch7/ショートカット作成.txt）

- 消費カロリーを計算するフロー（ch7/消費カロリー計算.txt）

PowerShellスクリプトとは？

「PowerShell」とはWindowsに標準搭載されているコマンドラインインターフェイスです。PowerShellにコマンドを入力することでWindowsを操作できます。そして、「PowerShellスクリプト」とはPowerShellで実行できるスクリプト言語です。

Chapter 7-1では「DOSコマンドの実行」アクションについて紹介しました。簡単なコマンドを記述することで、Power Automateにない機能を実行できることを紹介しました。本節では「PowerShellスクリプトの実行」アクションを紹介します。PowerShellスクリプトを使うことで、DOSコマンドよりも高度な処理が記述可能です。また、最新のWindowsの機能を手軽に使うことができます。特に、Windowsアプリの開発に使われる「.NET Framework」と呼ばれる便利なライブラリの機能が利用できます。

そのため、このアクションを使うと、Power Automateのフローの中に、PowerShellスクリプトの実行を組み込むことができるのでとても便利です。

デスクトップにショートカットを作成しよう

原稿執筆時点で、Power Automateにはファイルのショートカットを作成する機能が用意されていません。しかし、PowerShellスクリプトを使えば、手軽にショートカットを作成できます。ここでは、ユーザーが選択したファイルのショートカットをデスクトップに作成するというフローを作成してみましょう。
ここで作成するフローは次のようなものです。

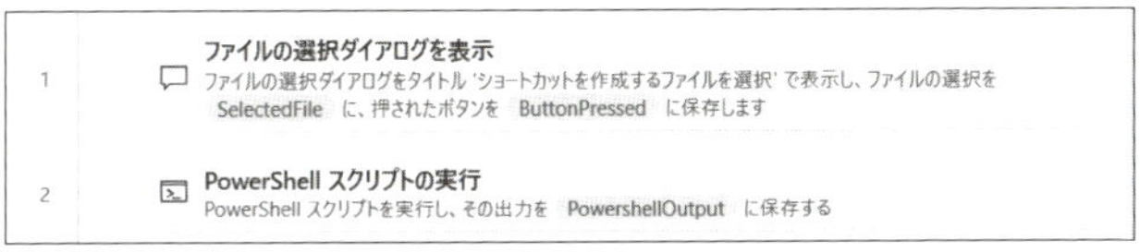

図7-2-1　ショートカットを作成するフローを作ろう

1 ファイル選択ダイアログを表示しよう

新しいフローを作ったら、アクション一覧から「メッセージボックス > ファイルの選択ダイアログを表示」を貼り付けましょう。ここでは、タイトルに「ショートカットを作成するファイルを選択」と入力しましょう。そして、選択したファイルのパスが変数「SelectedFile」に設定されることを確認しましょう。

図7-2-2　「ファイルの選択ダイアログを表示」を貼り付けよう

2 PowerShellスクリプトを実行しよう

次に、「スクリプト > PowerShellスクリプトの実行」アクションを貼り付けましょう。設定ダイアログには次のように、実行するプログラムを入力しましょう。

図7-2-3　PowerShellスクリプトを入力しよう

ここで入力するPowerShellスクリプトのプログラム

```
01  $target = "%SelectedFile%"
02  $shell = New-Object -ComObject WScript.Shell
03  $name = Split-Path $target -Leaf
04  $lnk = $shell.CreateShortcut("$Home\Desktop\$name.lnk")
05  $lnk.TargetPath = $target
06  $lnk.Save()
```

上記のプログラムはショートカットをデスクトップに作成するものです。ここでプログラムの意味は分からなくても問題ありません。また、本書のサンプルに「ch7/プログラム-ショートカット作成.txt」に上記のプログラムを収録しているのでコピーして利用してください。

それでも、プログラムの1行目で、Power Automateの変数「**%SelectedFile%**」を埋め込んでいるという点に注目してください。

3 実行してみよう

以上でフローは完成です。画面上部の［実行ボタン］を押して、フローを実行してみましょう。ファイルの選択ダイアログが表示されるので、適当なファイルを選択しましょう。すると、デスクトップにショートカットが作成されます。

図7-2-4　ファイルを選択すると……

図7-2-5　デスクトップにショートカットが作成される

スクリプトに
Power Automateの変数を埋め込む際のポイント

上記で作成したフローでは、PowerShellスクリプトを実行して、デスクトップにショートカットを作成するものでした。ここでは、Power Automateのファイル選択ダイアログで選択したファイルを、どのようにPowerShellに受け渡しているのかの部分がポイントになります。

すでに何度も紹介しているように「メッセージを表示」アクションを使って、メッセージダイアログに変数の値を表示したい場合には、メッセージの中に「**%変数%**」の形式の文字列を記述していました。このように指定すると「**%変数%**」の部分に実際の変数の値が埋め込まれるのでした。

PowerShellスクリプトのプログラムの場合も全く同じで、「**%変数%**」と記述した部分が**変数の値に置き換えられて**から、PowerShellスクリプトが実行されます。

つまり、たとえば選択したファイルが「c:\list.csv」だった場合、上記の手順 2 で指定したPowerShellスクリプトの1行目は、次のように置き換えられます。

プログラム	$target = "%SelectedFile%"
実行時	$target = "c:\list.csv"

292　Chapter 7　スクリプトを活用してみよう

PowerShellスクリプトの計算結果を利用しよう

もちろん、Power Automate側の値を、PowerShellスクリプトに反映させるだけでなく、PowerShellの実行結果をPower Automate側で受け取ることも可能です。

Power Automate
変数A
%変数A%
PowerShell スクリプトで 計算
計算結果
%Powershell Output%
Power Automate

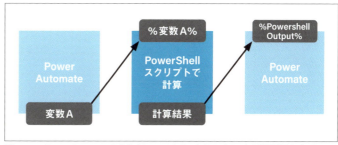

図7-2-6　Power Automateの変数をPowerShellに与えるだけでなく計算結果も受け取れる

ウォーキングと消費カロリーの計算フロー

この仕組みを利用して、58kgの人がウォーキングした際の消費カロリーを計算するフローを作ってみましょう。消費カロリーの計算は次のようなものです。なお、ウォーキングは時速4kmで歩いた運動量（3メッツ）の計算式です。

消費カロリーの計算

```
消費カロリー(kcal) = 3メッツ × 体重kg × 運動時間 × 1.05
```

ここでは次のようなフローを作ってみましょう。

1
入力ダイアログを表示
タイトルが　である通知ポップアップ ウィンドウにメッセージ '何分歩きましたか？' の入力ダイアログを表示し、ユーザーの入力を UserInput に、押されたボタンを ButtonPressed に保存します
2
PowerShell スクリプトの実行
PowerShell スクリプトを実行し、その出力を PowershellOutput に保存する
3
メッセージを表示
タイトルが　である通知ポップアップ ウィンドウにメッセージ PowershellOutput を表示し、押されたボタンを ButtonPressed2 に保存します

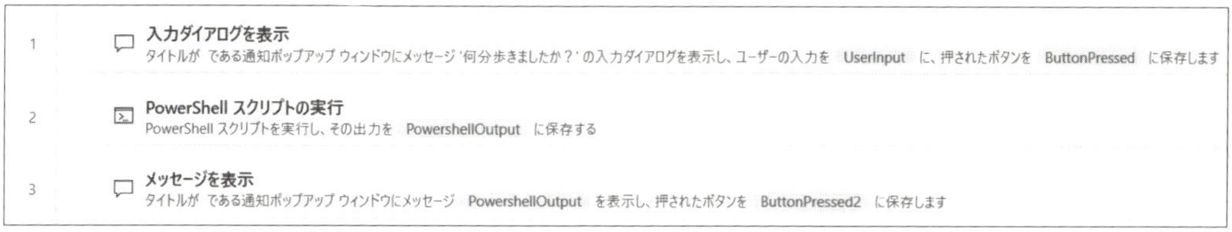

図7-2-7　ここで作る消費カロリーの計算フロー

1 入力ダイアログで歩いた時間を尋ねよう

新しいフローを作成し、「メッセージボックス > 入力ダイアログを表示」アクションを貼り付けましょう。ここでは「何分歩きましたか？」と尋ねるようにし、規定値に「30」を指定しておきましょう。

全般
入力ダイアログのタイトル:
入力ダイアログ メッセージ:
何分歩きましたか？
既定値:
30
入力の種類:
1 行
入力ダイアログを常に手前に表示する:
生成された変数
UserInput
ButtonPressed

図7-2-8　何分歩いたかを尋ねるダイアログを表示するように設定しよう

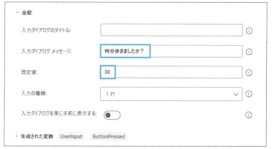

2 PowerShellスクリプトを記述しよう

次にアクション「スクリプト > PowerShell スクリプトの実行」を貼り付けましょう。そして、次のプログラムを入力します。これは消費カロリーを計算するものです。
そして、実行結果が変数「PowershellOutput」に設定されるのを確認して「保存」ボタンを押しましょう。

図 7-2-9　PowerShell スクリプトを入力しよう

ここで入力するプログラム

```
01  $v = 3 * 58 * (%UserInput% / 60) * 1.05
02  echo "$v kcalです！"
```

上記は、ユーザーが入力した値「%UserInput%」を受け取り、消費カロリーを計算して、メッセージ「(計算結果) kcalです！」と出力するプログラムです。

3 結果をメッセージダイアログに表示しよう

そして、PowerShell スクリプトの実行結果をメッセージダイアログに表示するように設定しましょう。アクション「メッセージボックス > メッセージを表示」を貼り付けて、表示するメッセージに「%PowershellOutput%」を指定します。

図 7-2-10　「メッセージを表示」アクションを貼り付けよう

4 実行してみよう

以上でフローは完成です。実行ボタンを押して、フローを実行してみましょう。すると、入力ダイアログが出るので、ウォーキングした時間を入力します。

図 7-2-11　ウォーキングした時間を入力しよう

すると、消費カロリーが計算されてダイアログに表示されます。

図 7-2-12　消費カロリーがメッセージダイアログに表示される

PowerShellの実行結果を受け取れる

上記の手順 2 で確認したように、「PowerShellスクリプトの実行」アクションで、任意のプログラムを実行できます。そして、生成された変数「PowershellOutput」に実行結果が設定されます。そこで、Power Automateのフロー内でPowerShellの結果を利用できます。

まとめ

以上、本節では「PowerShellスクリプトの実行」アクションを利用して、ショートカットを作成したり、何かしらの計算を行う方法を紹介しました。このアクションを利用することで、いろいろなWindowsの機能にアクセスできるので便利です。次節でも、このアクションを利用してみましょう。

Chapter 7-3

Windowsトースト通知を表示しよう

難易度：★★☆☆☆

Windowsトースト通知を利用すると、画面右下に通知を表示できます。フローの作業経過や完了の通知をさりげなく表示できます。前節に続きPowerShellスクリプトを使って、トースト通知を表示してみましょう。

ここで学ぶこと

● Windowsトースト通知の使い方

ここで作るもの

● トースト通知を表示するフロー（ch7/トースト通知.txt）

Windowsトースト通知とは

Windowsにはアプリからの通知を表示する「トースト通知」の機能があります。これは、**画面の右下にポップアップ**するもので、通知バナーと呼ばれることもあります。カレンダーやTo Doアプリの予定を表示したり、メールが受信したことをユーザーに通知するのに使われます。

ユーザーの作業をそれほど邪魔することなく、さりげなく表示するので便利です。なお、トースターでパンが焼き上がったとき、パンが飛び出す様子に似ているため「トースト通知」と呼ばれます。

図7-3-1　トースト通知の例

Power Automateでトースト通知を利用しよう

Power Automate自身には、このトースト通知を表示する機能はないのですが、PowerShellスクリプトを使うことでフローに取り込んで使うことができます。

最初に、簡単にトースト通知を使う方法を紹介します。ここでは以下のような簡単なフローを作成します。

図7-3-2　ここで作成するフロー

296　Chapter 7　スクリプトを活用してみよう

1 変数にメッセージを設定

新しいフローを作成します。そして、アクション一覧から「変数 > 変数の設定」を貼り付けましょう。ここでは、変数「TOAST_MESSAGE」に表示したいメッセージを指定します。

図 7-3-3　変数「TOAST_MESSAGE」に表示したいメッセージを指定しよう

2 トースト通知を表示するプログラムを指定

次に、アクション一覧から「スクリプト > PowerShell スクリプトの実行」を貼り付けましょう。そして、トースト通知を表示するプログラムを入力しましょう。

ここで入力するプログラムは次の通りです。プログラムが少し長いので、本書のサンプル「ch7/プログラム-トースト通知.txt」よりプログラムを貼り付けるとよいでしょう。

図 7-3-4　PowerShellスクリプトの実行を貼り付けてプログラムを入力

ここで入力する PowerShell スクリプトのプログラム

```
01  $msg = @'
02  %TOAST_MESSAGE%
03  '@
04  $title = "Power Automateより"
05  $t = [Windows.UI.Notifications.ToastNotificationManager,Windows.UI.Notifications,ContentType=WindowsRuntime]::GetTemplateContent([Windows.UI.Notifications.ToastTemplateType, Windows.UI.Notifications, ContentType=WindowsRuntime]::ToastText01);
06  $t.GetElementsByTagName("text").Item(0).InnerText = $msg;
07  [Windows.UI.Notifications.ToastNotificationManager]::CreateToastNotifier($title).Show($t);
```

PowerShell スクリプトのプログラムの内容はトーストを表示するだけのものです。プログラムの2行目に、Power Automate の変数「TOAST_MESSAGE」が埋め込まれているという点だけ確認しましょう。ここでは内容は気にせずに入力したら「保存」ボタンを押します。

3 実行してみよう

実行ボタンを押して、フローを実行してみましょう。すると指定したメッセージのトースト通知が表示されます。

図 7-3-5
フローを実行するとトースト通知が表示される

通知する内容を変更してみよう

手順 1 で、トースト通知に表示するメッセージを指定しています。そのため、変数「TOAST_MESSAGE」に設定する内容を変更することで、自由にメッセージを通知することができます。

たとえば、右のように変数を設定して**絵文字を複数行**に表示することもできます。

図 7-3-6　複数行の絵文字を指定

図 7-3-7　絵文字で装飾したトーストも表示できる

まとめ

以上、本節では「PowerShellスクリプトの実行」アクションを利用して、Windowsトースト通知を表示するフローを作ってみました。プログラムの内容は気にせず、本サンプルからアクションをコピーして貼り付けることで、自分のフローに組み込めるので使ってみてください。

Chapter 7-4

ファイルを削除するとき ごみ箱に入れよう

難易度：★★☆☆☆

Power Automateの「ファイルの削除」アクションを使うと、手軽にファイルが削除できるのですが、ごみ箱に入らず完全に削除されてしまいます。操作ミスがあると大変なので、PowerShellスクリプトを使ってごみ箱に捨てるようにしてみましょう。

ここで学ぶこと

- 「PowerShellスクリプトの実行」アクションの利用例

- ファイルを完全削除するのではなくごみ箱に入れる方法

ここで作るもの

- ファイルをごみ箱に入れるフロー（ch7/ファイルをごみ箱に入れる.txt）

PowerShellスクリプトでごみ箱に捨てよう

本節では「PowerShellスクリプトの実行」アクションを使った例をもう1つ見てみましょう。ここでは、Windowsのごみ箱にファイルを入れるというフローを作ってみましょう。

そもそも、Power Automateの「ファイルの削除」アクションを使うと、ごみ箱に入れることなく、完全にファイルを削除してしまうので注意が必要です。念のため、ごみ箱に入るようにするなら、安心して作業ができます。ごみ箱は、うっかり削除を防ぐためのWindowsの機能です。皆さんもうっかりファイルを消してしまってごみ箱に助けられたことがあるのではないでしょうか。

ここでは、ファイルの選択ダイアログでファイルを選択し、そのファイルを自動でWindowsのごみ箱に捨てるというフローを作ってみましょう。

ここで作成するフローは以下のようなものです。

| 1 | **ファイルの選択ダイアログを表示**
ファイルの選択ダイアログをタイトル 'ごみ箱に入れるファイルを選択' で表示し、ファイルの選択を SelectedFile に、押されたボタンを ButtonPressed に保存します |
| 2 | **PowerShell スクリプトの実行**
PowerShell スクリプトを実行し、その出力を PowershellOutput に保存する |

図7-4-1　ファイルをごみ箱に捨てるフロー

それでは、さっそくフローを作ってみましょう。

1 ファイルの選択ダイアログを表示する

新しいフローを作成しましょう。まずは、「メッセージボックス > ファイルの選択ダイアログを表示」アクションを貼り付けましょう。ダイアログのタイトルに「ごみ箱に入れるファイルを選択」と入力しましょう。そして、生成された変数として、選択したファイルのパスが「SelectedFile」に設定されることを確認しましょう。

図7-4-2　ファイルの選択ダイアログを表示しよう

2 PowerShellスクリプトを設定しよう

次に、「スクリプト > PowerShellスクリプトの実行」アクションを貼り付けましょう。そして、次のプログラムを入力しましょう。

図7-4-3　PowerShellスクリプトを入力しよう

ここで入力するPowerShellスクリプトのプログラムは次のようなものです。本書のサンプル「ch7/プログラム-ごみ箱.txt」に収録しているので貼り付けるとよいでしょう。

ここで入力するPowerShellスクリプトのプログラム

```
01 $shell = New-Object -ComObject Shell.Application
02 $trash = $shell.NameSpace(10)
03 $trash.MoveHere("%SelectedFile%")
```

このプログラムの3行目に、変数「%SelectedFile%」が埋め込まれていることを確認してください。

3 実行してみよう

フローを実行して、動作を確認してみましょう。フローを実行するとファイルの選択ダイアログが出るので、ごみ箱に入れたいファイルを選択しましょう。

図7-4-4　削除したいファイルを選択

そして、Windowsのごみ箱を開いてみましょう。ごみ箱にファイルが入っていることを確認できます。

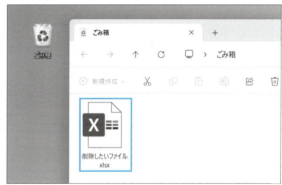

図7-4-5　ごみ箱にファイルが捨てられた

まとめ

以上、本節ではファイルを直接削除するのではなく、Windowsのごみ箱へ移動する方法を紹介しました。ほんの3行のプログラムを貼り付けるだけで機能が実現できました。このように、PowerShellスクリプトを活用すると便利なので試してみてください。

> **MEMO**
> デスクトップに「ごみ箱」アイコンが見当たらない場合は、以下をお試しください。
> Windowsのスタートメニューから［設定］アプリを開き、「個人用設定 > テーマ > デスクトップアイコン」をクリックします。上部で「ごみ箱」アイコンにチェックを入れて「OK」を押して画面を閉じます。これでデスクトップに「ごみ箱」アイコンが表示されます。

Chapter 7-5

選択したExcelファイルを
PDFで出力

| 難易度：★★☆☆☆ |

次に「VBScriptの実行」アクションを使ってみましょう。VBScriptはExcelマクロとほぼ同等の機能を持っています。そこで、このアクションを利用して、ExcelファイルをPDFに変換するフローを作ってみましょう。

ここで学ぶこと

- 複数Excelファイルを連続でPDF出力する方法

ここで作るもの

- ExcelファイルをPDFで出力（ch7/ExcelをPDFに変換.txt）

- フォルダー以下のExcelファイルをPDFに変換（ch7/Excel100個をPDFに変換.txt）

VBScriptについて

Chapter 7-4までで「DOSマクロの実行」や「PowerShellスクリプトの実行」アクションを紹介しました。本節で紹介する「VBScriptの実行」アクションを使うと、VBScriptのプログラムを実行できます。
Chapter 7で紹介したアクションは、いずれも「スクリプト」のグループにあるアクションです。なぜ、いろいろなプログラムが実行できるようになっているのでしょうか。そもそも、世の中には数多くのプログラミング言語があるのですが、それぞれの言語には得意不得意があり、用途によって使い分けるのが一般的です。
本節で扱う「VBScript」はExcelマクロで使われているVBAと似たプログラミング言語です。と言うのも、これはVB（Visual Basic）を元にして作られています。なお、「WSH」あるいは「VBScript」で検索すると、インターネットに多くのサンプルが見つかります。そのため、Power Automateを拡張しようと思ったときに、VBScriptは大きな助けになります。Excelの自動操作で機能が足りないときに大いに役立つでしょう。

ExcelファイルをPDFで出力しよう

最近では、領収書や見積書をPDFで出力してお客さんに渡す機会も増えています。ExcelファイルをPDFで出力できると便利でしょう。そこで、ここでは「VBScriptの実行」アクションを利用して、ExcelファイルをPDFに変換するフローを作ってみましょう。
なお、プログラム内でExcelを遠隔操作して使うので、ExcelのWindows版をインストールしてある必要があります。ここで作るフロー全体は次の通りです。

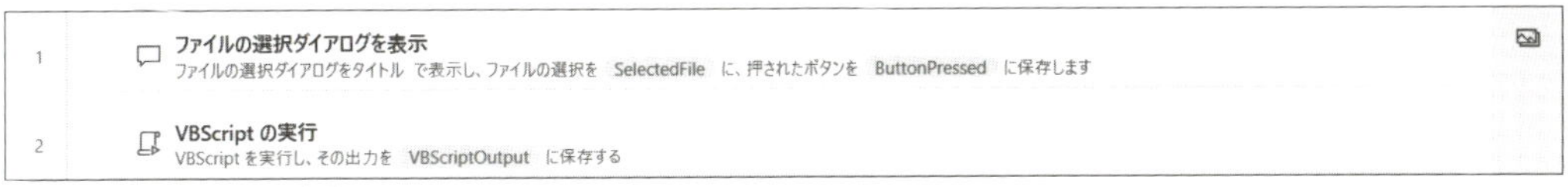

図7-5-1　ExcelをPDFに変換するフロー

1 ファイルの選択ダイアログを表示

新しいフローを作成しましょう。そして、「メッセージボックス > ファイルの選択ダイアログを表示」アクションを貼り付けましょう。Excelファイルだけを選択できるように、「ファイルフィルター」に「*.xlsx」と指定しましょう。そして、生成された変数「SelectedFile」に選択したファイルが設定されることを確認しましょう。

図7-5-2　ファイル選択ダイアログを貼り付けよう

2 VBScriptの実行アクションを貼り付ける

そして、アクション一覧から「スクリプト > VBScriptの実行」を貼り付けましょう。それから右のようなVBScriptのプログラムを入力します。

図7-5-3　VBScriptのプログラムを入力する

ここで入力するVBScriptのプログラムが以下です。内容は分からなくて大丈夫ですので、1行目に手順 1 で得たファイルのパスを表す変数「%SelectedFile%」が埋め込まれていることを確認しましょう。なお、プログラムは本書サンプルの「ch7/プログラム-ExcelからPDF変換.txt」にありますので、貼り付けて使うとよいでしょう。

ここで入力するPowerShellスクリプトのプログラム

```
01  ExcelPath = "%SelectedFile%"
02  PdfPath = ExcelPath & ".pdf"
03  Set Excel = CreateObject("Excel.Application")
04  Set ExcelDoc = Excel.Workbooks.open(ExcelPath)
05  Excel.ActiveSheet.ExportAsFixedFormat 0, PdfPath ,0, 1, 0,,,0
06  Excel.ActiveWorkbook.Close
07  Excel.Application.Quit
```

3 実行してみよう

［実行ボタン］を押してフローを実行してみましょう。すると、ファイルの選択ダイアログが表示されるので、Excelファイルを1つ選択しましょう。

図7-5-4　Excelファイルを選択しよう

すると、PDFファイルが生成されます。

図7-5-5　ExcelファイルがPDFに変換されたところ

フォルダー内のExcelファイル100個を
PDFで出力しよう

次に、より実際的な例を想定してみましょう。あるフォルダーにExcelファイルがたくさん入っていたとします。そして、そのExcelファイルを**全部PDFに変換**して提出しなくてはならないとしましょう。そのフォルダーに、もしExcelファイルが100個あったらどうしたらよいでしょうか。当然、1つずつExcelファイルを開いてエクスポートするのはとても大変です。そこで、Power Automateの出番となります。

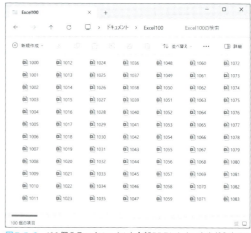

図7-5-6　100個のExcelファイルを全部PDFにしたいときどうする？

なお、先ほど作ったフローをほとんどそのまま再利用できます。ただしファイルを選択するのではなく、**フォルダーを選択するダイアログを出す必要があり、ファイルを連続で変換するようにする必要もあります**。複数のファイルを処理するために「For each」アクションも利用します。Chapter 3-5の繰り返し（p.115）も参考にしながら、フローを組み立てていきましょう。

ここでは次のようなフローを作ります。

図 7-5-7　ここで作るExcelファイルをPDFに変換するフロー

1 フォルダーを選択するようにする

新しいフローを作成しましょう。アクションの一覧から「メッセージボックス > フォルダーの選択ダイアログを表示」を貼り付けましょう。ここで設定ダイアログが表示されたら、生成された変数で、選択したフォルダーのパスが変数「SelectedFolder」に設定されることを確認して「保存」ボタンを押しましょう。

図 7-5-8　フォルダーの選択ダイアログを貼り付けよう

2 フォルダー内のExcelファイルを取得しよう

次に選択したフォルダーにあるExcelファイルの一覧を取得しましょう。そのために、「フォルダー > フォルダー内のファイルを取得」アクションを貼り付けましょう。

設定ダイアログが表示されたら、「フォルダー」に「%SelectedFolder%」を指定し、ファイルフィルターに「*.xlsx;*.xlsm;*.xls」を指定しましょう。そして、Excelファイルの一覧が、生成された変数「Files」に設定されることを確認して、「保存」ボタンを押しましょう。

図 7-5-9　指定フォルダーにあるExcelファイル一覧を得るように設定

3 繰り返しファイルを処理するように指定

アクション一覧から「ループ > For each」を選んで貼り付けましょう。反復処理を行う値には手順 2 で得る変数「Files」の前後に%をつけて「%Files%」を指定します。

そして、これ以降に追加するアクションを「For each」から「End」の間に配置しましょう。

図 7-5-10　繰り返しExcelファイルを処理するように「For each」アクションを指定

4 PDFに変換するVBScriptを入力

「スクリプト > VBScriptの実行」アクションを貼り付けます。そして、次のVBScriptを入力しましょう。ここで入力するプログラムは次のようなものです。なお、プログラムは本書サンプルの「ch7/プログラム-ExcelからPDF変換2.txt」にありますので、貼り付けて使うとよいでしょう。

図 7-5-11　PDFに変換するVBScriptを入力しよう

ここで入力するPowerShellスクリプトのプログラム

```
01  ExcelPath = "%CurrentItem%"
02  PdfPath = ExcelPath & ".pdf"
03  Set Excel = CreateObject("Excel.Application")
04  Set ExcelDoc = Excel.Workbooks.open(ExcelPath)
05  Excel.ActiveSheet.ExportAsFixedFormat 0, PdfPath ,0, 1, 0,,,0
06  Excel.ActiveWorkbook.Close
07  Excel.Application.Quit
```

前回作ったフローのVBScriptとほとんど同じです。プログラムの1行目で、手順 3 で繰り返し取得するExcelファイルのパスが変数「CurrentItem」の前後に%をつけて「%CurrentItem%」を処理対象とするように指定しています。

5 フローを実行しよう

以上でフローは完成です。[実行ボタン]を押して、フローを実行してみましょう。すると、フォルダーを選択するダイアログが表示されるので、Excelが入っているフォルダーを指定しましょう。

図 7-5-12　Excelファイルがたくさんあるフォルダーを指定しよう

するとPDFへの変換が始まります。100個もファイルがあると、少し時間がかかりますが、ファイルを1つずつ順に変換していきます。

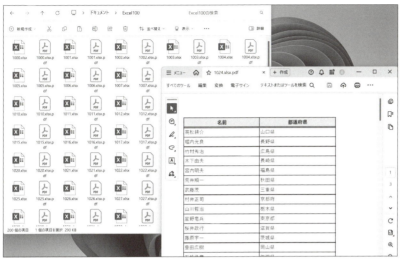

図 7-5-13　100個のExcelファイルがPDFに変換されたところ

［改良のヒント］出力するPDFのファイル名から「.xlsx」を削除したい

今回のフローを実行すると、PDFが出力されますが、出力されたファイル名は「（元のファイル名）.pdf」になります。つまり、「a.xlsx」ならば「a.xlsx.pdf」というファイル名で出力されます。しかし、もっとスマートに「.xlsx」を削って「a.pdf」という名前で出力したいと思う方もいるかもしれません。

その場合、下記のように修正します。具体的には、4行目に「テキスト > テキストを置換する」アクションを挿入します。

図 7-5-14　拡張子を「.pdf」に置換するようアクションを挿入

拡張子を削ってPDFに置換するという手順を追加します。「テキストを置換する」アクションは下記のように記述します。

指定する値

項目	指定する内容
解析するテキスト	%CurrentItem%
検索するテキスト	\.(xlsx|xlsm|xls)$
検索と置換に正規表現を使う	オン
置き換え先のテキスト	.pdf

そして、手順 4 で入力したVBScriptを次のように修正します。変更したのは2行目で、PDFファイルのパスを上記のアクションの実行結果である変数「Replaced」に%をつけて「%Replaced%」にしています。

図7-5-15 「テキストを置換する」を設定しよう

```
01  ExcelPath = "%CurrentItem%"
02  PdfPath = "%Replaced%"
03  Set Excel = CreateObject("Excel.Application")
04  Set ExcelDoc = Excel.Workbooks.open(ExcelPath)
05  Excel.ActiveSheet.ExportAsFixedFormat 0, PdfPath ,0, 1, 0,,,0
06  Excel.ActiveWorkbook.Close
07  Excel.Application.Quit
```

まとめ

以上、ここではExcelファイルをPDFに変換するフローを紹介しました。VBScriptはExcelやWordなどOfficeアプリを自動処理するのが得意です。Power AutomateにはExcelを操作するアクションがたくさん用意されていますが、今回のようにPower Automateに用意されていない機能があれば、VBScriptを使うことで処理できることもあります。VBScriptをフローの中にうまく取り込んで使うとよいでしょう。

Chapter 7-6

Excelリストを元にして
Word請求書を自動生成しよう

| 難易度：★★★★☆ |

Excelで作った売り上げ表の内容を元にして請求書をWordで作ることもあります。自動でExcelとWordが連携できたら便利です。そこで、VBScriptの実行アクションを使ってWordを操作してみましょう。

ここで学ぶこと

- ExcelとWordの連携

- VBScriptによるWordの操作

ここで作るもの

- Wordのひな形を置換するフロー（ch7/Wordひな形置換.txt）

VBScriptの実行アクションでWordを自動操縦しよう

Power AutomateでVBScriptを使うと、ExcelだけでなくWordも自動操縦することができます。ExcelとWordを連携させて処理している方というのはそれなりに多いのではないでしょうか。そこで、本節では、VBScriptを利用して簡単なWordの自動操縦に挑戦してみます。VBScriptを利用する例として確認してみましょう。

Wordのひな形ファイルを置換して保存しよう

よくあるWordの自動処理には、ひな型となるWord文書の一部を置換するというものです。請求書をWordで作り、日付と宛名と金額の部分だけを差し替えて保存するという流れです。
最初にWordで次のような請求書を作りましょう。そして、デスクトップに「請求書ひな形.docx」という名前で保存しましょう（本書のサンプルの「ch7/請求書ひな形.docx」として保存してありますので利用してください）。
このWordファイルのひな形で注目したいところですが、後から実際の値を差し込むところに、「__日付__」「__宛名__」「__金額__」というテキストを書き込んでいます。この部分は実際の値に置換されますので、Wordの本文と重ならないものにします。そのため、ここでは半角アンダーバー（_）を2つ重ねたものを「__（キーワード）__」のように指定することにしました。もし、Wordの本文に「__」が出てくるなら「<<<（キーワード）>>>」のように変更するとよいでしょう。

図7-6-1　Wordで作った請求書のひな形

そして、Wordのひな形を置換するために、ここでは次のようなフローを作成します。

図7-6-2　Wordのひな形を置換するフロー

1 デスクトップのパスを取得しよう

新しいフローを作成しましょう。そして、「フォルダー > 特別なフォルダーを取得」アクションを貼り付けましょう。今回、分かりやすくファイルはすべてデスクトップに配置するので、**デスクトップ**を選択します。

図7-6-3　デスクトップのパスを得るように

2 保存するWordファイルを変数FileNameに設定しよう

次に保存するWordファイル名を指定します。アクション一覧から「変数 > 変数の設定」アクションを貼り付けましょう。ここでは、変数名を「FileName」と変更しましょう。

そして、値に「%SpecialFolderPath%\請求書-出力.docx」を指定します。

図7-6-4 Wordファイルの保存先を指定しよう

3 置換内容を変数ReplaceListに指定しよう

次にWordファイル内で置換する内容の一覧を指定します。アクション一覧から「変数 > 変数の設定」アクションを貼り付けましょう。ここでは、変数名を「ReplaceList」と変更しましょう。そして、値を次のように指定します。

図7-6-5 ひな型の置換内容を指定しよう

値を確認してみましょう。ここでは置換する内容を「キー1=値1;キー2=値2;キー3=値3...」の書式で指定します。つまり、置換したい内容をセミコロン「;」で区切って複数指定します。

4 「VBScriptの実行」を貼り付けよう

そして、「スクリプト > VBScriptの実行」を貼り付けましょう。VBScriptのプログラムは次ページのように指定しましょう。

少し長いのですが、内容は気にしなくても大丈夫です。ここで、1行目から3行目の部分で、Power Automateの変数を埋め込んでいるという点に注目しましょう。また、全部自分で入力すると大変なので、本書のサンプル「ch7/プログラム-Word置換.txt」から貼り付けて使うとよいでしょう。

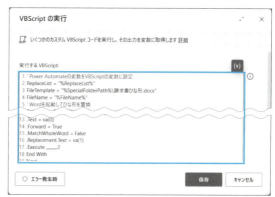

図7-6-6 Wordファイルのひな形を置換するVBScriptを入力しよう

311

```
01  ' Power Automateの変数をVBScriptの変数に設定
02  ReplaceList = "%ReplaceList%"
03  FileTemplate = "%SpecialFolderPath%\請求書ひな形.docx"
04  FileName = "%FileName%"
05  ' Wordを起動してひな形を置換
06  Set word = CreateObject("Word.Application")
07  word.Visible = True
08  Set doc = word.Documents.Open(FileTemplate) ' 文書を開く
09  ra = Split(ReplaceList, ";") ' キーワードを区切る
10  For i = 0 To UBound(ra) ' キーワードを繰り返し置換
11      va = Split(ra(i), "=")
12      With word.Selection.Find ' 置換を実行
13          .Text = va(0)
14          .Forward = True
15          .MatchWholeWord = False
16          .Replacement.Text = va(1)
17          .Execute ,,,,,,,,,2
18      End With
19  Next
20  doc.SaveAs FileName ' 文書を保存
21  doc.Close
22  word.Quit
```

5 実行してみよう

以上で完成です。デスクトップに「請求書ひな形.docx」というファイルを配置して、フローを実行してみましょう。すると、Wordファイルが開かれ、__日付__、__宛名__、__金額__の3カ所が置換されて、「請求書-出力.docx」という名前で保存されます。作成されたファイルを開いてみると右のように表示されます。

図7-6-7 Wordファイルのひな形が置換されて保存される

Excelファイルを読み込んで Wordファイル生成するフローを作ろう

次に、Excelの「売上一覧.xlsx」というブックを元にして、請求書を連続で作成するフローを作ってみましょう。売上一覧のExcelファイルは**図7-6-8**のようなものにします。本書のサンプルに「ch7/売上一覧.xlsx」を収録しているので使ってください。これを、デスクトップにコピーしておきます。

また先ほど利用した「請求書ひな形.docx」(**図7-6-1**)もデスクトップにコピーしておきましょう。

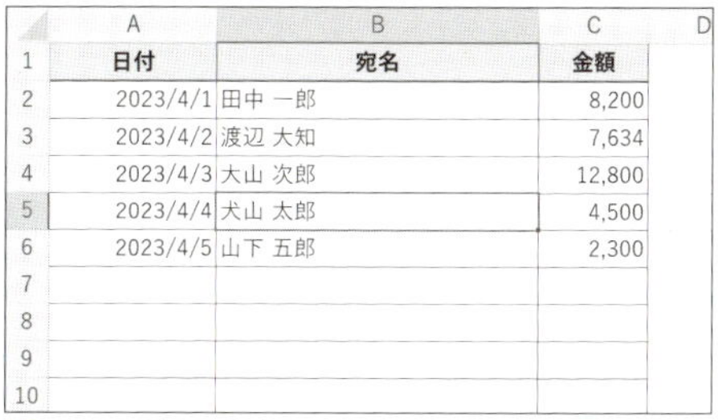

	A	B	C	D
1	日付	宛名	金額	
2	2023/4/1	田中 一郎	8,200	
3	2023/4/2	渡辺 大知	7,634	
4	2023/4/3	大山 次郎	12,800	
5	2023/4/4	犬山 太郎	4,500	
6	2023/4/5	山下 五郎	2,300	

図 7-6-8 「売上一覧」の Excel ファイルを用意しよう

ここで作るフローは右のようなものです。

図 7-6-9 Excel を元に Word の請求書を作成するフロー

1 Excelの表を読み取ろう

新しいフローを作りましょう。そして、Excelの表を読み取りましょう。最初にデスクトップのフォルダーパスを得るために「フォルダー > 特別なフォルダーを取得」アクションを貼り付けましょう。そして「デスクトップ」を選択します。

図 7-6-10 デスクトップのフォルダーパスを得よう

続いて、「Excel > Excelの起動」アクションを貼り付けましょう。設定ダイアログが表示されたら、「売上一覧.xlsx」を読むように次のように値を設定します。

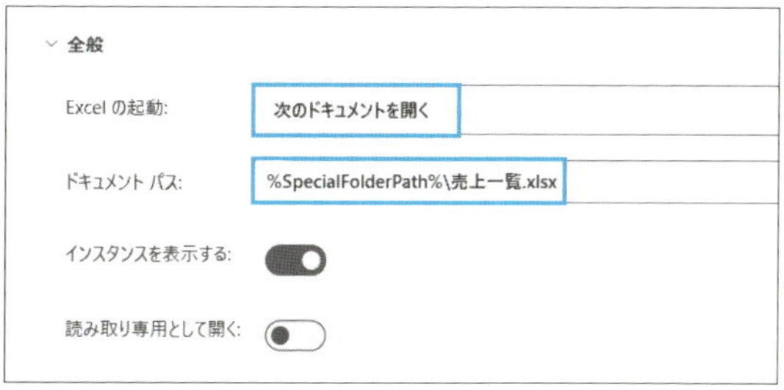

ここで指定する値

項目	指定する値
Excelの起動	次のドキュメントを開く
ドキュメントパス	%SpecialFolderPath%\売上一覧.xlsx

続いて「Excel > Excelワークシートから読み取る」アクションを貼り付けましょう。そして、「取得」を「ワークシートに含まれる使用可能なすべての値」に設定しましょう。なお、表の1行目はヘッダ行なので、「範囲の最初の行に列名が含まれています」をオンに設定します。また、生成された変数で、読み取ったシートの内容が変数「ExcelData」に設定されることを確認しましょう。

図 7-6-11 Excelを開いて「売上一覧.xlsx」を読み込もう

図 7-6-12 シート全体を読むように指定しよう

chapter 7-6

313

それから「Excel ＞ Excel を閉じる」アクションを貼り付けましょう。

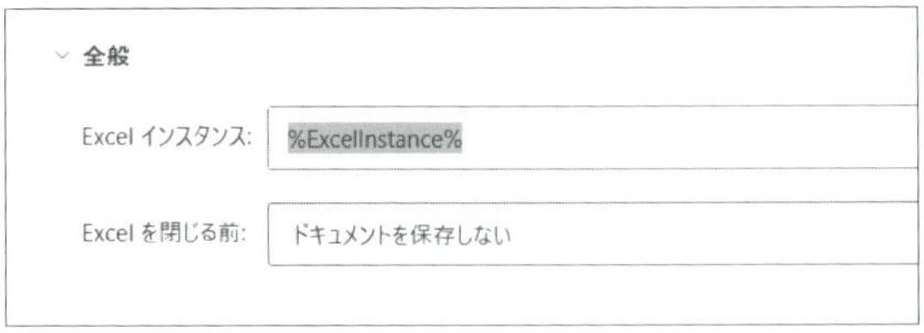

図7-6-13 「Excelを閉じる」を貼り付けよう

2 Excelシートの毎行を繰り返すように指定しよう

続いて、読み取ったシートの内容を繰り返し処理するようにしましょう。そのために、「ループ ＞ For each」アクションを貼り付けましょう。設定ダイアログが表示されたら、反復処理を行う値に、手順 1 で得た変数「%ExcelData%」を指定しましょう。なお、繰り返し処理では、保存先が変数「CurrentItem」に設定されることを確認しましょう。

なお、これ以後のアクションは、「For each」から「End」の間に配置するようにしましょう。

図7-6-14 Excelの各行を繰り返すようにしよう

3 Word出力のための変数を設定しよう

Wordの請求書を自動生成するための設定データとして変数を設定しましょう。ここでは、ファイルの保存先と置換内容で2つの「変数 ＞ 変数の設定」アクションを貼り付けましょう。

1つ目の変数は「FileName」で、次のように設定しましょう。これは、Wordファイルの出力先を指定するものです。なお、変数「%CurrentItem[1]%」には、宛名の情報が入っています。

図7-6-15 変数「FileName」を設定しよう

```
%SpecialFolderPath%\%CurrentItem[1]%.docx
```

続いて、2つ目の変数は「ReplaceList」です。これは、「請求書ひな形.docx」に書かれているどのテキストを置換するのかを指定するものです。

それぞれ、どのキーワードを、Excelの何列目のデータに置き換えるのかを、指定するものです。

図7-6-16 変数「ReplaceList」を設定しよう

```
__日付__=%CurrentItem[0]%;__宛名__=%CurrentItem[1]%;__金額__=%CurrentItem[2]%
```

4 VBScriptの実行アクションを貼り付け

そして、「スクリプト > VBScriptの実行」アクションを貼り付けましょう。ここでは、図7-6-17のようなプログラムを入力します。

本節の最初に作ったフローの手順 4 (p.311参照)と全く同じ「ch7/プログラム-Word置換」のプログラムを貼り付けましょう。全く同じなのでプログラムは割愛します。

図7-6-17 アクション「VBScriptの実行」を貼り付けよう

5 実行してみよう

以上でフローの組み立てが完了です。デスクトップに「売上一覧.xlsx」と「請求書ひな形.docx」の2つのファイルを配置した上で、画面上部の[実行ボタン]を押して、フローを実行してみましょう。

すると、Excelファイルから売上一覧のデータを読み出し、表に含まれる宛名をファイル名にしたWordファイルが自動生成されます。

図7-6-18
Excelファイルを元に大量のWord請求書を自動作成したところ

日付に時間が入ってしまう場合はどうする?

上記のフローでExcelファイル「売り上げ一覧.xlsx」で日付を入力する際に、A列を日時データとして入力すると、Wordファイルの右上の日付に「2023/4/1 00:00:00」と入力されてしまいます。簡単な回避策としては、ExcelファイルのA列を選択して右クリックし「セルの書式設定」で表示形式を「文字列」に設定します。

もし、A列が文字列でなく日付形式だったときには、Power Automateの「テキスト > テキストをdatetimeに変換」と「テキスト > datetimeをテキストに変換」アクションを使えば、好きな形式の日付形式で貼り付けられます。「datetimeをテキストに変換」についての詳しい解説は、Chapter 2(p.069参照)をご覧ください。

具体的には、p.313のフローの7~8行目(1つ目の「変数の設定」の次)に以下の2つのアクションを追加します。

- 「テキスト > テキストをdatetimeに変換」アクション … 変換するテキストに「%CurrentItem[0]%」を指定
- 「テキスト > datetimeをテキストに変換」アクション … 変換するdatetimeに「%TextAsDateTime%」を使用する形式を「カスタム」、「yyyy年M月d日」を指定

そして、フローの9行目の「変数の設定」(p.313では7行目にあったもの)を次のように指定します。以下の変数「FormattedDateTime」は「datetimeをテキストに変換」アクションの実行結果です。

```
__日付__=%FormattedDateTime%;__宛名__=%CurrentItem[1]%;__金額__=%CurrentItem[2]%
```

金額を3桁で区切って挿入したい場合はどうする?

なお、上記のフローでは、金額が「3200」のように、カンマなしで貼り付けられます。もし「3,200」のように金額を3桁で区切りたい場合には、p.313のフローの7行目に「テキスト > テキストを置換する」アクションを挿入します。

図7-6-19　フローの7行目に「テキストを置換する」を挿入

「テキストを置換する」アクションを利用して、正規表現によって、数値を3桁ごとにカンマで置換します。以下のように設定します。

ここで指定する値

項目	指定する値
解析するテキスト	%CurrentItem[2]%
検索するテキスト	\B(?=(\d{3})+(?!\d))
検索と置換に正規表現を使う	オン
置き換え先のテキスト	,（カンマ）

そして、フローの8行目の「変数の設定」アクションを次のように書き換えます。変数「Replaced」は「テキストを置換する」アクションの変換結果が入ります。

図7-6-20　数値を3桁カンマで区切るように正規表現を指定

```
__日付__=%CurrentItem[0]%;__宛名__=%CurrentItem[1]%;__金額__=%Replaced%
```

なお、上記2点のメモにある修正を加えた改良版を本書のサンプル「ch7/Wordひな形置換-改.txt」に保存してありますので参考にしてください。また、Power AutomateのWordを操作するアクションも用意されており、それを使うこともできます。本書サンプルの「ch7/Wordひな形置換アクション利用.txt」でご確認ください。

まとめ

以上、本節では「VBScriptの実行」アクションを利用して、Wordファイルを自動生成する方法を紹介しました。ExcelとWordをうまく連携させるなら、業務の自動化が進みます。本節を参考にして、ExcelとWordの自動処理に挑戦してみるとよいでしょう。

COLUMN

定期的にフローを実行したい場合

いろいろなフローを作っていると、任意のフローを定期的に実行したかったり、指定時刻に実行したいという場合があります。

そのような場合に使えるのが、「フローを実行する > Desktopフローを実行」アクションです。このアクションを利用すると、過去に作成したフローを呼び出して実行することができます。

たとえば、Chapter 6で作ったDiscordにスクリーンショットを定期的に実行するフローを以下のように作成できます。以下のフローは、5分に1回、スクリーンショットをDiscordで送信します。

図7-6-21　5分に1回、Discordにスクリーンショットを送信

なお、「ループ > ループ条件」アクションで、以下のように条件が常に真になるように設定すると、永遠に終了しない繰り返し処理を作ることができます。Power Automateでは明示的にフローを終了させることが容易なので、図7-6-22のように終わらないフローを作っても問題がありません。

ここで指定する値

項目	指定する値
最初のオペランド	1
演算子	と等しい (=)
2番目のオペランド	1

図7-6-22　ずっと繰り返されるループ

また、5分に1度フローを実行したい場合、「フローコントロール > 待機」アクションを利用して待機するようにすることで周期を調整できます。

「待機」アクションに指定する単位は「秒」です。それで、5分は60秒×5なので「%60*5%」と計算式を指定すると、フローが読みやすくなります。同じように、2時間おきに実行したければ「%60*60*2%」（60秒×60分×2）という計算式を指定できます。

指定日時に実行する方法

同様に、図7-6-23のようなフローを作ると、特定の日時にフローを実行できます。ポイントは、「日時 > 現在日時を取得します」と「テキスト > datetimeをテキストに変換」アクションを使って、日時を取得することと、「条件 > If」アクションを使うことです。

図7-6-23　指定日時にフローを実行する

タスクスケジューラを使う方法

なお、**タスクスケジューラとダミーファイルを使う方法**もあります。タスクスケジューラとは、Windows OSに標準で搭載されているアプリです。決められた時間や一定間隔でプログラムやスクリプトを実行するジョブ管理ツールです。この方法は、以下の仕組みでPower Automateのフローを実行します。

(1) タスクスケジューラを使って、定期的にダミーファイルを生成するように設定
(2) Power Automateで「ループ条件」アクションで条件が常に真になるようにして、ダミーファイルがあるかを定期的にチェック
(3) ダミーファイルがあれば、そのファイルを削除して、任意のフローを実行

この方法でも、結局のところ、タスクスケジューラから直接Power Automateのフローを実行できるわけではなく、常にファイルの存在を確認するフローを実行しっぱなしにしておく必要があるという点で、すでに紹介した方法とほとんど同じ仕組みといえます。
ただし、タスクスケジューラを使うことで、定期的な実行を指定したい場合、**複数の細かい条件を指定する**ことができるようになります。また、いつタスクを実行したのか、ログが残るというメリットがあります。

具体的な例で確認してみましょう。
メモ帳で、以下の一行を「make-task.bat」というバッチファイルで保存しましょう。なお、バッチファイルの文字エンコーディングはShift_JISにする必要があるため、エンコードに「ANSI」を指定して保存します。また、拡張子が必ず「.bat」になるようにしてください（なお、本書に付属のサンプルはセキュリティの問題を回避するため、わざと「make-task.bat.txt」というファイル名にしてありますのでファイル名を変更して使ってください）。

```
echo "task" > %USERPROFILE%\Desktop\power-automate-task.txt
```

そして、Windowsのスタートメニューからタスクスケジューラを起動して、画面右側にある操作の一覧から「タスクを作成...」をクリックしましょう（図**7-6-24**）。

図**7-6-24** タスクスケジューラを起動してタスクを作成しよう

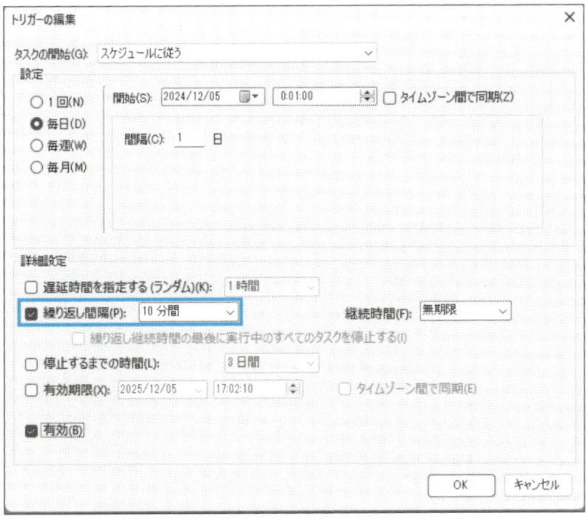

図**7-6-25** 「繰り返し間隔」を「10分間」に設定しよう

まず、[全般] のタブで、適当な名前を入力します。そして、[トリガー] のタブを開き、[新規] ボタンを押して、**どのタイミングでタスクを実行するのか**を指定します。たとえば、繰り返し10分間隔で実行されるように指定すると分かりやすいでしょう。次に、[操作] のタブを開き、[新規] ボタンを押して、上記で作成した「make-task.bat」を選びます。

図**7-6-26** 「make-task.bat」が定期的に実行されるよう設定

タスクスケジューラの設定が完了したら、定期的に「make-task.bat」が実行されて、デスクトップに「power-automete-task.txt」というダミーファイルが作成されることを確認しましょう。

そして、次のようなフローを作成して実行しましょう。これは、ダミーファイルが存在するとき、ファイルを削除して、任意のフローを実行するというものです。

図7-6-27　タスクスケジューラと連携してフローを実行する

Index

記号

-	092
% ... %	092
*	092
/	092
+	092
+新しいフロー	015
<	106
<=	106
<>	106
=	106
>	106
>=	106

数字

2番目のオペランド	099
3桁区切り	316

B

BMP	037

C

calc	289
Cancelボタン	127

D

datetime型	241
datetimeをテキストに変換	066, 069, 071, 124, 227
Defender	223
Desktopフローを実行	317
Discord	275
DOSコマンド	286
DOSコマンドの実行	283, 287

E

Else	097
Excelインスタンス	143
Excelの起動	143
Excelマクロ	194
Excelワークシート	140
Excelワークシートから最初の空の列や行を取得	162, 171, 198
Excelワークシートから読み取る	147, 171
Excelワークシートに書き込む	143, 146
Excelワークブック	140
Excelを閉じる	144
explorer	289

F

fc	289
Firefox	246
For each	110, 115

G

getmac	289
Gmail	059
Google Chrome	246

H

Href	264
HTML	261

I

If	096, 099
ipconfig	287
IPアドレス	287

J

JPG	037

L

Loop	108, 155
LoopIndex	109

M

Microsoft Edge	245
Microsoft To Do	217
mod	092

MS-DOS ··································· 286
mspaint ··································· 289

N

notepad ··································· 289

O

OCR ······································· 073
OCRを使ってテキストを抽出 ············· 076
OneDrive ···························· 023, 043
osk ·· 289
Outlook ···························· 053, 159
Outlookインスタンス ······················ 056
Outlookからのメール メッセージの送信 ··· 164
Outlookのアカウント名 ··················· 160
Outlookを起動します ················ 055, 161
Outlookを閉じます ·················· 055, 165

P

Ping ······································· 063
PNG ······································· 037
Power Automate ························· 002
Power FX ································· 015
PowerShellスクリプト ···················· 290
PowerShellスクリプトの実行 ············· 291

R

Robin ····································· 029
RPA ······································· 006

S

SMTPサーバー ···························· 059
sndvol ···································· 289

T

tasklist ···································· 289
Tesseract OCRエンジン ·················· 073
tree ······································· 289
type ······································· 289

U

UI要素 ····································· 207
UI要素の追加 ························ 209, 225

V

VBScript ·································· 302
VBScriptの実行 ··························· 303

W

Webブラウザーを閉じる ·················· 252
Webページからデータを抽出する ········ 258
Webページのスクリーンショットを取得します ···· 254
Webページのダウンロードリンクをクリック ···· 273
Webページのボタンを押します ··········· 270
whoami ··································· 289
While ····································· 122
Windowsトースト ························ 296
Word ····································· 309

Z

ZIPファイル ························· 040, 071

あ行

アクション ································· 003
アクションペイン ·························· 016
アクティブなExcelワークシートの設定
 ································ 170, 172, 197
新しいMicrosoft Edgeを起動 ············ 253
新しいインスタンスを起動する ············ 250
新しいフロー ······························ 015
圧縮 ································· 038, 071
アプリケーションの実行 ·············· 051, 211
アプリケーションパス ················ 211, 213
移動先 ···································· 128
インストール ······························ 009
ウィンドウクラス ·························· 212
ウィンドウタイトル ························ 212
ウィンドウにあるUI要素の詳細を取得する
 ··································· 236, 238
ウィンドウにフォーカスする ··············· 219
ウィンドウのUI要素ごと ·················· 215
ウィンドウのUI要素をクリック ············ 215
ウィンドウの検索モード ··················· 212

ウィンドウを待機する	214
ウィンドウを閉じる	210
ウィンドウ内のテキストフィールドに入力	220, 228, 238
ウェブフック	275
ウェブフックURL	276
エラー	024, 202
大きくする数値	104
オフセット	227
オペランド	103

か行

開始値	109
開発者ツール	261
書き込みモード	143
拡張機能	244
掛け算	092
カスタム形式	071
画像の形式	037
空のドキュメントを使用	148
カラム	141
関連付け	052
キーの送信	227
起動	013
起動モード	250
キャンバスペイン	016
行	141
切り捨てる数値	094
記録	205, 248
繰り返し処理	108
クリップボードのテキストを設定	067
グループ	019
現在の日時を取得	067, 071, 124
検索	019
項目をリストに追加	241
コマンドプロンプト	286
コメント	080

さ行

サーバーとつながるか	063
最初のオペランド	099
サウンドの再生	034
サブフロー	135
システム要件	007
実行	018
実行順序を変更	024

実行遅延	175
実行中のインスタンスに接続する	250
シャッフル	195
終了	109
条件式	106
小数点以下を切り捨て	093
新規フロー	015
シングルクォート	193
数値型	240
数値の切り捨て	093
スクリーンショットを取得	131
スクレイピング	256
すべての実行中フローの停止	023
整数部分を取得	094
生成された変数	039, 041
全角スペース	193
送信するテキスト	219
増分	109

た行

待機	033
タイトルやクラスごと	212
タイムアウト時間	251
タイムゾーン	067
タスクスケジューラ	318
単一セルの値	185
小さくする数値	125
次と共にワークシートをアクティブ化	171
次を含まない	107
次を含む	107
定期的に実行	317
停止	023
データ型	240
データテーブル	151
データテーブル型	241
データテーブル列をリストに取得	198
テキストの結合	192
テキストの分割	190
テキストをdatetimeに変換	227
テキストをハードウェアキーとして送信	228
テキストをファイルに書き込む	112
テキストを置換する	193, 307
テキスト型	240
デベロッパーツール	261
電卓	205
トースト通知	296
特別なフォルダーを取得	039

323

な行

- 名前の変更 ……………………………………… 094
- 入出力変数 ……………………………………… 083
- 入力ダイアログを表示 ………………………… 019
- 任意の書式に変換 ……………………………… 069
- ノーコード ……………………………………… 006

は行

- 配列 ……………………………………………… 121
- パス ……………………………………………… 065
- 半角スペース …………………………………… 187
- 反復処理を行う値 ……………………………… 226
- 引き算 …………………………………………… 092
- 表示するメッセージ …………………………… 017
- ファイルが存在する場合 ……………………… 119
- ファイルダイアログ …………………………… 036
- ファイルの選択ダイアログを表示 ……… 076, 117
- ファイルフィルター …………………………… 076
- ブール型 ………………………………………… 241
- 複数のExcelブックを開く …………………… 177
- 複数の選択を許可 ……………………………… 177
- ブラウザー自動化 ……………………………… 252
- フロー …………………………………………… 014
- フローを共有 …………………………………… 026
- フローを停止 ……………………………… 023, 239
- フロー変数 ……………………………………… 083
- プログラミング ………………………………… 004
- 編集 ……………………………………………… 025
- 変数 ……………………………………………… 041
- 変数の設定 ……………………………………… 087
- 変数ペイン ……………………………………… 016
- 変数名に使える文字 …………………………… 088
- 変数名を一気に変更 …………………………… 094
- 変数を大きくする ……………………………… 103
- 変数を小さくする ……………………………… 125
- 保存 ……………………………………………… 023

ま行

- マクロ …………………………………………… 006
- メッセージボックスのタイトル ……………… 017
- メッセージを表示 ……………………………… 017
- 文字コード ……………………………………… 272

や行

- 要素の値を抽出 ………………………………… 258
- 要素をページャーとして設定 ………………… 264

ら行

- ライブWebヘルパー …………………… 258, 263
- ラベル …………………………………………… 128
- 乱数 ……………………………………………… 045
- 乱数の生成 ……………………………………… 046
- リスト ……………………………………… 107, 121
- リスト型 ………………………………………… 241
- リストのシャッフル …………………………… 199
- ループ条件 ……………………………………… 122
- レコーダー ………………………………… 204, 247
- 列 ………………………………………………… 141
- ロウ ……………………………………………… 141
- ローコード ……………………………………… 006
- ログデータ ……………………………………… 262

わ行

- ワークシートに含まれる使用可能なすべての値
  ……………………………………………… 180, 185
- 割り算 …………………………………………… 092
- 割り算の余り …………………………………… 092

著者プロフィール

クジラ飛行机（くじら ひこうづくえ）

「クジラ飛行机」名義で活動するプログラマー。代表作にテキスト音楽「サクラ」や日本語プログラミング言語「なでしこ」など。2001年オンラインソフト大賞入賞、2005年IPAのスーパークリエイター認定、2010年OSS貢献者賞受賞。2021年代表作のなでしこが中学の教科書の一つに採択。これまでに50冊以上の技術書籍（Python・JavaScript・Rust・アルゴリズム・機械学習・生成AIなど）を執筆しており、日々プログラミングの愉しさを伝えている。

協力者プロフィール

東 弘子（あずまひろこ）

フリーライター＆編集者。プロバイダー、パソコン雑誌編集部勤務を経てフリーに。ネットの楽しみ方、初心者向けPCハウツー関連の記事を中心に執筆。著書に「今すぐ使える時短の魔法　ショートカットキー暗黙のルール」「さくさく学ぶ Excel VBA入門」「Pages・Numbers・Keynoteマスターブック2024」（マイナビ出版）など。

STAFF

ブックデザイン：三宮 暁子（Highcolor）
DTP：AP_Planning
編集：伊佐 知子

シゴトがはかどる
Power Automate Desktop の教科書 [第2版]

2022年 7月28日 初版 第1刷発行
2025年 1月31日 第2版第1刷発行

著者	クジラ飛行机
協力	東 弘子
発行者	角竹 輝紀
発行所	株式会社マイナビ出版
	〒101-0003　東京都千代田区一ツ橋2-6-3　一ツ橋ビル 2F
	TEL：0480-38-6872（注文専用ダイヤル）
	TEL：03-3556-2731（販売）
	TEL：03-3556-2736（編集）
	E-Mail：pc-books@mynavi.jp
	URL：https://book.mynavi.jp
印刷・製本	株式会社ルナテック

©2025 クジラ飛行机, Printed in Japan.
ISBN978-4-8399-8846-3

- 定価はカバーに記載してあります。
- 乱丁・落丁についてのお問い合わせは、TEL：0480-38-6872（注文専用ダイヤル）、電子メール：sas@mynavi.jpまでお願いいたします。
- 本書掲載内容の無断転載を禁じます。
- 本書は著作権法上の保護を受けています。本書の無断複写・複製（コピー、スキャン、デジタル化など）は、著作権法上の例外を除き、禁じられています。
- 本書についてご質問などございましたら、マイナビ出版の下記URLよりお問い合わせください。お電話でのご質問は受け付けておりません。また、本書の内容以外のご質問についてもご対応できません。
  https://book.mynavi.jp/inquiry_list/